# 眠れる進化

## 世界は革新（イノベーション）に満ちている

アンドレアス・ワグナー
大田直子 訳

Sleeping Beauties: The Mystery of Dormant Innovations in Nature and Culture

Andreas Wagner

早川書房

# 眠れる進化

## ――世界は革新(イノベーション)に満ちている

SLEEPING BEAUTIES
*The Mystery of Dormant Innovations in Nature and Culture*
by
Andreas Wagner

Translated by
Naoko Ohta
First published 2024 in Japan by
Hayakawa Publishing, Inc.
This book is published in Japan by
arrangement with
Oneworld Publications
through Tuttle-Mori Agency, Inc., Tokyo.

---

装幀／加藤賢策（LABORATORIES）
装画／A_Ple/Shutterstock.com

父へ、感謝の心を込めて

目次

あまたの宝石が
地中深くに眠り
暗闇と忘却に埋もれている。

あまたの花々が
孤独な荒野でひそかに
官能的な香りを発している。

——シャルル・ボードレール「不遇」[1]

# 序　章　水に書かれし名

問題、地球上でいちばんの勝ち組の生物は？　ライオンやホホジロザメのような食物連鎖のてっぺんにいる捕食者を答える人が多いだろう。鳥や昆虫、あるいは細菌を挙げる人もいるかもしれない。しかし、草と呼ばれる植物の仲間を、いちばんとして挙げる人はほとんどいないだろう。草という生物は、少なくとも二つの基準で見事な成功を収めている。第一に、おびただしい数が存在する。草は北アメリカのプレーリー、アフリカのサバンナ、ユーラシアのステップなど、無数の草地を覆っている。ユーラシアのステップだけでも、カフカス山脈から太平洋まで、八〇〇〇キロメートルにおよぶ。第二の基準は、種の数と多様性である。生命が進化するなかで誕生して以降、草は何万という種に進化し、その形態はびっくりするほど多様になっている。たとえば南極大陸の極寒に適応した背丈一センチのヒロハノコメススキ、ゾウの群れをまるごと隠せるくらい高くそびえるインド北部の草、そして高さ三〇メートルにまで成長するアジアの竹林。

しかし草はつねに見事な成功を収めてきたわけではない。数千万年にわたって、というか実際には進化史の大半において、かろうじて生き延びてきたのだ。どんな基準をもってしても繁茂してはいなかった。

草の起源は六五〇〇万年以上前、恐竜の時代までさかのぼる。しかし、その化石がきわめてまれなので、繁茂していたとは考えられない期間が何千万年も続いた。現在のような優勢な種になったのは二五〇〇万年前以降、出現から四〇〇〇万年以上たってからのことだ。

なぜ草は、いわゆる日の当たる場所に出るまで四〇〇〇万年も待たなくてはならなかったのか？この謎はじつはもっと深い。というのも、草は生き残る確率を高めるためのイノベーションを、最初からいくつも進化させていたのだ。たとえば、草食動物の歯をすり減らすリグニンや二酸化ケイ素のような化学的防御手段を備えている。その手段は草を渇水からも守り、精緻な代謝のイノベーションも草が水を節約するのを助けている。

こうしたイノベーションがあれば、草は非常によく繁茂するものと思われるかもしれない。しかし、四〇〇〇万年という想像を絶する永きにわたり、草は繁茂しなかった。そしてその成功の遅れには、新しい生命形態についての深遠な真実が隠されている。成功するかどうかを決めるものは、新しい生命形態に固有の特徴、イノベーションによる機能の強化や新たな能力の獲得のような、何らかの内的な質の域をはるかに超えている。成功を決めるのは、その生命形態が生まれ落ちた世界なのである。

それは草に限ったことではない。成功――数の多さや種の多様性で測定される――が何百万年も遅れた新しい生命形態はほかにもごまんとある。たとえば、アリが初めて現われたのは一億四〇〇〇万年前のことだ。ところがアリが現在のように一万一〇〇〇以上の種に分かれたのは、それから四〇〇〇万年たってからである。さまざまな生活様式の――地上で生活する、木に登る、飛ぶ、泳ぐ――哺乳類も一億年以上前に誕生したが、繁栄するようになったのは六五〇〇万年前である。そして海水に住む二枚貝の仲間は、なんと三億五〇〇〇万年も待った末にようやく成功し、五〇〇〇の種に多様化した。

爆発的成功をおさめる前に休眠状態が続いた新しい生命形態は、ほかにもたくさんある。言ってみれば、生物進化における「眠り姫」だ。私はこの眠り姫に果てしなく魅了される。なぜなら、自明だとされている成功と失敗についての真実に、疑念を投げかけるからだ。そしてそうした疑念は、自然のイノベーションだけでなく、人類文化のイノベーションにも当てはまる。

生命が初めて原始のスープから這い出したとき、そしてエネルギーを鉱物から、有機分子から、太陽の光から引き出す方法を初めて発見したとき、生きるために広大な原始海洋を泳ぐことを初めて覚えたとき、多細胞有機体を初めて形成し、そのなかで高度に専門化した細胞が、成長と生殖、捕食者からの逃避と獲物の追跡、自己防衛と攻撃という労働と犠牲を分担するようになったとき、そしてこうした難題の一つひとつを克服したとき、生命はイノベーションを起こす必要があった。そしてそれぞれの難題に対処する方法はたくさんあり、それぞれが生物進化の創造物として出現し、それぞれが独自の生活様式をもつ種に具体化され、進化がどんどん展開するにつれてその数は何百万に達する。

イノベーションは生物進化にとどまらなかった。チンパンジーやイルカやカラスのような高度な神経系をもつ種は、単純な技術、つまり道具を発見し、それを使って食物の狩猟や採集をする。人類文化は農業革命以降の一万年で、数学や文字のような革命的イノベーション、そして車輪から壁紙まで無数のちょっとしたイノベーションを実現している。人類の創意は基本的な自然の法則を発見し、詩から歌、交響曲、そして小説まで、無数の創作作品を生みだした。そこには数え切れないほどの眠り姫がいる。レーダーのような画期的テクノロジーが無視され、グレゴール・メンデルの遺伝の法則のような科学的発見がかえりみられず、ヨハネス・フェルメールの『真珠の耳飾りの少女』のような芸術作品が一世紀以上も認められずに放置されていた。

たしかに、自然と文化はまったく同じ方法で創造するわけではない。ニュートンの著書『プリンキピア』をかたちづくったインクや紙は、シロナガスクジラの細胞や組織や器官とは、異なる創造の基本要素である。作家が一章の草稿を一五回も書き直しているときの根性は、ＤＮＡのランダムな変異とは、異なる創造の原動力だ。しかしこうした相違点を超えた、もっと深い共通点がある。大腸菌が一日に分裂する回数とは、異なる成功の尺度だ。特許の商業的価値は、異なる成功の尺度だ。しかしこうした相違点を超えた、もっと深い共通点がある。そのうちのひとつが、数多くのイノベーションが時期尚早に出現することだ。眠り姫、すなわち明らかなメリットや価値や用途はないが、十分な時間があれば生活を一変させる力をもつ創造物は、自然にも文化にもそこここにある。そういうものに目を向けると、メンデルの遺伝の法則が無視されたことや、フェルメールの絵画が忘れ去られたことは、はるか生命の起源までさかのぼるイノベーションの歴史に見られる、大まかなパターンの一部であることを理解できる。自然の眠り姫について知ると、創造は容易かもしれないが、創造して成功することはきわめて難しいことを理解できる。成功は創造者がコントロールできないものなのだ。

私は生物学者であり、人生で強く望むのは、生物進化がいかにして生命の問題に対する新しい解決策を生み出すかを理解することである。この目標を追求するにあたって、チューリッヒ大学の私の研究室で志を同じくする若い研究者チームに支えられている。研究者のなかには研究室内で生命体を進化させる者もいて、私たちの目の前で進化がイノベーションを起こしている。多くの生物についてその特有の生活様式の起源を理解するために、大量のＤＮＡデータを分析する者もいる。さらには、進化の創造力の裏にある普遍的法則を探究するために、数学の抽象的言語を使う研究者もいる。私たちはみな、自然がどうやって創造するかを理解したいのだ。そしてさいわいにも、私たちはこの遠大な目標にかつてないほど近づいている時代に生きている。一九五〇年代にＤＮＡの二重らせん構造の発見とともに始まり、二一世紀にも衰えることなく続いている分子生物学革命から恩恵を受けているのだ。来る日も来る日も、さらなる生命の秘密が明かされる。そうした秘密の中心にあるのが、細胞、組織、器官のなかで生命を存続させるために協働する、何兆個もの分子である。その分子こそが、生命そのものの起源を含めて、生命の進化におけるありとあらゆるイノベーションの土台になっている。

変異によって生物のＤＮＡが変わるときには必ず、最終的にそのＤＮＡがコードする分子の一部が変わる。分子が何をするか、どれくらい速くやるか、どれだけうまくやるかが変わるのだ。細菌の回転する鞭毛（べんもう）、ハヤブサの非常に強い視力、さらには言語や芸術や科学を可能にする人間の脳神経系の配線まで、進化の創造する新しいものすべての原因は、突き詰めると、この分子の変化にある。私の研究仲間は進化の創造について研究するとき、こうした分子が時とともにどう変化するか、そしてそれによって新しい生命形態がどうやって生み出されるかを調べる。そしてそこかしこに眠り姫を発見する。そのひとつが細菌酵素であり、ある仕事をするために進化したが、ほかにもいくつもの仕事をこなすことができる。たとえば、自然には生じない合成抗生物質を引き裂いて破壊することができるが、そのスキルは、生化学者がそうした抗生物質を発見し、医師が細菌をやっつけるために使うようになるまで、ずっと使い道がなかった。私たち自身のものを含めて、ゲノムが進化するあいだに大量に自然発生するまったく新しい遺伝子もまた、眠り姫である。そのような遺伝子はそれぞれ、現時点では何の役に立つかわからず、その遺伝子が解決するはずの問題はずっとあとに起こるのかもしれないし、まったく起こらないかもしれない。

本書はそうした発見についての本でもある。この分子の領域へと深く潜り込むことによって、化石だけを調べるよりもはるかに深く、自然のイノベーションを理解できる。自然がこれほど革新的である理由だけでなく、自然がどうやって革新するかも理解できる。そして、そのイノベーションの多くが休眠している――しなくてはならない――理由を理解できる。

この休眠状態が新しく光を投げかけるのは、自然の潜在的創造力だけではない。自然のイノベーションは人類文化のそれとはかなり異なるからこそ、両者の共通点にはすべての創造過程についての教訓が含まれている。それが本書のテーマである。

ひとつに、イノベーションは――休眠状態でもそうでなくても――自然にも文化にも容易に生まれる。これは自明ではない。専門家はいまだに、ダーウィン説の進化がどうして真に新しいものを生み出せるのかを議論している。なにしろ自然淘汰（とうた）が淘汰できるのは、すでにあるものだけだ。単独で新しい生命形態をつくり出すことはできない。知的設計論を唱える創造説論者は、真のイノベーションは生物進化では不可能であるとさえ主張する。本書で挙げる例は逆のことを証明する。

本書ではまず、イノベーションはめったにない貴重なものではなく、頻発するし安上がりであることを示す。第1章で浮かび上がるのは、イノベーションは実際にはいかに容易であるかを実証する、進化についての過小評価されがちな事実である。そのひとつが、生物のイノベーションは生命の歴史において決して特異なものではないことである。ほとんどが二回、三回、あるいは何回も発見されている。その一例が農業だが、人類のそれではなくアリのものだ。農家の人が植物を栽培するのと同じように、アリは真菌を栽培する。入念に菌の菜園をつくり、ゴミを取り除いたり、不要な種の菌を除去したりするなどして、手入れをする。有害な細菌をやっつけるために、菌の作物にストレプトマイシンのような抗生物質を施しさえする。[1]

環境の変化に対する進化の反応スピードそのものも、同じことを物語っている。アンデス山脈の急速な隆起や、広大なマラウイ湖の出現のような重大な変化に対してさえ、進化はほぼ即座に反応できる。そういう場合、二、三百万年のあいだに、数十または数百の新しい種が進化し、新しい環境にコロニーをつくってきた。

チューリッヒ大学で私たちが行なっているような進化の実験でも、同じことがわかる。生命体を新しい環境にさらすと、それが致死的なものに近い場合でさえ、ほとんどがたった数週間以内に急速に進化して、生き延び、繁殖する。生命は一般に、適切なイノベーションを長いあいだ待つ必要はないのだ。

第1章が生命に必要なイノベーションのほとんどが即座に生まれることを示すのに対し、第2章はさらに注目すべきことを明らかにする。草、アリ、鳥類、哺乳類のような多くの新しい生命形態が、何百万年も早すぎるタイミングで誕生したことだ。欠点があったからではなく時期が悪かったから、絶滅してしまったものもいた。

突き詰めれば、生物進化におけるイノベーションはすべて、細胞と体を構築し維持するのを助ける分子で始まる。自然がどうやってこうした分子を変えるかを研究することは、発明家の脳をのぞき込むようなものだ。進化が非常にたくさんのイノベーションを生み出すことを説明できるだけでなく、なぜそうなるかを理解することができる。

この分子レベルでのみ出現するイノベーションも多い。まったく目に見えないが、それでも、新しい種の創出に劣らず重大である。そのひとつが光合成だ。日光からエネルギーを取り入れる能力であり、二〇億年以上前に藍色細菌（らんしょく）（シアノバクテリア）によって発見された。人工の毒からエネルギーを取り入れる能力もそのひとつであり、前世紀に細菌によって発見されたスキルである。これらは何千とある代謝イノベーションの二例にすぎない。代謝イノベーションははるか生命の起源までさかのぼり、さまざまな新しい環境において、多くの新しい栄養物で生き延びる生活を可能にしてきた。こうしたイノベーションの多くは眠り姫なのだ。その理由を第3章で説明する。

とくに重要な革新的分子がタンパク質、生命を存続させる働き者の分子だ。その計り知れない革新力は、二〇〇八年、ベネズエラ南部のジャングルの先住民族、ヤノマミ族に関する驚くべき医学的発見によって明らかになっている。この先住民族は現代文明と接触したことがなかった。それでも彼らの皮膚と消化管には、一種類どころか八種類もの現代の抗生物質に耐性のある細菌がすみついていた。その抗生物質にはペニシリンのような第一世代の物質もあったが、薬物耐性菌に対する最終手段の薬として機能する、最近開発されたものも含まれていた。細菌のなかには、一度も遭遇したことのない複数の薬物に抵抗する才能が眠っているのだ。この才能は医学にとって大問題である。抗生物質耐性病原菌との競争に、私たちは勝てないかもしれないことを意味する。

第4章では、この注目すべき才能の起源を説明する。この才能のおかげで、タンパク質は抗生物質耐性のはるか先を行く隠れた力をもつことになる。ある種の毒を破壊するように進化したタンパク質が、いくつものほかの毒をも破壊できる才能は、ぴったりはまる毒が現われるまでは休眠状態のままである。さらに、ある種の防御物質を合成するタンパク質が、ほかの防御物質もいろいろ合成できる才能は、ふさわしい敵が出現して、その敵から命を守るようになってはじめて役に立つ。つまり、分子イノベーションは安上がりどころかただの可能性があるのだ。そのようなイノベーションによって生命がそれまで不利だった場所に新たに侵入することができるようになると、人類に壊滅的な影響をおよぼしかねない。たとえば、ホテイアオイのような侵入種によって数十億ドルもの経済的損害が生じる。複数の薬物に耐性のあるスーパー耐性菌による苦痛と死亡もまた、ふさわしい環境で目覚める休眠イノベーションのせいである。逆に、私たちは人類に有利なように、そのようなイノベーションを機能させることもできる。バイオテクノロジーの技術者が効率的にバイオ燃料を生成し、洗濯物をきれいにする酵素を改良し、工業用化学物質を製造するのに環境に優しい物質を使うのを助けることができるのだ。[2]

タンパク質に劣らず重要なのが、私たちのゲノム内の遺伝子である。なにしろ、私たちの体内のあらゆるタンパク質をコードしている。遺伝子それぞれはＤＮＡ文字の長い配列であり、それが私たちを生かす何千というタンパク質のアミノ酸鎖のひとつをコードしている。生物学者は二一世紀初めまで、新しい遺伝子が生まれるのはつねに、進化が古い遺伝子を修正して新しいスキルを与えるときである、と考えていた。しかしその考えは、まったくのまちがいであることが判明した。この一〇年の刺激的で革命的な発見によって、進化するゲノムはひっきりなしに新しい遺伝子を、見たところゼロの何もないところから、ランダムなＤＮＡ鎖から、つくるのだと証明されている。第５章でその経緯と理由を説明する。理由は、新しい遺伝子をつくり出すのは、私たちが考えていたよりはるかに容易だということにある。というのも、進化はすでにそこにあるもの、すなわちＤＮＡだけでなく、遺伝情報をデコードするタンパク質の仕組み全体をも土台にして、展開する可能性があるのだ。実際、ヒトをはじめとする現生動物の細胞内では、新しい遺伝子がつねにつくられている。しかし多くのほかのイノベーションと同様、そのほとんどがすぐに消滅する。生き残るものはたいてい、そのスキルが変化した世界で役に立つようになるまで、何百万年も待つことになる。

このような多くの眠り姫は、イノベーションは決して実力で成功するのではないことを示している。新しい遺伝子の価値は、遺伝子の内的な質から生まれるのではない。その遺伝子が生まれ落ちた世界、その生命体にはいかんともしがたい世界によって、もたらされるのだ。

遺伝子とタンパク質を土台とする自然のイノベーションとは対照的に、文化のイノベーションは高度な脳とその神経回路によって可能になる。そして自然界と同じように文化の分野にも、眠り姫はたくさん存在する。人類文化への入り口は、第６章の道具を使う動物である。その単純なテクノロジーは、動物の脳に生まれつき備わっているか、生きていくうちに動物によって学習されるか、どちらかだ。

イルカは隠れた獲物を求めて海底を掘るとき、そのくちばしを海綿で守る。ニューカレドニアのカラスは木の洞から虫を追い出すために、小枝を鉤状（かぎじょう）に折り曲げる。サルは木の実の殻を割るのに、石のハンマーと台を使う。こうしたイノベーションは薬物耐性タンパク質に見られるものとはかなりちがうが、同じ原理にしたがっている。道具を発見したり使用したりする動物の能力は、ふさわしい環境で目を覚ますまで休眠しているのだろう。そしてどんな道具のイノベーションの成功も、前もって決まっているのではなく、生まれ落ちた世界によって決まるのだ。

道具を発見する動物の潜在的な力は、人類のはるかに深遠な潜在能力の前兆である。それは読み書きや数学のような革新的テクノロジー、私たちの現代文明を可能にしたテクノロジーを発見する潜在能力だ。この能力は、人類が進化するよりずっと前に進化した古来の脳回路に具体化されている。第7章では、ほかの動物では古い仕事をしていたその脳回路が、どういうわけで人類では新しい仕事をすることになったのかを説明する。その潜在能力は何千年も休眠したままだった。それが農業革命によって目覚めさせられ、数学や文字だけでなく、その他無数の人類文化の兆候を生みだした。たとえば、ピアノのような複雑な楽器、チェスのような高度なゲーム、コンピューターのような複合テクノロジー。必要なスキルが生物進化によって直接形成されていないことから、古いものを新しい目的に使う脳の計り知れない、そう、ほぼ無限の潜在能力が浮き彫りになる。

そのような潜在能力は、最も抽象的な思考レベルにも存在する。科学とテクノロジーにおけるさまざまな人類の発見を促進するような潜在能力だ。これが第8章のテーマであり、私たちの頭脳が発見のためにどうやって類推（アナロジー）を使うかを説明する。たとえば、原子を振動する弦にたとえる類推は、二〇世紀初期の物理学者が、原子によって放たれる放射のような現象を理解する助けになった。このような類推は、教育的手段をはるかに超える。同様に、よく似た隠喩（メタファー）はただの修辞上の技ではない。ジョージ・レイコフのような言語学者は、隠喩が抽象的思考の土台であることを発見した──隠喩は科学的説明を可能にするのだ。そのような説明は、創造力がそれにつながる類推を発見するまで休眠状態であり、潜在能力は発揮されない。

類推などによる新しい概念の組み合わせは、単なる特異な形の眠り姫ではない。私たち人類の文化にイノベーションがあふれている理由を説明する助けになる。私たちはたえず、思考パターンを含めた古い休眠中のものを新しいやり方で使うことによって、そこに新しい命を吹き込む。この能力こそが、芸術、数学、科学、テクノロジーにおける人間の創造性の中心である。第9章ではそこに注目するが、そこにも眠り姫がたくさん存在する。

その一例が、一九世紀の詩人ジョン・キーツの作品である。彼はある尺度で考えると、詩人としては完全に失敗した。彼の存命中、彼の詩集はすべて合わせても二〇〇冊も売れなかった。この失敗にキーツはひどく苦々しい思いをしたので、自分の墓には名前を記さず、「その名を水に書かれし者がここに眠る」とだけ刻むように依頼した。

キーツは実際、忘れられる運命にあったようだ。キーツの天賦の才が認められるようになるまで、数十年の歳月を要した。認められ始めたのは彼の初の伝記が出版された一九世紀半ばであり、彼の死後一〇〇周年となった一九二一年に最高潮に達した。その時点までに、キーツは有名なロマン主義詩人になっていただけではない。ホメロス、シェイクスピア、ダンテも名を連ねる文豪の殿堂入りを果たしていた。

存命中はかえりみられず無視されていた創造者（クリエイター）は枚挙にいとまがない。画家のヴィンセント・ヴァン・ゴッホ、ヨハネス・フェルメール、エル・グレコ、作家のエミリー・ディキンソンやハーマン・

メルヴィル、アメリカの博物学者で一時期は世捨て人となったヘンリー・デイヴィッド・ソロー、さらには作曲家のヨハン・ゼバスティアン・バッハもそうだった。バッハの音楽は彼の死後半世紀以上にわたって、古くさくてひどくややこしいとされていた。

芸術における成功と失敗は、移ろいやすい流行で説明がつくかもしれない。結局、美しさは見る人によって異なる。しかし真実はそうではない——少なくとも自然科学や数学においては。しかし数学や科学でさえも流行に左右される。有力な証拠は、一九世紀の数学者ヘルマン・グラスマンによる線形代数の考案だ。今日、線形代数は大学だけでなく高校でも数学のカリキュラムの中心になっている。線形（一次）方程式を解くことは必須である。現代幾何学に欠かせない。なぜなら、三次元以上における線と平面の計算を可能にするからだ。線形代数なしには工学や科学は考えられない。それでも、グラスマンが『広延論（*Die Ausdehnungslehre*）』と題された一八四四年の著書で、線形代数のさまざまな主要概念を展開したとき、彼はみんなに無視された。一八六二年に改訂版を再び世に問うたが、大きな成功を収めることはなかった。初版の三〇年後、発行者は「あなたの著作はほとんど売れなかったので、約六〇〇部が一八六四年に古紙として使われた」と書くことになる。

自然の基本法則のなかにも、発見後に無視されていたものがある。その一例が、ドイツ人物理学者ユリウス・ロベルト・フォン・マイヤーによって最初に公式化された、エネルギー保存の法則である。[3] 長年にわたってその重要性が認められず、マイヤーは自殺未遂をはかった（そしてようやくその重要性が認められたとき、最初は彼のライバルだったイギリス人のジュールが称賛された）。

テクノロジーの分野も科学の分野と同じだ。眠り姫のなかには、人類史上屈指の重要なイノベーションもある。そのひとつが車輪だ。この古来のテクノロジーは紀元前三五〇〇年ごろ、中東と東ヨーロッパでそれぞれ別に初めて出現したが、第9章で説明されているとおり、その普及は迅速でもなければならなかった。ほかの多くの発明と同様、人類は車輪を何度も発見している。命を脅かす壊血病の治療法と同様、最初は無視され、そのあとたいていは何度も再発見されてから、ようやく成功の道を見いだす。このような事例が示すのは、革命的イノベーションは個々の発明者が努力して生みだしたように感じられるかもしれないが、広範な歴史的視点からすると、ほぼ必然に思われるということだ。しかしさらに重要なこととして、成功を導くのは発明者にはどうしようもない力であることが強調される。

自然の分子創造から人類のテクノロジーまで、本書の例は四〇億年におよぶイノベーション史の随所から引いている。数え切れないイノベーションが時期尚早に生まれている。そういうイノベーションは自分の時機が来るまでじっと待つ。どんなに重大で革新的でも、イノベーションはそれを受け入れる環境が見つかってはじめて成功する。適切な時期、適切な場所に生まれる必要があり、さもなければ失敗する。最終章では、イノベーションのこうした普遍的なパターンから、人間のクリエイターが学べる教訓をいくつか引き出す。とくに、いろいろと苦労し、認められないと感じ、無視されること、あるいは忘れられてしまうことに憤慨していそうな人びとのために。私たちの創造プロセスはイノベーション四〇億年史の縮図である。この深い歴史を知ることは、私たちがもっと成功する助けにはならないかもしれない。世界における自分の居場所を変えることはないかもしれない。しかし居場所を見つけて、そこで最善を尽くす助けになる。

# 第1部　自然

# 第1章　インスタント・イノベーション

オオカバマダラというチョウの幼虫は、危険な食物に依存している。トウワタという植物の葉をむさぼり食うのだが、これは背丈一メートル近くまで成長し、花序が人目を引く小さな星形の花を咲かせる多年生植物だ。トウワタは美しいかもしれないが無害ではない。オオカバマダラの幼虫の口器がその葉を食いちぎると、傷ついた葉の内部で圧力を受けた導管が、乳白色の物質を放出する。トウワタの英語名 milkweed（乳の草）の由来である。幼虫はこの白い物質がトラブルのもとになることを知っている。なぜなら、葉をむさぼる前に、導管を切断して乳状物質を流れ出させようとするのだ。

この乳状物質は科学用語でラテックスという複雑な化学物質混合物で、粘着性があり、その目的は松ヤニのような粘着性樹脂のそれに似ている。そのような分泌物は傷を治すものと思われがちだが、実際にやっていることは、どちらかというと残忍である。そのことを示すのが、琥珀と呼ばれる化石化した樹脂のなかに何百万年も前に閉じ込められた昆虫だ。ラテックスと樹脂は、腹を空かせた動物に対抗する防御用の凶器なのだ。

昆虫がラテックスや樹脂を生成する植物に嚙みつくと、粘着性の物質が昆虫の口器を動かないようにくっつけてしまうこともある。昆虫をまるごと罠にかける場合さえある。トウワタの葉の上で孵化するオオカバマダラの幼虫の三〇パーセント以上が、トウワタのラテックスにはまり、葉にくっつけられて死んでしまう。そのような罠は、ラテックスと樹脂が実現する防御のひとつにすぎない。どちらの分泌物も有毒な物質を含むことがある。ラテックスと樹脂は高度で複雑な化学兵器なのだ[1]。たとえば強心配糖体は、心拍を永遠に止めることができる毒である。

こうした化学兵器は、言ってみれば進化イノベーションの例でもある。なぜなら種が進化するあいだに生まれて、種が生き延びるのを助けるからだ。この明確なイノベーションは――ここが重要なところ――トウワタだけで生まれたわけではない。進化はそれを一回、二回、あるいは数回どころか、生命の巨大な系統樹のさまざまな枝上で、まったく異なる種において、四〇回以上も発見している。さらに、それを発見した種の多くはそれぞれ別々に、有毒な分泌物のための輸送網も進化させている。植物が攻撃を受けるあらゆる場所に粘着性の物質を供給する、複雑なチャネル機構だ[2]。このような何度も発見されているイノベーションは、進化がいかに容易にイノベーションを起こすかを物語っており、あとで出てくる眠り姫の伏線になっている。

ラテックス、樹脂、そしてその輸送網は非常に重要なので、生物学者はその地位を単なるイノベーションよりも高いと考え、「キーイノベーション」と呼ぶ。その理由は発見が難しいからではない――何度も起こっているのだから、そうではない。ひとつの植物種の生存を助けるだけではないからである。進化にとって、もっと深く長期的な影響を与えるのだ[3]。

ラテックスを生成する植物は、昆虫からの害を受けることが少なく、より速く成長して、花を咲かせ種子をつくることによる繁殖に、より多くのエネルギーを費やすことができる。こうした強みのおかげで、ラテックスを生成する植物はより遠くまで広がり、新しい環境にコロニーをつくることができる。その生息環境のなかで、植物はやがて新しい種を形成する。生物学の専門用語でいうと、そのようなキーイノベーションは「適応放散」を促進する。生命の系統樹に新しい枝が生えるのだ。適応放散のあいだに、ひとつの種がいくつもの種に増え、それぞれが自身の生息環境に最も適した独自の生活様式をもつようになる。

こうした化学兵器が進化におよぼす効果は、一六グループの植物を研究することで明らかになっている。どのグループもラテックスと樹脂を生成するだけでなく、この能力をもたない近縁のグループをもつ。この研究でわかったのは、ラテックスを生成する一六グループのうち一三が、多くの種を進化させていることである——それも二、三種多いのではなく、この能力のない近縁のグループの一〇〇倍も多いのだ。[4] 結局、ラテックスは進化で大成功を収めた。最初は数十だったものから、最終的に二万種のラテックスを生成する顕花植物が出現し、そして無数のラテックスを生成する球果植物、シダ、さらには真菌も生まれた。[5]

ラテックスは重要なイノベーションだが、それ自体は、昆虫が発見していた別のもっと古いイノベーションに端を発する軍拡競争の産物だ。このイノベーションとは植食性、つまり植物を食物として利用する能力である。

何億年も前、原始の昆虫はほかの動物だけを捕食するか、デトリタス食、つまり生物の死骸をあさって生活していた。こうした食生活から植物食への切り替えは容易ではなかった。植物を食べる生活様式への障害のひとつは、先ほど述べた化学兵器戦争である。これには植物のほうが長けている。植物は走ることも隠れることもできないので、必要に迫られてのことだ。もうひとつの障害は、植物の組織と樹液は、窒素や必須アミノ酸のような栄養素に乏しいことである。動物の獲物やデトリタスよりはるかに乏しい。おまけに、デトリタス食者は地中に隠れることができるのに対し、植物食者は外で食べる。その生活様式は昆虫を乾燥にさらすだけでなく、もっと悪いことに、捕食者にもさらすことになる。小さくて、たいていあまり武装していない、おいしそうな柔らかい体に誘われて、捕食者が寄ってくるのだ。

こうした障害にもかかわらず、植食性もまた、一回、二回、三回どころか、五〇回以上も異なる種によって発見された。そして大成功をおさめるようになったことを、メリーランド大学のチャールズ・ミッターらが証明している。彼らは、生命の系統樹上にある植食性昆虫の一三の枝と、その近辺の植食性でない昆虫の一三の枝を比較した。そして、植食性の枝のほとんどは種が多く、場合によってははるかに多いことを示した。たとえば、キモグリバエと呼ばれる科の昆虫では、系統樹上の植食性の枝には一三五〇以上の種がいるのに対し、そうでない枝には八〇の種しかいない。植食性を発見した昆虫目――甲虫、ゴキブリ、トンボのような種の大集団がこれにあたる――は少数であっても、大きな成功を収めたので、現在、世界中の九〇万におよぶ昆虫の種の半分が植物を食べる。植食性もまた、進化のキーイノベーションのひとつである。[6]

植物を基本とする食性には、別の課題もある。種子や草のような植物性の食物はとても硬い。この難題に独自の方法で対処したのが、動物の別のグループ、すなわち哺乳類である。哺乳類は特殊な歯を進化させたのだ。その名称――大臼歯（molar）――が石臼（millstone）を表わすラテン語に由来しているのは、植物の部位をすりつぶすからである。

口の奥に指を入れて、合わせて八本、親知らずがすべて生えていれば一二本ある大臼歯の一本に触れると、それがツルツルではなく、咬頭（こうとう）と呼ばれる小さな隆起に覆われていることがわかる。その咬頭のなかに、なんでもないようできわめて重要な、哺乳類のキーイノベーションがある。それはハイポコーンと呼ばれる隆起で、大臼歯の後端、頬側でなく舌側にある。[7]

原始哺乳類の大臼歯は咬頭が三つで、そのような大臼歯を水平に切ったとすると、断面は三角形になる。石臼のような働きをしなくてはならない歯にとって、そのデザインは不都合だ。すりつぶす歯の表面積が大きければ大きいほど、多くの植物を一度にすりつぶすことができるが、横断面が三角形の歯では隣とのあいだにたくさんの隙間が残り、それはすべて、すりつぶす仕事にとって無駄である。横断面が四角形に近ければ、そして大臼歯が口のなかの端から端まで、レンガのように並んでいたら、そのほうがはるかに有利だ。これこそがハイポコーンの進化がなしとげたことである。四番目の咬頭が加わると、欠けている空間が埋まる。これで横断面が三角形から四角形——科学用語では方形——になり、すりつぶす面積が倍増して、より効率的なすりつぶしが可能になった。

ハイポコーンは哺乳類の生命系統樹のさまざまな枝で、二〇回以上進化した。そしてハイポコーンのある大臼歯は、さらなるイノベーションの土台にもなった。というのも、進化は植物だけを食べる哺乳類をつくり上げたとき、大臼歯の基本構造にさらなる装飾を加えたのだ。そのような哺乳類の一例であるシカの大臼歯は、エナメル質の三日月形の突起部によって強化されている。ゾウもそうであり、大臼歯にそのような突起がいくつもある。こうした大臼歯の形は、より効率的なすりつぶしを可能にしていて、すべてがハイポコーンのある歯に由来している。

次に何が起こったかを聞いても、あなたは驚かないかもしれない。植食性哺乳類が複数の種に枝分かれしたとき、すなわち五〇〇〇万年以上前に放散が始まったとき、齧歯(げっし)類および有蹄(ゆうてい)類のような、ハイポコーンをもつ哺乳類のほうが成功し、最も多くの種を進化させた。驚くべきは、歯というほんの小さな塊が、何百万年のあいだに何百という種の進化の経路を変化させる可能性があることだ。

適応放散についての考え方のひとつは、キーイノベーションが放散を可能にするのであり、それがないと放散が阻止されるというものだ。種はキーイノベーションがあってはじめて、温暖化した気候、新しい食料源、優れた形態のすみかなど、いまあるチャンスを活用することができる。この考え方からすると、どんな適応放散も適切なイノベーションが起こるまで、おそらく長いあいだ待たなくてはならない。そして待つ必要性が進化を押しとどめる。しかしラテックスの生成、植食性、ハイポコーン咬頭のようなイノベーションは、この考え方に疑問を投げかける。そうしたイノベーションは何回も生じているからだ。進化のイノベーションは私たちが考えるより容易なのではないだろうか？　進化はイノベーションを待つ必要がないのではないか？　その創造のエンジンは私たちが信じているよりパワフルなのではないか？　新しいチャンスに対して進化が反応できる驚くほどのスピードが、この可能性を支持する。

このスピードを明らかに示すのは、花の中央にある鮮やかな青や赤の蕊柱（ずいちゅう）と、窒素を空気から取り込んで土壌を豊かにする能力で有名な植物だ。この植物はルピナス、その美しさを庭師から高く評価されるマメ科植物である。しかしただ美しいだけではない。その種子――ルピナス豆――は、古代からヨーロッパ人によって食されてきた。南アメリカのアンデス山脈ではさらに古い料理の歴史があり、人びとは六〇〇〇年前から食べている。[8]そしてアンデス山脈では、ルピナスは驚きの進化爆発も起こしている。

長さ七〇〇〇キロにおよぶアンデス山脈は、世界最長の山脈であるだけでなく、地球上で最も若い山脈にも数えられる。およそ三〇〇〇万年前に隆起を始め、二〇〇〇万年から四〇〇〇万年前にようやく現在の地形に到達した。この地形には、世界屈指の特異な生息環境が含まれる。それは「パラモ」と呼ばれる樹木のない高地で、おもに北部のコロンビア、ベネズエラ、およびペルーに位置する。

パラモは標高三〇〇〇メートルの高木限界線を超えるところから始まり、雪と氷が夏でも溶けない標高五〇〇〇メートル以上の地帯にまで伸びる。高度が高いパラモの気候は、ひんやりしていて気温の上下が激しいものの、赤道に近いおかげで穏やかだ。太平洋から内陸に吹く湿った空気は、アンデス山脈に沿って上昇するにつれて冷えていき、雨や雲や霧という形で、生命を支える水分を豊富に供給する。それに加えて、山地の谷、斜面、割れ目によってさまざまな生息環境が育まれているのだから、パラモが世界有数の生物多様性ホットスポットであるのも納得だ。四万五〇〇〇の植物種が生息し、その四〇パーセントが、そこだけに生える固有種なのだ。

そうした固有種のなかに、八一種のルピナスがある。ルピナスは単一の祖先から放散し、アンデス山脈で驚くほど多様な形態と生活様式を進化させた。多年生の種もあれば、一年生の種もある。太陽に向かって茎を伸ばす種もあれば、地面を這うように伸びて葉が地表に平らに広がる種もある。柔らかい草状の組織だけをつくる種もあれば、硬くなって木のようになる種もある。木のようなルピナス自体も多様な形態に放散した。枝が低く生えて土の近くを這う種もあれば、直立の灌木に成長する種もあり、小さな木にまで発育する種もある。[9]

さらに驚くべきは、こうした種は共通のルピナスの祖先から、二〇〇万年前より少しあとに始まって、きわめて急速に出現したことだ。別の言い方をすれば、ヒトがサルのような祖先から生まれるのに必要だった五〇〇万年より短い期間で、八一の新しい種が進化しただけでなく、アンデス山脈が隆起してパラモが生まれるのとほぼ同時に、それだけの種が進化した。進化はアンデス山脈隆起のすぐあとを追いかけ、パラモで生じた新しいチャンスを即座に利用したのだ。

別の種類のチャンスを生んだ、まったく異なる地質学的過程もある。ゆっくりだが止められないアフリカ大陸の分裂だ。この過程は非常に大きな変化をもたらすので、私たちは地理の教科書を――ゆくゆくは――書き直さざるをえなくなる。始まりはおよそ二五〇〇万年前、東アフリカで大陸地殻の二つのプレートが離れ始めたときである。この過程は地殻伸張と呼ばれ、キリマンジャロ山のようなそそり立つ火山を生み出しただけでなく、数千キロにおよぶ東アフリカ地溝帯も出現させた。こうした地溝帯の一部に巨大な湖がたくさんできたが、いまから一〇〇〇万年後には新しい海に取って代わられるかもしれない。そうした湖として、ビクトリア湖、タンガニーカ湖、そしてマラウイ湖が挙げられる。

マラウイ湖をはじめとする東アフリカの湖には、さまざまな魚の種がコロニーをつくり、そのうちのシクリッド科は種が一六〇〇あり、魚類としてとりわけ多様な科になっている。なかにはティラピアのような食用魚もいるが、ブルーディスカスのような目を見張るほど美しい観賞魚もいる。ブルーディスカスの平らなディスク状の体（名前の由来）は、ターコイズブルーの河川網のような模様で覆われ、眼の部分がオレンジ色の島のようになっている。多様なシクリッド科の宝石箱には、ほかにもたくさんのまばゆい宝石が詰まっている。

マラウイ湖に初めてシクリッドのコロニーができたのは、四五〇万年前に湖ができた直後であり、それから湖全体に広がったが、それだけではない。驚異的なスピードで放散し始め、アンデスのルピナスの放散に匹敵するペースで、五〇〇あまりの種に多様化した[10]。生活様式が多様化するチャンスを提供するうえで、山地の変化に富んだ地形に、どうして湖——結局はただの水——が引けを取らないのか、わかりにくいかもしれないが、見かけは当てにならない。湖底には砂地の場所もあれば、岩だらけの場所もあって、種によって好みが異なる[11]。さらに、二万九〇〇〇平方キロメートル——ベルギーとほぼ同じ面積——の湖は、さまざまな食物と食性を支えられる。湖水中のプランクトンをこし取る魚もいれば、岩の藻をそぎ取る魚もいる。いろんな動物をビュッフェ形式で見境なく摂取する魚もいれば、好き嫌いが激しく、巻き貝のような一種類の食物しか摂取しない魚もいる。

進化の創意工夫能力は、マラウイ湖のもっと珍しいシクリッドでとくに明らかになる。なかには、ほかの魚の鱗（うろこ）だけを食べる種がいる。スリーパーシクリッドという別の種は、ほかの無防備な魚が近くに来るまで死んだふりをしている。魚が寄ってくると息を吹き返し、哀れな獲物に食いつくのだ。

こうした摂食戦略に加えて、シクリッドの体を覆う色も多彩だ。明るい信号のような赤色をしている種もいれば、鮮やかな黄色の体にパンクロックミュージシャンのモヒカン刈りに似た真っ黒な背びれがついている種もいる。さらには、黒い下地にコバルトブルーのストライプが目立つ種は、囚人服を思わせる。そのような彩色は、配偶者になりそうな相手を見つけるだけでなく、まちがってほかの種と交尾することを避けるのにも役立つ。ほかにも役立つ用途があって、そのひとつが縦縞（たてじま）による隠蔽擬態である。岩だらけの湖底近くでは見えにくくなるのだ。[12] そしてこの多様性すべてが、進化の時間からするとほぼ瞬時に出現している。

進化のすばやさを示しているのはルピナスとシクリッドだけではない。ほかにもたとえば、イヌの大きさの祖先からのウマの放散は、およそ二五〇〇万年前から、草食動物の生活様式を支える草地の広がりのあとすぐに続いた。[13] さらには、島や半島における爆発的放散も見られ、ハワイでは九〇〇〇もの顕花植物種と四五〇〇もの昆虫種が一〇〇〇万年以内に出現した。[14] こうした例は、進化的変化の別の明快なパターンも示しており、このパターンを明らかにしたのは古生物学者たちの努力だった。

古生物学者は、はるか昔に死んだ奇妙な生物の生体構造を、化石化した体から再現する。化石を閉じ込めた岩が地球の地殻を移動するあいだに、その体は押しつぶされ、剪断（せんだん）され、打ち砕かれるが、古生物学者はそこから再現することに長けているのだ。そのスキルが最も輝くのは、ケーキの層のように積み重なった年代の異なる岩に取り組むときだ。というのも、そのような岩から再現された体は、絶滅した種の生体構造を明らかにできるだけではない。存在していた地質時代が異なるので、進化が体をどう変形させるかを理解する助けにもなる。そのような変形を、およそ一〇〇〇万年前、特異な種の魚が経験している。

イトヨ（英語名は three-spined stickleback、三本トゲのトゲウオ）という魚は、マラウイ湖の派手なシクリッドとはまったく異なる。比較的くすんだ色をした体長が指くらいの魚で、北半球の海と湖に生息する。この魚の注目すべき点は、その名称に表わされている生体構造である。背に生えているしなやかな三本のトゲは、体にぴったりくっつくことも、立ち上がって小さな短剣のように突き出ることもできる。さらに、ほかの種は腹にひれが二枚あるのに対し、イトヨは二本のトゲを生やしていて、背のトゲと同じように、引っ込めたり、防御姿勢になるよう操ったりすることもできる。こうしたトゲに加えて、硬い骨でできた三〇枚以上の装甲板が脇腹を覆っているので、イトヨが捕食希望者にとって楽な獲物でないことは明らかだ。その装甲板が噛み砕かれるのに抵抗するだけでなく、トゲが逆立っているイトヨを食べるのは、ハリネズミを飲み込もうとするようなものにちがいない[15]。

トゲウオ科の魚は何百万年も前から存在し、そのあいだ繰り返し、海のすみかを離れて湖にコロニーをつくっていて、そのなかには、氷河期が終わって氷河が溶けたときに誕生した湖もあった。そうした湖が川で近くの海とつながっていれば、魚は上流に向かって泳ぐことによって、湖にコロニーをつくることができるが、川が干上がると退路が断たれ、魚は湖で生き延びるしかない。そのことは必ずしも問題ではないが、ほとんどの湖がやがてそうなるように、湖そのものが干上がると、コロニーをつくった魚は絶滅する運命にある[16]。

およそ一〇〇〇万年前、現在のネバダ州にあったがはるか昔に枯れた湖で、イトヨはそのようなコロニーづくりと最終的な絶滅のサイクルを開始した。現在、珪藻土（けいそうど）――研磨材や殺虫剤として使える化石化した藻――を求めて、その干上がった湖の堆積物が採掘されているが、そこにはたくさんの化石化したトゲウオも埋まっている。湖が存在していたあいだのさまざまな時代に死んで化石になったものなので、古生物学者にとっては願ってもない資料であり、トゲウオの生体構造の経時変化を観察し、進化がこの構造を変えたのかどうかを解明することができる。

実際にそのようなことが起きたことが、五〇〇〇ものトゲウオの化石を分析し、その生体構造の変化を追いかけた二つの研究によって示されている。湖に侵入したトゲウオは強固に武装していたが、そのあとしだいにトゲと装甲板を失っていった[17]。その理由を理解するのは難しくない。防御用のトゲで武装された体をつくるには、材料とエネルギーが必要であり、食料探しや子づくりのような、ほかの大切な仕事にそれが回らない。湖には捕食者がほとんどいなくて、捕食者からの脅威が小さいなら、装甲をつくるのは無駄である。おまけに、装甲板と骨の短剣に必要な材料は、湖には乏しい可能性のあるカルシウムのようなイオンだ[18]。言いかえれば、この湖で装甲を失うことは、進化が行なうべき合理的な倹約だったのだ。

注目すべきは、進化がいかにすばやくトゲウオの装甲を解いたか、である。すばやくというのは、進化の時間尺度であることをつけ加えるべきだろう。なにしろ、それでもほとんどの人が想像できないほどの時間がかかったのだ[19]。

自分の一生涯くらいの時間、つまり一〇〇年弱ほどの短い期間のなかで、世界がどう変化したか、というのはつかみやすい。中世の騎士が戦っていたころからの一〇〇〇年間で、あるいはカエサルがローマ帝国を統治していたころからの二〇〇〇年で、生活がどう変化したかを想像するほうが、はるかに難しい。私たちの想像力は、現在の文明が始まってからの一万年というような、さらに長い期間についての役には立たない。それでも一万年というのはだいたい、先ほどのトゲウオが装甲を失うことによって湖の生活に適応するのに必要だった時間である。一万年は私たちにとっては理解しがたいほど長いのだが、進化においては信じられないほど短い。現生人類が生まれてからの時間の一〇分の一に満たないし、アンデス山脈でルピナスが放散に必要とした時間の一〇〇分の一にも満たない。

この期間、最初はすばやく、そのあとゆっくり、トゲの数は減ってトゲウオの装甲は衰え、最終的にほぼ完全に消えた。私たちにこのことがわかるのは、ひとえに、たくさんのトゲウオの化石がこの古代湖に保存されていて、古生物学者が数百年単位で進化の時間を分析できたからだ。それは非常に珍しいことである。生物の古代の変化を記録している化石はたいていもっと少なくて、そうした化石の時代間隔は、一万年よりはるかに長いのだ。そのような変化においては、一万年はほんの一瞬のように思える。ある瞬間には装甲があり、次の瞬間には消えているようなものだ。

ほとんどの種の進化はそれほどうまく化石に記録されないが、いまある化石の証拠は、トゲウオの進化が典型的であることを示している。すなわち、進化は投げかけられた難題に電光石火の速さで反応するのだ。それこそが、スミソニアン国立自然史博物館の古生物学者ジーン・ハントが、単細胞微生物から魚や哺乳類まで五〇以上の化石化した種で、二五〇以上の特徴の進化を研究したとき、実証したことである。トゲウオにおける装甲の減少のように、そのような特徴が特定の方向に進化するとき、たいてい変化は急速である。とはいえ、大部分の特徴はほとんどの時間、どちらの方向にも変化しない。進化のモットーは「急いでやって、あとは待つ」のように思える。[20] そして進化が待たなくてはならないとき、アンデス山脈やマラウイ湖をつくり出したもののような、地質学的な大変動を待っていることが多い。あるいは、植食性の昆虫によって課され、ラテックスと樹液を有用なものにしたような難題を待つのかもしれない。あるいは、ハイポコーンのある方形の歯を必要とする、植物性の硬い食物を待つのかもしれない。

進化には適切な環境が不可欠だが、それで十分とは限らない。シクリッドが東アフリカの湖にすみついたとき、マラウイ湖のように複数の種に放散した湖もあったが、放散しない湖もあった。おそらく、後者の湖には複数の生活様式を支えるのに必要な食物がなかったか、あるいは、すみついた種に適切なＤＮＡの変異が起こらなかったのかもしれない[21]。残念ながら、私たちにはわからない。実際、これがわからないことは生物学者にとって長年の問題であり、起点となる適切な種か、それとも適切な環境か、どちらが進化の前進にとって重要なのか、生物学者は長年にわたって議論している[22]。

その答えは、一度しか進化しなかった生命形態がある理由の説明にも役立つだろう。そうした生物の一例が、アフリカの砂漠植物であるサバクオモト（*Welwitschia mirabilis*）である。この植物は美しくはなく、二枚の巨大な葉のついたしなびたレタスに似ている。その葉は地面に伏していて、数世紀におよぶサバクオモトの長い生涯のなかで、だんだんボロボロになっていく。しかしその葉の巨大な表面積が役に立つ。霧がその葉の上で凝結して地面にしたたるので、水分を取り込むことができるのだ[23]。サバクオモトが唯一無二なのは、霧がおもな水分の供給源となる砂漠固有の環境で生き延びるための唯一最善の解決策だからなのか？　それとも、それは進化の偶然、すなわちたまたま生き延びた奇妙な種であり、この極端な環境でもっとうまくやる種がほかにいたのだろうか？　そうした種が放散した可能性は？　サバクオモトに関しても、たとえばカモノハシやカメレオンやゾウなど、ほかの唯一無二の種についても、何もわかっていない[24]。

化石もこの疑問に答える助けにはならないだろう。すべての種がうまく化石化するわけではないし、たとえ化石化しても、化石記録は不完全なことで知られている。ある種が固有ではないのに固有だと考えるよう、判断を誤らせるおそれがある。もうひとつの問題は、この地球全体が進化の大実験にすぎないことである。この実験を一回、二回、または何回もやり直すことができたら、どうなるかはわからない。古生物学者のスティーヴン・ジェイ・グールドはこの疑問を、著書『ワンダフル・ライフ――バージェス頁岩と生物進化の物語』（渡辺政隆訳、ハヤカワ文庫ＮＦ）で投げかけ、生命はまったく異なるかたちで出現するだろうと主張した。しかし彼にも本当のところはわからなかったし、私

図1　サバクオモト

たちにもわからない。実験をやり直したら、サバクオモトの問題に対するまったく異なる解決策、つまり別のサバクオモトが生まれるのか、それとも解決策はまったく出てこないのか、誰にわかるだろう？[25]

このような難問には、まったくちがう方法でアプローチすることが必要だ。そのひとつを、チューリッヒ大学の私の研究室の研究者を含めて、世界中の科学者が追究している。そのアプローチとは、自然の進化をただ観察するのではなく、試験管の中で展開させる。要するに、実験室で進化の実験を行なうのだ。そのような実験は、進化している生物を数年、数カ月、または数週間以内にリアルタイムで観察することができるので、とても効果的である（聖書の創世記どおり六日間で神が万物を創造したとする、特殊創造説に対する対抗手段になる可能性もある）。

私たちは進化実験を行なうとき、生物の個体群全体を何世代にもわたって、新たな厳しい環境にさらす。極端に高温または低温、あるいは高湿度または低湿度の環境もありえるし、食物の消化がほぼ不可能だったり、大量の有害な放射性物質があったり、抗生物質や重金属のような毒が存在したりする環境もありえる。生物の個体群がそのような厳しい環境で、とにかく生き残ることができれば、やがて一部の個体のＤＮＡが変異を起こす。そうした変異は進化に不可欠なので、それがどうして起こるのかについて、ここで説明しておかなくてはならない。[26]

ＤＮＡ分子が、あらゆる生物のゲノム（全遺伝情報）をつくり出す染色体と呼ばれる長い鎖を形成していることは、よく知られている。そのようなＤＮＡ鎖それぞれは、四文字のアルファベット――ヌクレオチドと呼ばれる四種類の小さな構成単位で、一般にグアニンを省略してＧ、アデニンをＡ、シトシンをＣ、チミンをＴで表わす――で書かれた文字列に似ている。各染色体には何百何千という遺伝子が入っているが、遺伝子とは、生命体を構築するのに必要な情報をコードする、短いひと続きのＤＮＡなのだ。この情報をデコードするには、まず遺伝子をＲＮＡ――ＤＮＡによく似た構成単位からなる分子――にコピーし、すなわち「転写」し、次にそのＲＮＡをタンパク質に「翻訳」する。タンパク質もやはり分子の鎖だが、アミノ酸と呼ばれるまったく異なる構成単位からなり、アミノ酸には二〇種類ある。

タンパク質の鎖はとても柔軟だ。細胞という混沌（こんとん）とした環境のなかでは、熱が原子と分子をたえず振動させているので、何百万ものピクピク動く分子がタンパク質の鎖にぶつかり、それをくねくね動かしたり、軽く揺すったりする。こうした衝撃に突き動かされて、タンパク質は三次元の形に折り重なる。この形――タンパク質の折り畳みとも呼ばれる――は、進行中の分子の跳ね返りに抵抗できる。なぜなら、構成するアミノ酸の一部が折り畳みのなかで近づくと、互いに引き寄せられてくっつくからだ。その粘着性が折り畳まれたタンパク質を安定させる。ひとつの細胞には何千という異なる種類のタンパク質が入っていて、それぞれは遺伝子内の情報からデコードされ――生化学者は「発現」されると言う――それぞれが異なる折り畳みになる。そしてこの折り畳みが各タンパク質に特殊なスキルを与える。輸送タンパク質は栄養素を取り込む、または老廃物を排出する。細胞骨格タンパク質は細胞に形を与える。信号伝達タンパク質は細胞間のメッセージや酵素の触媒化学反応などを伝える。

地球上の生物それぞれの各細胞は、激しいタンパク質活動の中心地であり、そこでは何千というタンパク質が同時にほかの分子を取り込んだり、構築したり、集めたり、切り裂いたり、運び出したり、破壊したりする。この分子の激しいダンスが生命を維持するのだが、それには意図しない結果もともなう。たとえば、酵素がエネルギーを取り込むとき、とても反応しやすい老廃物を生成する場合がある。その老廃物は遊離基と呼ばれ、近くにあるほかの分子に衝突すると、その分子を傷つけたり壊したりする。それがＤＮＡに起こると、ＤＮＡが傷つく。細胞はそのような損傷を修復するために、休むことなく働く特殊なタンパク質装置を使うが、こうした装置はローマ教皇とちがって無謬（むびゅう）ではない。大失敗することもある。たとえば、傷ついたＡを見つけると、それを修正するのではなく、ＧかＣかＴに変えてしまう。そうやって、重要なＤＮＡの変異が生まれるのだ。これは影響を受けるのがゲノムの最小部分であるＤＮＡ一文字なので、点変異と呼ばれる。

細胞はＤＮＡが分裂する前にそれをコピーして、すべての母細胞がゲノムのコピーを娘細胞に確実に伝えられるようにするが、そのために使うタンパク質装置も同じように当てにならない。そしてこの装置がコピーミスをすると、やはり点変異が生じる可能性がある。さらに、紫外線やＸ線などの高エネルギー放射がＤＮＡに当たったときに起こる点変異もあり、その文字配列を恒久的に変えてしまう。

こうした変異のなかには、生物の生存に影響しないものもあるが、ほとんどは生物を病気にしたり、その命を奪ったりする。なぜなら、生命を維持する分子タンパク質装置の一部を壊すからだ。とはいえ、逆の効果をもつ変異もある。それは有益な変異であり、生物が新しい環境で生き延びるのに必要なスキルをつくり出したり、改善したりする。そういう変異は非常にまれだが、非常に興味深く重要なものでもある。まったく新しい食物からエネルギーを取り込んだり、強い毒を破壊して無力化したり、過剰な暑さや寒さから命を守ったりすることができるタンパク質の生成を助けるのだ。

進化実験のあいだに、進化している個体群のどれか一個体が、そのような有益な変異に当たる可能性がある。そうなったとき、その個体はより速く繁殖する、あるいは生き延びる確率が高くなる。そのため何世代もあとの子孫は、ほかの個体に打ち勝つ。その子孫がどんどん増え、さらなる変異を経験し、そのほとんどが有害なものでも、いくつかが有益であれば、その子孫はさらに改善し、さらなる子孫が個体群全体に広まる。何世代も経ると、この変異と自然淘汰の相互作用が着実に生存率を上げて、個体群の成員が環境に適応するのを助ける。そしてそのおかげで、生き延びた者たちのゲノムに有益な変異がどんどん蓄積していく。

実験的進化のあいだ、生物は一〇世代もたたないうちに変わり始めるかもしれないが、長く待てば待つほど、その変化が明白になる。実際、少なくとも一〇〇世代は進化の成り行きを見守るのがベストだ。哺乳類のような大型の生物にとっては非常に長い時間かもしれない。なにしろ世代の単位が数カ月から数年である。さいわい、もっと小さい生物ではるかに速く繁殖するものがたくさんいる。その一例がキイロショウジョウバエ、キッチンにある腐りかけの果物を好む小さなハエだ。ショウジョウバエの一世代は約二週間で終わり、実験的なハエの進化は一年で二四世代におよぶ。このハエを使った最も長い進化実験は、三〇年以上続いている。この実験で扱われたハエは八〇〇世代を超えているが、これは人類進化のおよそ二万年に相当する。[27]

この数字はすばらしく思えるが、一日に何度も分裂する大腸菌のような細菌で楽に観察できる世代の数はもっとずっと多い。そのような細菌では、一〇〇〇世代の進化実験でも二、三カ月かからない。

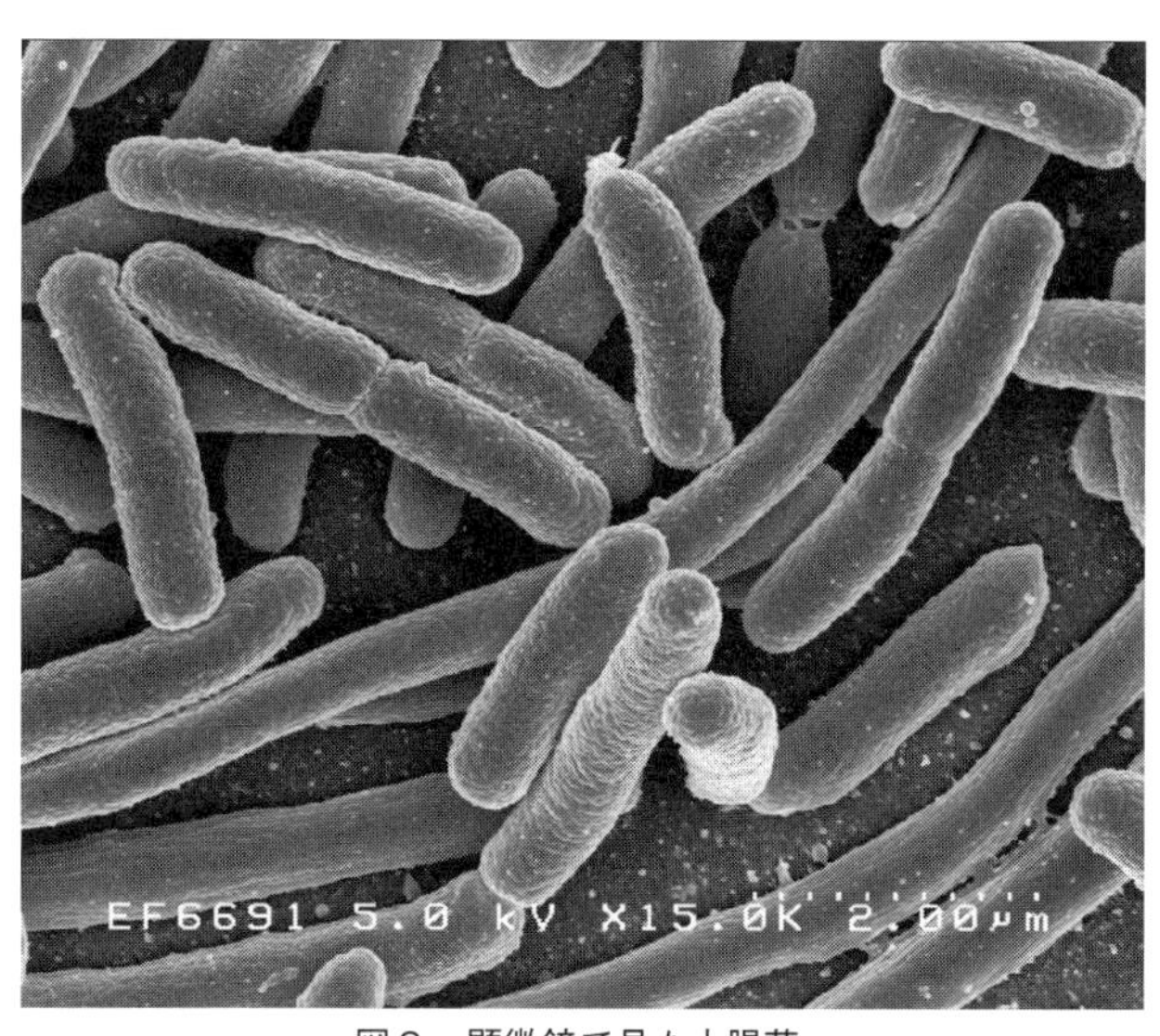


図2　顕微鏡で見た大腸菌

大腸菌によるそのような実験で最長のものは、いまだに進行中である。一九八八年にミシガン州立大学の生物学者リチャード・レンスキーによって始められ、七万世代以上続いている。人類の進化なら一五〇万年に相当する。[28]

こうした数字は、実験的進化の限界も際立たせる。実験室では、シクリッドやルピナスのもののような、劇的な放散を再現することはできないのだ。十分な世代の大きい生物を進化させるには、とにかく時間がかかりすぎる。さいわい、適応放散は進化の成功をはかる唯一の尺度ではない。極端に暑い、乾燥している、有毒であるなどの過酷な環境で、難題を乗り越えて繁栄する能力を進化させることも、同じように重要と考えられる。

実験的進化はほかにも、自然界の進化の観察にまさるメリットをいろいろと提供する。第一に、環境が進化にどう影響するかを理解する助けになる。なぜなら、実験室内では環境をきわめて厳密に制御できるからだ。温度を〇・一度単位で調節し、それをだんだんに上げていって、生物が耐熱性を進化させるように挑発することができる。生物にとっての毒である抗生剤をミリグラム単位で与え、薬物耐性を進化させるようにあおることもできる。そして、栄養物から必須の栄養素を除外して、生物がこの問題にまつわるイノベーションを起こし、栄養素を合成する方法か、それなしで生き延びる方法を進化させるように促すことができる。

さらに重要なこととして、実験的進化では「再現」ができる。これは複数のまったく同じ実験を並行して行ない、結果を比較することを表わす専門用語である。たとえば、レンスキーの研究者チームは、大腸菌の集団をひとつではなく一二個進化させている。それぞれ同じ環境で、同じ大腸菌集団から始めたのだ。再現がきわめて重要なのは、それをすると、進化の成功が珍しい固有のものなのか、それとも頻繁に起こる再現可能なものなのか、解明することができるからだ。

まさにそれこそが、見たところ固有だが不完全な化石記録しかない種に関して、私たちには答えられない疑問である。さいわい、世界中の室内実験の多くが、異なる環境で進化するさまざまな種に関して、この疑問に答えを出している。たとえば私の研究室では、抗生物質や人類にとって致命的な量の塩分、あるいはDNAを傷つける遊離基を放出する化学物質のような有害なものを含む環境で、繰り返し微生物を進化させている。[29] そして、微生物は一般に新しい環境にすばやく適応して、再現実験でも同じくらいの程度まで、成長し生き延びる能力を高める。ほかのさまざまな実験室での研究も、同じメッセージを伝えている。すなわち、進化は個体群が環境にすばやく適応するのを助ける。

しかし、例外のない規則はないということわざどおり、進化実験にも例外は存在する。[30] 進化が少なくとも一時的に失敗することもあるのだ。ひとつ教訓となる例は、大腸菌の個体群を使ったレンスキーの七万世代以上にわたる進化実験である。[31] この場合、複数の個体群の環境にエネルギー源のひとつ

として ブドウ糖が投入され、一二の並列実験すべてで、大腸菌はこの糖を効率的に利用するよう進化し、実験が進むにつれ、どんどん速く成長して分裂するようになった。しかし環境には別の潜在的エネルギー源として、少量のクエン酸塩も存在した。残念なことに、大腸菌はクエン酸塩を利用することができない。それを細胞内に取り込むことができないからだ。最初の三万一〇〇〇世代にわたって、事態は変わらないように見えた。一二ある進化中の大腸菌群は、どれもクエン酸塩では生き延びられなかったからだ——失敗である。しかし三万一〇〇〇世代後、大腸菌群のひとつが変異を起こして、輸送タンパク質が部分的に変化し、クエン酸塩を取り込めるようになった[32]。

そのような特異な変異を大局的に見るために、たとえ細菌が急速に繁殖するにしても、そして実験が何十年も続いたにしても、その数十年はやはり細菌の進化においては短い時間であることを、心にとめておく必要がある。その実験を一〇〇年、または一〇〇〇年——それでもトゲウオが装甲を縮小するのに必要とした時間よりはるかに短い——続ければ、ほとんどの個体群はやはり、クエン酸塩が使えるようになる変異を経験するだろう。言いかえれば、特異に見えるイノベーションでも、時が進むにつれ、ありふれたものになるかもしれないのだ。したがって、明らかな適応失敗は実験的進化が示すより珍しいのかもしれない。一九八〇年代に行なわれたほかの室内実験が、この点を裏づけている。レンスキーの細菌とは別に、しかもそれよりずっと前に、同じようなクエン酸塩の取り込みを可能にする変異を発見していたのだ[33]。

進化実験のおかげで私たちは、リアルタイムの進化を観察できるだけではない。進化実験の最後には、二〇世紀の科学から与えられたテクノロジーも使うことができる。生存者のＤＮＡを読み取り——その配列を決定し——生存を助けた革新的な変異を研究できるテクノロジーだ。そしてそれを研究すると、進化のすばやさを示す証拠がさらに見つかる。うまく適応した生存者の有益な変異は、同じ遺伝子のなかでは起こらないことが多い。変異が生じる遺伝子は生存者によって異なり、何十という異なる遺伝子のときもある。言いかえると、同じ問題に対する異なる解決策が存在し、短期間の室内進化実験中でさえ、進化はそれを発見することができる。たとえば、細菌が致死的な抗生物質を切り抜けて生き残るように進化するとき、変異に影響されるタンパク質は三種類ある。第一は、抗生物質が攻撃するまさにそのタンパク質であり、それが変異によって攻撃を無力化する。第二は、抗生物質を細胞の外に排出できるタンパク質であり、変異によってより速く排出できるようになる。第三は、抗生物質を切り裂いて破壊するタンパク質であり、変異によってその効率を高めることができる。それぞれが同じ問題に対する異なる解決策である。[34] そしてそれぞれが異なる再現実験で何度も起こる。

要するに、自然による壮大な実験、すなわちハイポコーンやラテックスのようなキーイノベーションをもたらした実験から学んだことを、実験的進化は裏づける。ごくわずかな例外を除いて、進化は実験室内の新しい環境の難題に即座に反応できる。自然界で、山脈の隆起のような変化にすばやく反応するのと同じだ。私たちが投げかける問題に、即座に解決策を見つける。さらに重要なこととして、解決策それぞれを一回でなく何回も発見する。複数の異なる解決策を、それぞれ二回以上、発見する場合もある。このことから、生物進化が容易にイノベーションにたどり着くことは明らかだ。

本章で挙げた例は、進化の潜在力が生み出す二つの可能性を私たちに示している。第一に、進化は機敏なイノベーターにすぎないという可能性だ。変化する環境にちょうどいいタイミングで反応し、そのようなさまざまな変化のすぐあとを追いかける。そうであれば、進化がイノベーションを起こすのは、山脈の隆起や大陸の分裂のような進化のチャンスが生じたときだけである。第二の可能性は、もっと興味をかき立てる。多くのイノベーションが時期尚早に起こっているのだとしたら？　その場合、イノベーションは眠り姫のままで、成功の条件がそろってはじめて目を覚ます。もしそうなら、進化は機敏なイノベーターをはるかに超えた意味をもつことになる。実際、次章で見ていくように、自然はたいていニーズが生じる前――はるか前――に、イノベーションを起こしているのだ。

# 第2章　長い導火線

チンギス・ハン率いる遊牧民がアジア、ヨーロッパ、そして中東を征服するために、大挙してモンゴルのステップからあふれ出したとき、彼らの戦法は軍隊の動きが遅い定住文明を凌駕(りょうが)した。[1] モンゴル人は高度なテクノロジーをもつ敵（ピカピカの甲冑(かっちゅう)を着けた騎士たちを思い浮かべてほしい）と直接相対するのを避け、退却すると見せかけて、追いかけてくるように敵を誘い、そして遠くから弓矢で狙い撃ちする技を完成させた。

彼らの優位の理由はただひとつ、草だ。

草原は厳しい環境である。雨が少なすぎるため、涼しくて日陰になる森を維持することができず、生命がほとんど暮らしていけない乾期があって、人間が恒久的に定住できるのに十分な植物の生育を支えられない。こうした理由から草地は人間に、生き延びるために十分な食料を採集するか、動物を狩るか、家畜を飼育するような、遊牧という生活様式を強いる。そして定住に不利な場所では、生存を左右するのは移動性である。この移動性があってこそ、ステップの兵士は機敏な戦法を編み出せた。さらにその兵士たちは、何千キロメートルも続くユーラシアのステップを通って装備と軍隊を移動させる準備を整えることができた。ステップは馬に乗る人びとにとっての高速道路だったのである。

草原はこうした戦闘に舞台を提供するずっと前にすでに、人類文明にもっと重要な役割を果たしていた。文明の創造を助けたのだ。草はおよそ一万年前、いくつかある農業の起源の中心だった。「いくつか」とするには理由がある。農業が始まったのは一回ではないのだ。前章で論じた進化のイノベーションに少し似ている。実際、農業は少なくとも一一回、中東、中国、アフリカ、ニューギニア、中央アメリカなどの別々の地域で、コムギ、コメ、モロコシ、サトウキビ、トウモロコシなどの作物で始まった。こうした作物はすべて草だ。今日にいたるまで、草は人類による作物の七〇パーセントを占め、私たちが摂取する全カロリーの半分以上を供給している。

しかし人類が村や都市に定住する前――おそらく人類そのものが生まれるずっと前――にも、草はすでに生物圏においてきわめて大きな役割を果たしていた。草が多くの動物のライフサイクルを形成していることを、ちょっと考えてみてほしい。バイソンは何千年にもわたって、北アメリカのプレーリーを青々とした草を探して放浪し、春には北へ、冬には南へとさまよってきた。そしてタンザニアのサバンナでは何百万頭ものヌーが毎年、雨に続く緑色の草の波を追いかけ、長い時間をかけて移動していた。[2]

アフリカのサバンナから南アメリカのパンパスまで、草は世界中の大陸のかなりの部分を覆っているうえに、優位を占めていない森林や湿地のような生態系でも生い茂ることができる。[3] 少なくとも二つの成功の尺度で、すなわち純粋な数の多さと、一万近い種と生活様式の多様性において、草は進化の勝者である。

だからこそ、その進化史の大半において――何百万年も――草に明るい未来が開けているように見えなかったのは驚きである。草は生物圏の端っこに存在していたにすぎないのだ。

いくつかの情報源から、草の起源が恐竜の時代、六五〇〇万年以上前であることがわかっている。

最初の情報源は奇妙だが信頼できるもの、すなわち化石化した恐竜のふんである。そこには植物化石、具体的には多くの植物が組織に蓄える二酸化ケイ素の小さくて堅い粒が含まれる。植物化石は形も大きさも種によってちがうので、植物種が残す無機質の指紋といえる。恐竜のふんに見られる草の植物化石から、草は太古の昔からあることがわかる（草食の生活様式が恐竜と同じくらい古いこともわかる）[4]。

植物化石は、植物の起源に関する第二の情報源とも一致する。それは花粉だ。草は特徴的な植物化石を生み出すのと同様、特徴的な花粉も生み出し、そのような花粉は六五〇〇万年以上前の化石にも見られる[5]。

しかし残念ながら、草が――あるいはどんな種類の生物でも――進化においていつ最初に現われたかを明らかにしたければ、化石だけに頼ることはできない。死んだ体が化石化するのは特殊な条件下のみである。たとえば、湖底や海底に落ちて、すばやく泥か砂に覆われたときであり、それなら鉱物化して石になることができる。進化において新しい種類の生物が出現するとき、存在する数は少なく、化石化が起こる確率は小さい。たとえそうなっても、個体数の多い種の化石がたくさんあるなかで、新しい希少な化石は見落とされてしまうかもしれない。

さいわい、化石が希少な場合でも、生物学者が時代を測定するのに役立つ巧妙なツールがある。地球上のどの種のどの個体のどの細胞内でもゆっくり進んでいる、無数の時計を利用することができるのだ。こうした分子時計は、世代から世代へと受け継がれ、何百万年から何億年という計り知れないほど長い時間――実際には永劫（えいごう）――を記録する。

説明しよう。生物のＤＮＡがときに遭遇する点変異――ＤＮＡ一文字の変化――についてはすでに述べた。遺伝子がそのような点変異に当たったとき、変異したＤＮＡの文字列は変異したＲＮＡ配列へと転写され、結果的に、タンパク質のひとつのアミノ酸が別のアミノ酸に置き換えられる可能性がある。そのような変化はふつう、利益より害をもたらす。タンパク質酵素を不活発にしたり、輸送タンパク質の効率を下げたり、細胞骨格タンパク質を弱くしたりする。最悪の場合、変異を起こしたタンパク質を不活化――遺伝学者が好む言い方で「ノックアウト」――し、そのタンパク質が生命にとって不可欠なら、その生物は死んでしまう。しかしすべての点変異が有害なわけではない。タンパク質が許容できる変異なら、まったく影響は出ない。そのような変化は、中立変異と呼ばれる。中立変異は自然淘汰に気づかれず、そのため世代から世代へとあっさり受け継がれる可能性がある。そうなったとき、分子時計がカチッと鳴る。

各遺伝子は、ＤＮＡの一文字が変わるたびに、そしてその変異が自然淘汰によって消されず世代から世代へと受け継がれるたびに、時を刻む時計のようなものだ。ＤＮＡの一文字が変異する確率はきわめて小さく、生物の生涯で一〇〇万分の一から一〇億分の一である。しかし遺伝子には何千もの文字があって、生物はＤＮＡを何万何百万世代にもわたって伝えるので、その確率は上がっていく。そしてその確率は、さまざまな遺伝子とゲノムに蓄積された変異を数える実験によって測定できる。[6]

ゲノムには何千もの遺伝子があって、その遺伝子それぞれが分子時計だが、すべての時計が同じテンポで時を刻むわけではない。多くの変異を許容できるタンパク質をコードする遺伝子もある。そうした遺伝子の変異はたいてい生き延びる。変異をほとんど許容しないタンパク質をコードする遺伝子もある。そうした時計の変異が生き延びるのはまれだ。つまり、ミリ秒単位で計るストップウォッチのように、速いテンポでカチカチと鳴る時計もあれば、分と時間を計る教会の塔の時計のように、もっとゆっくり刻む時計もある。とはいえ、この類推には欠点がある。分子時計は人間の使う時計より、カチカチのテンポがはるかにゆっくりなのだ。テンポの速い分子時計でも計るのは数百万年の経過であり、もっとゆっくりの時計では数千万年、最も遅いものは数億年の時間を計る。

　こうした時計を使う際の複雑な要因は、すべてのゲノムに同じ遺伝子があるわけではないので、すべての生物が同じ時計をもっているわけではないことだ。その理由は、生物によって生息する環境は異なり、生き延びるために必要な遺伝子が異なることにある。たとえば、腸と土壌では含まれる栄養素がちがうので、腸内細菌と土壌細菌では、栄養素を消化するのに必要なタンパク質酵素――すべて遺伝子によってコードされる――が異なる。腸内で生き延びるのに必須の遺伝子は、土中で生き延びるのには無用かもしれない。そして遺伝子が無用であれば、やがてノックアウト変異によってゲノムから消える。そうなると、生物は分子時計もひとつ失うことになる。

　最も有益な分子時計は、ほとんどの生物が生き延びるのに必要とする遺伝子だ。細胞内できわめて重要な仕事をするので、ハウスキーピング遺伝子とも呼ばれる。たとえばＤＮＡのコピーまたは修復を助ける遺伝子、ＤＮＡの転写と翻訳を助ける遺伝子、エネルギーを蓄えるのを助ける遺伝子などがある。そのうちのひとつは、ＡＴＰ合成酵素と呼ばれるタンパク質をコードする。この酵素は、草を含むあらゆる生物がエネルギーを蓄えるのに使う、アデノシン三リン酸（ＡＴＰ）と呼ばれる高エネルギー分子を合成する。ＲｕＢｉｓＣＯと呼ばれる植物タンパク質をコードする遺伝子もある。覚悟してほしい――ＲｕＢｉｓＣＯはリブロース１，５ビスリン酸カルボキシラーゼ／オキシゲナーゼ（ribulose 1,5 bisphosphate carboxylase oxygenase）の頭字語である。[7] 名前にひるんでしまうが、光合成にとって不可欠なものである。その重要性を示す事実をひとつ紹介しよう。ＲｕＢｉｓＣＯは植物で最も豊富な酵素であり、生物圏内のあらゆる生物が生成するすべてのタンパク質のなかで、最も大量に生成されるのだ。

　ＲｕＢｉｓＣＯの仕事は、大気から二酸化炭素分子を取り込み、それを糖分子に付着させることだ。

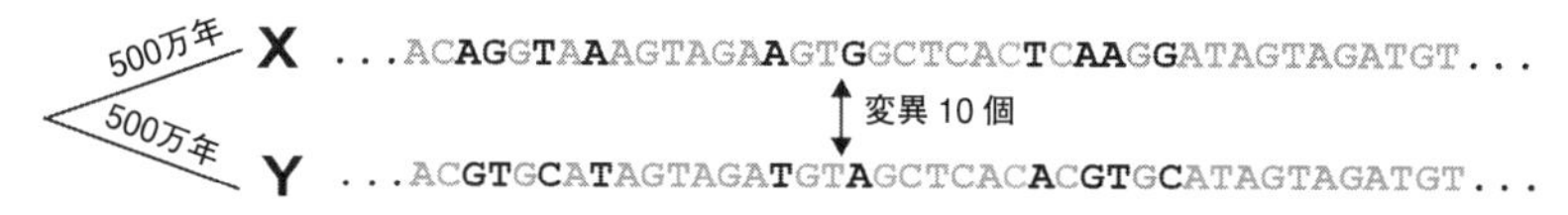


図３・１

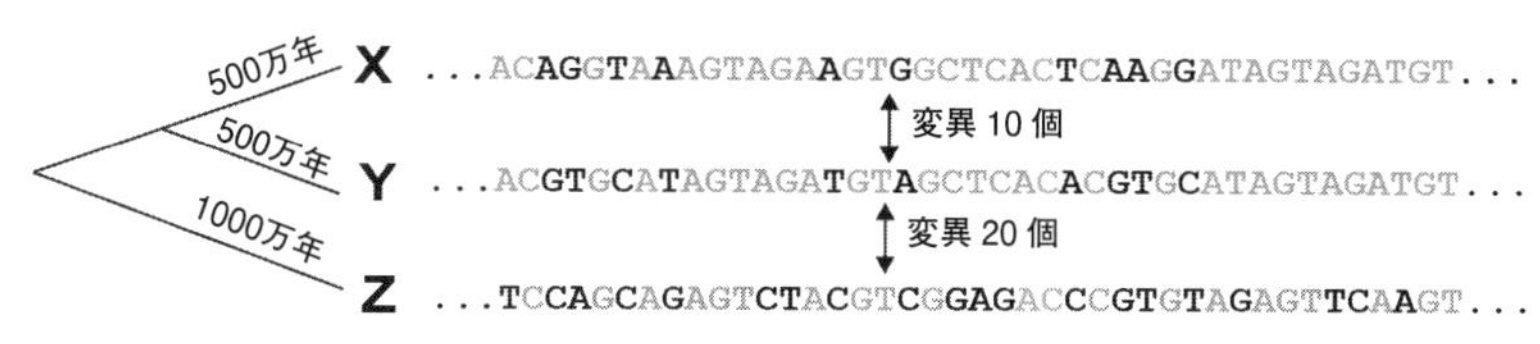


図３・２

どういうことはないように思えるが、大気中の炭素を植物細胞の材料に、そして最終的にあらゆる植物組織に変える、一連の長い化学反応の重要なステップである。地球の植物に蓄えられている四五〇〇億トンの炭素原子はどれも、ＲｕＢｉｓＣＯ分子を通過しているのだ。[8] いかにも重要である。

ＲｕＢｉｓＣＯのような分子時計が、およそ一〇〇万年に一回、カチッと鳴るとしよう。そしてこの時計遺伝子をもつ二つの種――ＸとＹとする――がいて、さらにこの遺伝子のＤＮＡが種間で一〇文字ちがうとする（図３・１）。この相違から、二種の共通の祖先――もっと正確には、最も近い共通の祖先――が、およそ五〇〇万年前に生きていたことがわかる。なぜなら、二つの種はそれ以降、別々に進化したからだ。一〇のうち五個の変異がＸにつながる枝で蓄積し、残りの五個がＹにつながる枝に蓄積した（図３・１）。言いかえれば、それぞれの種で時を刻んでいる同じ分子時計が、枝それぞれで五回カチッと鳴ったのだ。[9] 同じ考えが、第三の種Ｚを加えても当てはまる。たとえば、ＹとＺで時計遺伝子が二〇文字ちがう場合、ＹとＺはおよそ一〇〇〇万年前に別々の進化の道を進んだと推察できる（図３・２）。

図３・２の三つの種を、巨大な生命の系統樹の小枝についている三枚の葉だと考えよう。近縁種の分類群――たとえば草、ルピ

ナス、チョウ——はすべて、この系統樹で一本の枝をなしているると考えられるのと同じだ。[10] 何かひとつの種の進化史を追いかけることは、この系統樹を旅すること、つまり時間をさかのぼる旅をするようなものだ。一枚の葉から幹にもどる旅のようなもので、その葉がついている小さな枝で始まり、小枝が出ている大きな枝へ、さらにそこから次に大きな枝へ、といった具合である。二本の枝が合わさって大きい枝になる場所は、進化における特別な瞬間、二本の枝上の種にとって最も近い共通の祖先が存在した瞬間に相当する。そして、たとえ生命の系統樹は地球上のどんな木よりはるかに大きく、何百万という種とそれだけの数の枝があっても、やがてその瞬間を見つけられる。私たちはただ、葉から共通の枝が伸びている分岐点までもどる旅のあいだに、分子時計が何回鳴るかを数えればいい。

生物学者が草の複数の種について、正確を期して一個でなく二個の分子時計——ATP合成酵素とRuBisCO——を使って系統樹をさかのぼったところ、これらの種には六五〇〇万年以上前に共通の祖先があったことが明らかになっている。つまり、分子時計はそれぞれ別々に、化石が教えてくれるものを裏づけている——草は古代植物の仲間なのだ。[11]

草の起源が古代であることそのものは意外ではない。草は古いかもしれないが、ほかの多くの生命形態はもっと古くからある。意外なのは、そのあとに起きたことである——たいしたことが起こらなかったのだ。草はその起源から四〇〇〇万年後まで、現在のような優勢な種にならなかった。[12] これがとくに不可解なのは、草は進化によって、さまざまな環境で強みとなる多種多様なイノベーションを与えられていたからだ。そうしたイノベーションは、草の最強の敵である草食動物がいる、過酷な乾燥した環境でとくに本領を発揮する。[13]

そのひとつは、植物の体の基本的構造を変えた。ほとんどの植物では、地上で細胞分裂するのは新芽の先、「分裂組織」と呼ばれる場所だけである。そこは植物が成長する唯一の場所でもある。しかしこの特徴は、草食動物に直面したときに致命的な問題を生む。草食動物がきわめて重要な芽の先を食べてしまうと、植物は死んでしまうのだ。なにしろ、それ以上成長できず、再生できなくなってしまう。草の場合、進化はこの問題を単純だが巧妙な方法で解決した。分裂組織を新芽の先から地面に近いところに移したのだ。草食動物が草の葉身の根元だけしか残さなくても、その根元から葉身は再び伸びることができる。さらに、こうした分裂する細胞をかくまう柔らかくて水分の多い組織は、周囲にさやのように伸びる葉に包まれる。葉は水分が蒸発するのを防ぐことによって、草が干魃（かんばつ）を生き延びるのを助ける。

さらに目には見えにくいが同じくらい重要なのが、草の化学防御である。たとえばリグニンもそのひとつで、これは木を硬くするのと同じ物質である。二酸化ケイ素もまた、砂や植物化石の材料となる硬い物質である。草の葉身は両方を豊富に含み、そのおかげで消化しにくい。さらに、二酸化ケイ素は歯をすり減らし、腎臓結石の原因にもなりえる。草食動物は腎臓結石の心配はしないかもしれないが、自分の歯がすり減って根っこだけになるのは困る。選択肢があれば、動物は木の柔らかい葉を好む。

リグニンと二酸化ケイ素の強みはそれだけではない。葉を硬くしておれるのを阻止するので、干害からも身を守れる。さらにもうひとつの干害対策は根である。根は栄養素を蓄え、また雨が降ったときにすばやく草が再成長するのを助ける。[14]

こうしたことはすべて重要なイノベーションだが、ひょっとすると最も深遠なのは、また別の化学イノベーションかもしれない。その名も$C_4$光合成である。[15] この名称の由来は、一部の植物が光合成中に大気から二酸化炭素を取り込んで生成する、炭素原子四つからなる分子にある（この植物は$C_4$植物と呼ばれる。対照的に、通常の$C_3$植物は炭素原子が三つだけの分子を生成する）。

$C_4$光合成は、大気中から二酸化炭素を取り込む酵素であるＲｕＢｉｓＣＯにおける重大な不具合を軽減する。ＲｕＢｉｓＣＯは仕事をするとき、酸素を二酸化炭素とまちがえて植物の体内に取り入れようとすることがある。これは問題だ。なにしろ酸素は光合成の老廃物である。料理人がパイに欠かせない材料をひとつ入れ忘れ、まちがってごみを少々生地に加えてしまうようなものだ。私たち人間はそんなパイをまるごと捨ててしまうが、植物はそんな無駄をしない。ＲｕＢｉｓＣＯが構築を助けた誤った分子を、取り除いてリサイクルするのだ。しかしそうするときに、生命の普遍的通貨であるエネルギーで代償を払う。

植物の周囲の大気に含まれる酸素が少なく、二酸化炭素が多いときには、払う代償は少ない。そういうとき、ＲｕＢｉｓＣＯはたいてい正しい分子をとらえるのだ。しかし大気にたくさん酸素が含まれ、二酸化炭素がほとんどないとき、代償は莫大になるおそれがある。そういうとき、ＲｕＢｉｓＣＯは頻繁に誤った分子をとらえてしまい、そうなるたびに植物はエネルギーの代償を払う。この問題はとくに高温で乾燥している場所で生じる。理由は簡単だ。高温で乾燥しているとき、植物は新鮮な空気を取り入れるための葉の小さい穴——気孔——を閉じる。そうしないと水分をたくさん失うからだ。しかしこうして呼吸を止めると、新しい二酸化炭素が葉に入ってこないし、老廃物の酸素が蓄積される。水槽の魚が水槽に放尿することによって、自分に毒を盛るのに少し似ている。言いかえれば、高温で乾燥した場所の植物は、難しい選択を迫られる。貴重な水分を失ってエネルギーを蓄えるか、それとも水分を保ってエネルギーを無駄にするか。

$C_4$光合成はこの問題を、一連の精巧な化学反応で一気に解決する。その目的は、ＲｕＢｉｓＣＯ周辺に二酸化炭素を集めて、ＲｕＢｉｓＣＯが誤った分子をとらえるリスクを減らすことである。$C_4$植物は両方を実現する。水分を保存し、なおかつエネルギーを節約することができる。[16]

$C_4$光合成は別の理由でも注目に値する。草の進化において、少なくとも一七回、それぞれ無関係に始まったのだ。[17] なぜそれがわかるかというと、生命の系統樹で草の主要な枝はたくさんのもっと小さい枝に分かれ、一二の亜科が七〇〇あまりの属に分かれている。属は科の下で種の上に位置する生物学的分類の単位である。$C_4$光合成をする草の種がある小枝は一部のみで、ここが重要なところだが、そういう小枝と小枝の間には$C_4$光合成をしない種の枝が入っている。そのような隔たりから、それぞれに$C_4$光合成を独自に発見した祖先がいたことがわかる。[18]

低い位置の分裂組織、草食動物に対する防御、$C_4$光合成などのイノベーションがあれば、草はとても順調に繁栄すると考えられるだろう。ところが、四〇〇〇万年という想像を絶する長期間にわたってそうならなかったのは、進化がイノベーションを起こせなかったせいではないことがわかる。同様に、草が最終的に爆発的に数を増やしたとき、そのことと進化は関係なかった。なぜなら、進化がさらなるすばらしいイノベーションを起こしたわけではなかったからだ。そうではなく、草の成功の原因はほかのところにあった。地球の気候である。

地球が星くずから融合して以降、その気候はつねに変化してきた。太陽の熱は強まったり弱まったりし、地球の楕円（だえん）軌道は揺れ動きやすく、地球の回転軸はこまのそれと同じようにふらつき、大陸の衝突から山脈が隆起し、海流はたえず変化し、隕石（いんせき）が衝突して火山が噴火したせいで温室効果ガスが噴出し、空が暗くなった。こうした原因は何千年も作用し続ける場合もあれば、数年で消える場合もあるが、すべてが重なり合って生まれるのが気候であり、その唯一の不変要素は変化である。過去四〇億年のあいだには、三畳紀前期の「ホットハウス・アース」気候のように、北極と南極に氷がほとんど、またはまったくない状態で、海水面が現在より二〇〇メートルも高い、極端な気候になったこともある。大陸の大部分が厚さ一〇〇〇メートル以上の氷床で覆われた、極寒の氷河期になったこともある。

こうした変化のひとつが、草の台頭の引き金になった。それは中新世と呼ばれる二三〇〇万年前に始まる地質時代の半ばに起こった、地球の乾燥である。それは実にゆゆしい気候変動だった。原因のひとつは大陸の移動であり、それが東アフリカの高原のような高地、そしてカリフォルニア州のシエラネバダ山脈や南アメリカのアンデス山脈のような山脈をつくり出した。そのような山脈は巨大な雨陰（うーいん）をつくり出す。これは次のように説明できる。流れる雨雲が卓越風によって一方向に吹きつけられて、山脈の片側に水分の大部分を放出し、反対側に落とす水分がほとんど残らない現象が雨陰である。結果的に、アンデス山脈の雨陰となるアタカマ砂漠や、シエラネバダ山脈の雨陰になるネバダ州、ユタ州、オレゴン州に広がるグレートベースンのような、広大な乾燥地帯が生まれた。

この気候変動の期間で、森林に覆われていた数百万平方キロに、森林を維持できるだけの雨が降らなくなった。そして森林が後退したとき、草は準備ができていて、そのイノベーションがついに報われることになった。同じころ、偶然にも大気中の二酸化炭素量が減少し、ほかの植物より二酸化炭素が少ないときに強い$C_4$植物が、さらに増加した。[19] その結果、草は数を大きく増やし、さまざまな生息環境を覆うまでになった。たとえばアフリカのサバンナでは広がる草のところどころに渇水耐性の樹木が散在する。ユーラシアのステップには樹木がなく、数百万年後にそこから大勢のモンゴル人が飛び出した。

要するに、適切な地球の気候が出現するまで、イノベーションはどれも草の役にはほとんど立たず、その出現には数百万年を要したのだ。

成功のためにこれほど長く待たなくてはならなかった植物の仲間は、草だけではなかった。もっと優れた渇水と熱への対抗策を取り入れ、独特だが巧妙な解決策をもつ植物がほかにもある。それはサボテンだ。進化によって森林の林冠は、日光を吸収するための広大な表面積を獲得したが、サボテンの場合、体表はすべて水分を保持するために内側に引き込まれ、その体は球形か円柱形に変わった。その茎は貯水器官になり、蒸発を減少させる保湿蠟（ろう）と防風毛で覆われた。サボテンは進化によってさらに根が浅くなり、そのおかげでどんな少量の湿気でも、土に触れればそれを取り込めるようになっている。露のしずくでも十分だろう。そして$C_4$光合成も進化させ、別の保水の技も成功させた——サボテンは二酸化炭素を取り込んで蓄えるための気孔を、夜間にのみ開くのだ。そしてこの二酸化炭素を、水分を保持するために気孔を閉じておく日中にのみ消費する。

草ほど古くはないが、サボテンの起源は三五〇〇万年ほど前のアメリカ大陸にある。そして世界に存在を誇示するようになったのは、それから二五〇〇万年後のことだ。それはアメリカ大陸の一部がとくに乾燥して草原より乾いた時期であり、メキシコのソノラ砂漠のような過酷な荒れ地ができたときである。そしてそのとき、サボテンの多様性が爆発的に増したのだ。数百万年のうちに、サボテンは現生の一八〇〇の種に放散した[20]。

＊　＊　＊

ここまで私が挙げた例は植物に関するものであり、変化する世界に立ち向かおうとしても、植物はとりわけ無力だ。なにしろ動くことができない。その生存スキルが繁栄に役立つような、よりよい環境を選んで引っ越すことはできない。だからこそ、非常に多くの植物種がなかなか成功しなかったのではないか、とあなたは疑うかもしれない。待たなくてはならなかったのは植物だけなのでは？

これはもっともらしいかもしれないが、やはりまちがっている。待たなくてはならなかった、しかももっと長く待たなくてはならなかった動物もいる。たとえば、毛むくじゃらで、胎生で、温血で、泌乳する動物、私たちがみなよく知っている動物もそうだった。それは私たち自身もその仲間である哺乳類だ。

草やサボテンと同様、五四〇〇の哺乳類種は、驚くほど多様な形態を進化させた。たとえば、巨大なシロナガスクジラは体重が一五〇トンを超えることもある。これはただの推定値であり、実際にはもっと重いかもしれない。なにしろシロナガスクジラの体重測定は難しい（血みどろの処理も必要だ。捕獲したクジラを幅約五〇センチにぶつ切りにして、それぞれ別々に重さを量る）[21]。

この巨大な動物と、知られている最も小さな哺乳類、エトルリアトガリネズミを比較してみよう。体重はわずか一・三グラム、クジラの一億分の一にも満たない。トガリネズミはサイズで欠けているものをかわいさで補っていて、鼻面の長い小さなマウスに似ている。しかしその類似は表面的なものである。なぜならトガリネズミは齧歯類ではなく、昆虫を食べるモグラやハリネズミの親戚だからだ。エトルリアトガリネズミはとくに食べる量が多く、毎日自分の体重の二倍もの虫をむさぼる。異常に活発な恒温の代謝を維持するのに、それだけの食べものが必要なのだ。

トガリネズミは、恐竜の時代にすでに生息していた初期哺乳類の標準的固定観念にもぴったりはまる。敏捷（びんしょう）で小さいこの動物は、動きの鈍い恐竜の周囲をぐるぐる走り回っていた。恒温の体と断熱材になる毛皮のおかげで、餌食になるのを避けるのに好都合な夜に活動することができた。そしてユカタン半島に衝突した巨大な隕石が引き起こした気候の大変動で恐竜がついに絶滅したとき、敗北した迫害者の下から身を起こした哺乳類が、大陸を征服した。あるいは、そう語られている。

この固定観念には、いくらか真実が含まれる。ほとんどの初期哺乳類は小さかった。たしかにトガリネズミに似たものもいて、恐竜と共存していた。そして六五〇〇万年前、白亜紀の終わりになって恐竜が絶滅してようやく、数が爆発的に増え、サイズが大きくなり、現在の多様性を進化させた。しかしこの固定観念は、ここ三〇年で実現した古生物学上のすばらしい発見を無視している。その発見を具体的に示しているのは、おもに中国で見つかった完璧な哺乳類の骨格である。[22]

この骨格から、哺乳類は以前考えられていたより、はるかに古くから存在していることがわかる。[23]たとえば、二〇〇二年に中国とアメリカの共同研究チームが、新しい哺乳類種の驚くべき化石を見つけ、エオマイア（*Eomaia scansoria*）と名づけた。[24]エオマイアは体長一〇センチほどで、化石の保存状態が非常によいので、毛皮の名残まではっきりと見える。その発見まで、初期哺乳類の起源は七五〇〇万年前から八五〇〇万年前と考えられていた。哺乳類の時代が始まる一〇〇〇万年から二〇〇〇万年も前になるので、この年代でも驚異的だ。しかしエオマイアの起源は一億二五〇〇万年前であり、哺乳類の起源を四〇〇〇万年から五〇〇〇万年も押しもどしたわけだ。[25]

*Eomaia* は「暁の母」――哺乳類の母――を表わすギリシア語で、*scansoria* は登るを意味するラテン語 *scandere* から来ている。この名称は、たとえ体長およそ一〇センチと小さかったにせよ、この動物が単純なトガリネズミでなかったことを表わしている。その長い四肢と広がる指は、よじ登る動物のそれである。実際、その四肢は現在の樹上性の登木目（ツパイ目）よりも木登りするサルのそれに似ている。[26]つまり、エオマイアは樹上生活を試していたのだ。悲しいことにエオマイアは子孫を残さず、白亜期末のずっと前に絶滅した。

エオマイアは樹上生活の実験をした唯一の哺乳類ではなかったし、最初に行なった哺乳類でさえなかった。その数千万年前、はるか昔のジュラ紀に、ヘンケロテリウム（*Henkelotherium*）と呼ばれる別の哺乳類に似た動物が生息していた。やはりトガリネズミに似た樹上生活者で、哺乳類の時代が到来するずっと前に絶滅した。さらにジュラマイア（*Juramaia*）も絶滅した樹上性哺乳類であり、その起源は一億六〇〇〇万年前にさかのぼる。[27]

哺乳類が誕生してから恐竜が絶滅するまで一億年近くあった。そのあいだずっと哺乳類はいわゆる弱者のままだったが、進化は立ち止まっていたわけではない。さまざまな哺乳類の生活様式を試していて、樹上生活はそのひとつにすぎなかった。水中生活もその一例だ。一億六〇〇〇万年前までに、進化は別の毛むくじゃらの哺乳類の祖先をつくり出した。その名はカストロカウダ（*Castorocauda*）、水かきのある足は水中で生活する動物の決定的な証拠である。魚をとらえるのに特化した歯と、平らでうろこに覆われた尾をもっていた。つまりカストロカウダはビーバーに似ていたわけだが、体重は一キログラムに満たなかったので小さいビーバーのようだった。けれども、その類似性は現在のビーバーと真の親類関係があることを示してはいない。カストロカウダもまた現代のビーバーが誕生するずっと前に絶滅したからだ。[28]

ボラティコテリウム（*Volaticotherium antiquus*）――ラテン語とギリシア語の「古代の空飛ぶ獣」――もまた、独特の生活様式をもつ太古の哺乳類だった。木の枝をつかむための足指とバランスを取るための長く平らな尾をもち、とくに目立っていたのは、前脚と後脚をつなげるウィングスーツのような皮膜だ。この皮膜は飛膜と呼ばれ、現在の樹上性リスにも見られる。要するに、ボラティコテリウムは木から木へと突進する滑空哺乳類だったのだ。ただし歯はリスではなく食虫動物のそれに似ている。[29]この動物も絶滅した。

そしてフルイタフォッソル（*Fruitafossor*）が、コロラド州フルイタ市の近くで発見された。硬い土を掘るための力強い前脚、シロアリのような昆虫を食べることに特化した歯、現在のアリクイやアルマジロに似ていた。[30]悲しいことにアリクイは、フルイタフォッソルを祖先とは主張できない。その系統も死に絶えたからだ。

このような大昔に消滅した実験は、哺乳類の進化が同じ問題を繰り返し解決したことを実証している――樹上、水中、空中で生き延びる方法だ。現在の哺乳類に具体的に見られるものに似た解決策も見つけ出している。この現象――異なる生物の似たようなイノベーション――はごく一般的なので、独自の名前がついている。収斂（しゅうれん）進化だ。さらには、生命の系統樹における哺乳類の枝の形についても、そこからわかることがある。

哺乳類の枝が伸びるあいだに、そこから数本の側枝が生えた。これはツパイやビーバー、ムササビ、そしてアリクイに具体化された生存手段を発見し、再発見した進化の実験だ。こうした側枝はやがてしなびて死んだにしても、主要な枝はどうにか恐竜の時代を生き抜いた。そして成長を続け、最終的に新しい種の爆発的増加につながった。五〇〇〇以上ある現生哺乳類の葉が一気に出たわけではないので、長い茎を伸ばしたあと、突然たくさんの花びらを咲かせるバラに似ている。

この爆発の引き金になったのは、どれかひとつのイノベーションではない。なぜなら哺乳類のイノベーションは前にも起こっていたからだ。しかもその多くが一回だけ起こったのではなかった。引き金を引いたのはやはり世界の変化だ。そのような変化のひとつが恐竜の絶滅であり、それが競争という重しを哺乳類から取り除いた。しかし、それだけではなかっただろう。なにしろ世界は当時、たとえば温暖化など、いくつかの点で変化した。顕花植物も放散し、新たな多様性のおかげで哺乳類の食習慣と生活様式の多様化が可能になった[31]。哺乳類の成功を引き起こしたのがひとつの変化だったのか、それとも複数の変化だったのか、私たちにはわからないかもしれないが、それは要点ではない。重要なのは、その成功が世界の変化によって引き起こされたことである。

哺乳類と並行して断続的に進歩し、いまや大成功を収めている別の動物集団がある。しかしこの動物は恐竜とは競争しなかった。自身がまさに恐竜であり、現在まで生き残った恐竜なのだ。

図4　始祖鳥の化石

そのなかには、熱帯の花から花へとブンブン飛び回り、細長いくちばしで花蜜を吸う、小さいが活発なハチドリがいる。空気が薄いのでほかの動物なら死んでしまうような高い空を、ヒマラヤ山脈を横切って移動できるインドガンがいる。厳寒から守ってくれる脂肪と羽毛の層にくるまれたコウテイペンギンは、そのおかげで気温マイナス四〇度のなかで卵をかえし、南極の氷の上を一〇〇キロ以上もよちよち歩くことができる。地球上で最も過酷かもしれない場所、すなわち燃えるように暑いチリの水のないアタカマ砂漠で生き抜くハイイロカモメもそうだ。

進化がこのような鳥類の構造——生物学者がボディプラン（体制）と呼ぶもの——を少しずつ組み立て始めたのは、一億五〇〇〇万年以上前のジュラ紀であり、現在の九〇〇〇以上におよぶ鳥類の種が出現するずっと前のことだ。それはまだ翼竜が空を支配していた時代である。しかもその時代には、始祖鳥と呼ばれる象徴的な動物が生きていた。羽毛と翼という鳥のような特徴と、生えそろった歯や羽のついた腕の端から突き出る三本のかぎ爪のような爬虫類の特徴をあわせもっている。

一八六〇年の発見から長いあいだ、始祖鳥は鳥類と爬虫類の失われた環（ミッシングリンク）だったが、この数十年で、同じような化石がほかにもいくつか発見された。始祖鳥より新しいものもあれば、さらに古いものもある。総合すると、鳥類の物語は書き換えられ、始祖鳥は鳥類の何回も消滅した進化実験のひとつにすぎないことが実証された。[32]進化は一億年以上にわたって、歯のないくちばし、卵、羽毛、翼など、典型的な鳥類の特徴に、あれこれ手を加えた。前脚はどんどん長く、力強くなり、体重を減らすためにその骨が中空になった。さらに羽ばたく翼を実現するために、回転し、ねじれ、結合した。二つの鎖骨は融合して、飛行力の一部を吸収する一個の叉骨になった。胸骨は強力な飛翔筋を付着させるために竜骨突起を生やした。羽はふわふわした繊細なものから、頑丈な羽柄のついた幅広の羽根に変わった。その動物はどんどん小さくなり、二本の脚で歩き始め、ほとんどの爬虫類のように卵を埋めることをやめた。

　こうした変化には、さまざまな出だしのつまずきと行き止まりがともなった。そういうとき、進化が始祖鳥のような実験的動物のなかで爬虫類と鳥類の特徴を混ぜ合わせ、調和させても、その動物は最終的に死に絶えた。その一例が、一億三〇〇〇万年前に生息していたメイ・ロン（*Mei long*）、その名称は眠れる竜を表わす中国語だ。まだ歯があったが、脚を体の下に折りたたみ、くちばしを一方の翼の下に挟み込むなど、現生鳥類の休み方によく似ている。その眠る姿勢はただ珍しかったわけではない。メイ・ロンが恒温だったことを示唆しているのだ。現生鳥類は保温のためにこのような姿勢で眠る。[33]さらに鳥類に似ていたのは、七五〇〇万年前のオヴィラプトル（*Oviraptor*）だ。現生鳥類のように、歯のないくちばしを生やし、卵を抱いていた。[34]

　こうした進化実験のなかには、爬虫類にも現生鳥類にも見られない、革新的な特徴をつくり出したものもある。現生鳥類に残らなかったことを考えると、本当のところ、それは特徴というよりむしろ不具合だったかもしれない。強みではなく負担だったのだろう。その一例が、一億二〇〇〇万年前のミクロラプトル（***Microraptor***）に見られる。腕も脚も羽で覆われていたので、翼が二つでなく四つあった[35]。四つの翼は揚力を生む助けになるかもしれないが、歩き方が不器用になったのはまちがいない。なぜなら、ミクロラプトルの脚を覆う羽はとても長かったので、地面に引きずっていたにちがいないからだ[36]。

結果として、なんらかの組み立て（と実験）が鳥類のボディプランをつくり出すのに必要だったが、その仕事は、ほかの恐竜が白亜期末に絶滅する数百万年前に完了することになった。悲しいかな、新しいボディプランは即座に成功を収めたわけではなかった。鳥類は爆発的に――少なくともただちに――放散したのではない。当時は数も多くなかったかもしれない。なぜなら当時の鳥類の化石が少ないからだ[37]（もちろん、当時の鳥類の化石がもっと見つかるかもしれないが、たとえそうでも、その数はやはりほかの種にくらべれば少ないだろう）。ほかの恐竜が絶滅する前には、鳥類が――比喩的に言って――飛び立つことはなかった。

そしてそうなったとき、つまり鳥類の「ビッグバン」と呼ばれるものが起きたとき、その原因は恐竜の絶滅だけではなかった[38]。広島に投下された原爆一〇〇億個分のエネルギーをもつ直径一五キロメートルの隕石がユカタン半島に突っ込んだせいで、恐竜があの世行きになっただけでなく、きわめてたくさんの事象が起きた。世界中の気候が変動し、鳥類が繁栄できる世界がつくり出されたのだ。隕石衝突で噴出した岩屑が何年も空を覆い、大気を冷却し、地球を薄暗くした。世界中で森林が崩壊し、元どおりになるのに一〇〇〇年かかった。その崩壊で、当時出現していた数少ない樹上性の鳥類種は絶滅したが、森林が回復したあとに、新しい住空間が生み出された[39]。この住空間はやがて、以前は地上生活していたものも含めて、再び樹上生活という難題に立ち向かった鳥類によって占められることになる。

重要なポイントは、鳥類の特徴の何かひとつの新しい側面――何かひとつのキーイノベーション――が、鳥類の成功を引き起こしたわけではないことだ。[40]なにしろ主要な特徴は、ビッグバンのずっと前にすでにそろっていた。変化する環境こそが、鳥類を長く続いた無名の状態から、すばらしい成功へと猛烈な勢いで導いたのだ。

ここまで話してきた草、サボテン、哺乳類、そして鳥類における進化のパターンは非常に頻繁に生じるので、古生物学者はそのための専門用語を考案した。「大進化の遅滞」である。「大進化」とは、生命の系統樹に新しい種の枝をまるごとつくり出す進化である（一方、ひとつの種内の個体を変化させるだけの進化は小進化だ）。「遅滞」は、新しい種類の生物の起源と、その最終的な成功、すなわち生物が数を増やすか、多くの種に放散するか、どちらかの時点との時間差を意味する。[41]

大進化が遅滞するあいだ、生物は何百万年もなんとかやっていくが、進化は新しい生物をほんの少しなり、おおいになり、変化させる可能性がある。鳥類の場合のように、新しいボディプランを実験し、それに磨きをかけることもある。あるいは、樹上性哺乳類の場合のように、同じボディプランの似たようなバリエーションを繰り返しつくっては切り捨てることもある。遅滞期間の最後に、生物は新しい形態で急増するが、この急増は一般にイノベーションによって起こるのではない。外界の出来事、地球の乾燥や恐竜の絶滅のような環境の変化によって起こるのだ。[42]

同様の艱難辛苦（かんなんしんく）を乗り越えて存続した生物はほかにもいる。アリ、シロアリ、ハチもその例である。たとえば、最初のアリの起源は一億四〇〇〇万年前にさかのぼる。[43]しかし、アリがようやく現在の一万一〇〇〇もの種に分かれ始めたのは、四〇〇〇万年後のことだ。そしてさらに四〇〇〇万年にわたって、その数はそれほど増えないままだった。この期間のアリの化石は、あらゆる昆虫の化石の一パーセントにすぎない。それにひきかえ、三〇〇〇万年前にアリが勢いを増してからは、昆虫の化石の二〇から四〇パーセントを占めている[44]。その成功の引き金を引いたのが何なのか、確実なことはわからないが、ある植物の集団が台頭した時期と明らかに一致している。それはどんな集団でもよかったわけではなく、ただひとつの最も成功した集団、すなわち顕花植物であり、最終的に三〇万近い種へと放散した。顕花植物がつくり出した森林、とくに巨大で多様な熱帯林に、いまもほとんどのアリが生息している。

こうした森林における植物の多様性は、アリの新しい生活様式に無数のチャンスをつくり出した。非常に多様な植物が生育している森林は、非常に多様な昆虫を支えることができる。昆虫はアリにとっての食料源なので、そのような森林は、固有の食性と生活様式をもったくさんのアリの種をも支えることができる。そうした生活様式のなかには、実にユニークなものもある。たとえば「酪農」は、おそらく人類より数百万年前にアリの進化に発見されている。そのような農業を営むアリは、樹液を吸うアブラムシのコロニーを育てて、そこから蜜を搾り取る。しかも優秀な農家がやるように、アブラムシの群れを捕食者から守る。葉をあらかじめ消化してくれる広大な菌類の菜園を育てるアリの種もいる。顕花植物の台頭で可能になったアリの生活様式はほかにもごまんとある。

生命系統樹のもっと小さく目立たない枝でも、成功は遅れてやってきた。その一例が、南極圏に生息する魚類種で、ノトセニア（*Nototheniidae*）と呼ばれる。驚異的な話だが、この魚は氷点下で繁殖する。氷点下では、成長する氷の結晶がナイフのように、繊細な細胞と組織を突き通すおそれがある。ノトセニアが生き延びられるのは、特別な種類のタンパク質のおかげである。このタンパク質は二二〇〇万年以上前に生まれて、氷の結晶が成長するのを阻止する。そのような凍結防止タンパク質が重要なイノベーションでないなら、何がそうだと言えるだろう。とはいえ、ノトセニアが放散を始めるまで、さらに一〇〇〇万年を要した。きっかけはこの場合も気候変動だった。放散の前、地球の気候は現在より数度暖かかったが、一四〇〇万年前、しだいに気温が下がり始め、私たちが知っている南極大陸ができた。氷床と氷河が進展し、その過程で海底をこすり、以前生息していた生物を消滅させたので、新たに開放された空間を新参者が引き継ぐことができたのだ[45]。

もっと目立たないが、負けず劣らず注目すべきは、ツキガイ（*Lucinidae*）と呼ばれる海水性二枚貝だ。目立たないというのは比喩だけでなく、文字どおりの意味でもある。なぜなら、ツキガイはぬかるんだ海底のなかに潜り込むからだ。注目すべきは、およそ四億二〇〇〇万年前のシルル紀に初めて発生したあと、どれだけ長いあいだ、ほぼ完全に無意味な存在であることに耐え忍んだか、である。起源は恐竜が消滅するずっと前、爬虫類どころか両生類さえも出現する前だった。世界が魚の遊び場だった時代、植物が陸地を征服し始めるかどうかという時代だった。

ツキガイはおよそ三億五〇〇〇万年にわたって、つつましく生き延びようとしていて、その後およそ七〇〇〇万年前に五〇〇〇もの種にいきなり放散した。その理由を理解するのに、この二枚貝が珍しい3Pに加わっていることを知るのが役に立つ。3Pといってもセックスとは関係なく、二種類のほかの種と互いに食べものを供給する関係だ。最初のパートナーは、海底の有毒な硫化物からエネルギーを取り入れ、その過程で硫化物を解毒できる細菌である。この細菌は二枚貝のえらのなかに生息し、取り込んだエネルギーを使って生成する糖は、貝と細菌自身の両方が成長するのを助ける。

次に登場するのは第二のパートナー、海草だ。水中に広大な牧草地をつくっていて、ツキガイをはじめとするさまざまな動物をかくまう。海草自身も注目に値する。というのも、その祖先は陸生の顕花植物だったが、再び水中にコロニーをつくったのだ。陸を目指した哺乳類から進化したイルカに少し似ている。海草の祖先はおよそ八〇〇〇万年前、再び水中に入り始め、すぐにツキガイと独特の提携を結んだ。

陸上の牧草地と同様、海草は地面の浸食を防ぎ、そうすることで二枚貝の生息環境を守る。さらに海草の根は老廃物の酸素を泥のなかに放出し、二枚貝が呼吸して成長するのを助ける。二枚貝と細菌はお返しに硫化物を解毒する。そうでなければ、硫化物はゆっくり海草を毒していく。要するに、ツキガイは海草が生き延びるのを助けたのだ。その助けのおかげで海草は広がることができ、そのおかげで長いあいだ遅れていたツキガイの成功が可能になった[46]。

⋆　⋆　⋆

時間をさかのぼればさかのぼるほど、大陸地殻にゆっくりすりつぶされるせいで化石は壊されてしまうので、生命の最も古い歴史について化石からわかることが少なくなる。けれども、四億年前のツキガイよりもさらに古い化石にも、時間の威力の影響を受けなかったものもある。そしてそういう化石はおそらく、生命の歴史のなかで最も注目すべき成功遅滞の事例を示している。それは単一の科だけでなく、ひとつの生物界全体、すなわち動物界全体に影響をおよぼしている[47]。

分子時計を調べると、動物はおよそ七億五〇〇〇万年前に始まったことがわかる。原生代（Proterozoic）と呼ばれる地質時代のことだ[48]。Proterozoicとは「前世」を意味するギリシア語で、当時生きていた動物はほぼすべて最終的に絶滅したので、悪い名前ではない。そしてその動物たちは生きていたあいだでさえ、二億年という想像を絶する長い期間に、進化させた新しい形態はごくわずかで、現在、シュノーケリングでサンゴ礁まで一回出かけていって見つけられる生命形態より少ない。

そうした形態のなかには、現在の海綿に似ているものもある。海底に永久にくっついている細長い管もあれば、通過する流れから栄養素を吸収していたにちがいないシダのような葉状体もあった。海底そのものは微生物が密集したマットで覆われていて、その上をゆっくり這ったりこすったりする動物もいた。[49] しかし、こうした動物を蠕虫（ぜんちゅう）と呼ぶのは、ミミズにとってさえ侮辱である。ミミズの体には精緻な構造があり、筋肉、神経系、血管、消化管が備わっている。海底に生息していた動物がいかに単純だったかを正しく理解するためには、現生するなかでもとりわけ謎めいた原始的な動物に目を向けなくてはならない。それはセンモウヒラムシ（*Trichoplax adhaerens*）である。

センモウヒラムシは単細胞のアメーバのように動くが、数千の細胞でできている。体長はせいぜい数ミリメートルで、透明で、非常に薄い──〇・一ミリ未満──ので、裸眼で見ることは難しい。形が千変万化するので、前も後ろも左も右もない。センモウヒラムシは小さいので、食べものを運ぶための消化管や血管がなくても生きられる。神経系と筋肉はなく、ごく小さい毛のような繊毛（*cilia*──まつげを表わすラテン語だが、このまつげの役目は守ることではなく進ませること）の拍動によって這い回る。センモウヒラムシは餌を食べるとき、体の一部をもちあげる。吸着カップが自身と海底のあいだに小さな空洞をつくるような感じで、この空間内にとらえた細胞を消化する酵素を分泌する。言ってみれば体外の胃だ。

センモウヒラムシは謎に包まれている。その進化史について、あまりわかっていないからだ。絶滅した原生代の深海生物のように、近親の生物は皆無で、生命系統樹の長い枝にぽつんと存在している。しかし、そのゲノムのＤＮＡとボディプランから、動物の起源近くに出現した海綿動物のような生物と関連があることはわかる。[50]

このような単純な動物が原生代を支配していた。そして、もし長寿の観察者がその進化を二億年以上にわたって見守っていても、変化はほとんど見られず、その後のどの期間より、変化ははるかに少なかったにちがいない。観察者はその退屈な単調さにもとづいて、動物の行く末を絶望的と考えただろう。動物はこれほど長期間、粘菌とほとんど変わらないくらい単純だったのなら、出世する運命にある確率はどれほどあるだろう？

確率は小さかったかもしれないが、ゼロではなかった。なぜなら最終的に動物は大成功を収めたからだ。五億年あまり前、突然、動物の多様性はカンブリア爆発と呼ばれるもので劇的に高まった。[51]地質時代のカンブリア紀という名称の由来は、その時代の重要な岩があるウェールズを意味するラテン語だ。カンブリア紀は五六〇〇万年続いたが、現在知られている主要な動物の分類群は、この時代が終わるずっと前、動物の起源からの時間を考えるとほんの一瞬のうちに、出現していた。そうした分類群のひとつである節足動物は、エビ、クモ、ハチ、チョウのように多様な生物からなる。軟体動物、ウニやヒトデが有名な棘皮(きょくひ)動物、さらには脊椎動物もすべて、この時代に出現した分類群である。[52]

注目すべきは、カンブリア紀の動物相における最古の動物は、現生動物とは別物であることだ。多様な動物の正真正銘のフリークショーであり、これを最初に世に知らしめたのは、古生物学者のスティーヴン・ジェイ・グールドの著書『ワンダフル・ライフ』である。なかには、「歩くサボテン」とも呼ばれるディアニア（*Diania cactiformis*）という奇妙な生物がいる。その体はムカデ類のように細長いが、かなりの武装をしていた。一〇組の竹馬のような脚はとげで覆われていて、頭はなんとなく蛍光電球のような形だ。

ディアニアと対照的に、ウィワクシア（*Wiwaxia*）はナメクジのような一本足で海底を這い回っていた。ヘルメットの形をした体は、装甲板を施したうろこで覆われ、捕食志望者を阻止するための短剣に似たとげが突き出ている。ウィワクシアは海を行くハリネズミとカタツムリの中間のようだった。[53]

負けず劣らず奇妙だったのはオパビニア（*Opabinia*）だ。体の左右にひれが何組も生えていて、ひれの表面にはえらがある。さらに、球状の頭には眼が五つ、長い鼻は掃除機のホースに似ているが、先端に長いかぎ爪が一個ついている。この生物の復元図が作成され[54]、古生物学者のハリー・ウィッティントンが一九七〇年代に科学者の会合で初めてそれを見せたとき、人びとは大爆笑した[55]。

わずか数センチのオパビニアにくらべて、アノマロカリス（*Anomalocaris* ——「異常なエビ」を表わすラテン語）は真の巨大生物だった。体長は一メートルを超え、当時最強の捕食者だったかもしれない。オパビニアと同様、何組ものひれで泳ぎ、体の端は扇形の尾になっている。円板のような口はパイナップルの輪切りに似ていて、複数の板が重なってできており、虹彩のように広がったり収縮したりすることができる。口の左右の端に、二本のグロテスクなほど大きいとげ状の腕というかアンテナが突き出ている。複眼には一万六〇〇〇枚のレンズがあり、その視力は現在知られている最高の昆虫の眼に匹敵していた[56]。

このような数多くの奇妙な生物は互いに関係していたのか、あるいは現在知られている生物と関連があるのか、古生物学者はいまも議論している。第一の問題は、一方から他方へとつながる進化の経路を明らかにできる、明白な中間化石がないことだ。この失われた環の欠如から重要な教訓を学ぶことができる。こうした動物はいきなり発生したのであり、その速さは中間生物が化石記録の痕跡を残せないほどだったのだ。言いかえれば、その急速な出現は進化の優れた創造能力を裏づけている。その出現からまもなく絶滅し、現在の動物相に取って代わられた。その交代は同じことを示している。古い生命形態が廃（すた）れても、進化にとって新しい生命形態の登場は何ら困ることではない。

ここで大事な疑問が生じる。なぜ進化はもっとずっと早くに、その優れた創造能力を誇示しなかったのか？　微細な脳のない最下層の草食者から、体長一メートルの鋭い眼をもつ捕食者へと導いた革命は、なぜ二億年も遅れたのだろう？　この疑問をめぐって論争が巻き起こっているが、それも意外ではない。カンブリア爆発は五億年前に起こり、それ以降、その痕跡の大半は時間によって洗い流されてしまった。私たちは時計をもどして、カンブリア爆発をそれほど長く引き留めていたものが何かを観察することはできない。けれども、その犯人の有力候補はある。化学元素の酸素だ。もっと正確には、その欠如である。[57]

進化が二四億年以上前に光合成を見つけ出す前、世界の大気は動物にとって非常に有害な気体の混合物だった。とくに重大だったのは酸素がないことだ。海にも酸素はほとんどなかったので、やはり同じように動物に適さなかった。藍色細菌と藻類が光合成の老廃物として酸素を排出するようになったあとも、その蓄積はゆっくりだった。大型動物を養うのに十分な量が蓄積されるのに、ほぼ二〇億年を要したのだ。

酸素はとても豊かなエネルギー源なので、匹敵するほかの化学元素は塩素とフッ素だけで、そのどちらも地球上の生命を支えるには不安定すぎる。[58] 好気性の――酸素で稼働する――代謝は嫌気性の代謝とくらべて、一口の食べものから一〇倍のエネルギーを放出させることができる。現在でも、深い海盆のような地球上でも酸素のない地域は、大型動物の生命を養えない。生息するのはおもに微生物だ[59]（豊富な酸素にはほかにも恩恵があり、たとえば大気のオゾン層は生命を有害な放射線から守る）。

酸素は非常に重要な燃料なので、地球の大気と海洋を酸素で満たすのに必要な時間によって、宇宙で複雑な生命が出現できる場所が決まるかもしれない。地球上では、この酸素供給に延々と時間がかかった――正確には三九億年だ。それは四五億年前の地球誕生以降の時間の大半であり、太陽の核融合炉の耐用寿命のほぼ半分である。ほかの星、とくに大質量の恒星は、もっとはるかに寿命が短く、その生涯は数十億ではなく数百万年の可能性がある。そのような恒星は、酸素で満たされるのに十分な時間を惑星に与えられないだろう。そんなことでは、惑星ハンターたちが近くに複雑な生命を探し

図５　*Fustiglyphus annulatus* の生痕化石

ても時間の無駄である。[60]

休眠状態の先カンブリア時代の動物相は、酸素がほとんどまたはまったくない世界の典型だ。この世界では、大型ですばやく動く捕食者のような、とくになじみ深い動物は——アノマロカリスよりはるかに小さいものでさえ——生き延びるのに十分なエネルギーを獲得できない。しかしやがて先カンブリア時代は終わり、カンブリア爆発が起こらないうちに、二種類の新しい化石が時代の終わりを告げていた。カンブリアのフリークショーのようにドラマチックではないが、もっと啓発的である。なぜなら、進化の成功に環境が果たすきわめて重要な役割を強調しているからだ。

まずは動物の体の化石でさえない「生痕化石」である。動物が海底を這うときには痕跡を残し、その痕跡が化石化することがある。カンブリア紀まで、動物はおもに微生物マットを食べるときに水平痕を残していた。つまり、地中に垂直に潜り込むことはしなかった。二億年ほどのあいだ状況が変わらなかったのは、おそらくエネルギー不足のせいだろう。ところがカンブリア爆発の直前に、動物は文字どおり泥をかき混ぜるようになった。新たな垂直痕は、動物が海底に潜り込んだことを証明している。捕食者から隠れるためかもしれないし、ほかの動物を下からこっそりねらうためかもしれない。

当時起こったことは、ミミズによって耕される菜園でよく見られることだ。穴を掘る動物は自分のための生活空間をつくり出しただけでなく、土壌をほぐすことによって栄養素を地表にもたらしたことで、ほかの動物にも恩恵を与えた可能性がある。穴掘りは、新しい生命形態を維持できる新しい生息環境をつくり出したのだ[61]。穴を掘る生活様式は、動物が酸素のエネルギーという恩恵を受動的に受けていただけではないことも示している――新しい世界の創造に積極的に参加していたのだ。

カンブリア爆発の第二の前触れは、殻をもつ新たな小動物群だった――史上初の有殻動物である。その化石はカンブリア爆発直前に大量に出現した[62]。体長は数ミリ程度、形はさまざまで、カタツムリやカキの殻に似たものもある。

今日、海岸を歩けばいつでも貝殻を見つけることができる。私たちはその豊かさを見慣れている。しかし当時、殻は内部の柔らかい肉を守る革命的なイノベーションだった。それはつまり、この肉を食べられるくらい大きい捕食者が生まれていたということである[63]。そして、捕食者と被食者の軍拡競争が始まっていたことがわかる。二、三百万年のうちに、この競争は「歩くサボテン」のようなトゲを逆立てる防御だけでなく、アノマロカリスのような大型の捕食者も生みだした。

ギリシアの哲学者ヘラクレイトスが「競争は万物の父である」と言ったとき、彼は進化のこともカンブリア爆発のことも知らなかった。しかし彼の言葉は進化生物学者にとって予知の結果に思える。なぜなら、エネルギー主導の活動によって可能になった捕食者と被食者の競争は、カンブリア爆発での大型動物創出に欠かせなかったからだ。

酸素はこの軍拡競争とカンブリア爆発を引き起こした原因の第一候補だが、原因はそれだけではない。温度変化を支持する科学者もいれば、栄養の入手可能性の変化に賛成する科学者もいる。けれども、原因の特定はそれほど重要ではない。もっと重要なのは、新しい生き方、つまり二億年前に始まった動物の生き方が秘めていた休眠中の潜在力を目覚めさせるには、外の世界が欠かせなかった、ということだ[64]。

カンブリア爆発は、化石の読み方を知っている人にはとてもわかりやすいが、ほかのもっとあいまいなイノベーションもきわめて重要だった。そうしたイノベーションの起源はカンブリア紀よりもっと前、あまり化石が残っていない時代までさかのぼる。そのひとつは、数十年にわたって生物学者を魅了しているもので、起源はカンブリア爆発のはるか前だが、爆発には不可欠だった。それは多細胞生物――二個以上の細胞をもつ生物――というイノベーションだ。その誕生が提起する深遠な問題が、生物学者の心をとらえている。というのも、多細胞生物の個々の細胞は、全体の利益のために自分の利益を犠牲にしなくてはならないのだ。生存のためには自己利益のみが重要であるように思えるダーウィン説の世界で、そのような利他主義を理解するのは難しい。

単細胞生物の世界では、あらゆる細胞がほかの細胞を打ち負かせるくらい、速く成長して分裂する必要がある。そうでなければ消滅する運命にあるのだ。多細胞生物はそれと同じルールで生きているわけではない。多細胞であるには、細胞は自分勝手なやり方を断念する必要があるが、それ以上に、多くの細胞が自分の命を断念する必要がある。なぜなら、ほとんどの多細胞生物で、細胞は二つの異なる役割を果たすからだ。一方の種類の細胞は分裂をやめ、体を生かしておくのに必要なさまざまな仕事のひとつを実行することによって、ほかの細胞に尽くすことに特化する。たとえば消化管で栄養素を吸収する、酸素を器官に運ぶ、体を病気から守る、血液を解毒する、等々。この種の細胞は、尽くしている体とともに死ぬ。もう一方の種類の細胞――精子や卵細胞のような生殖細胞――は分裂し続ける。生殖細胞だけが一世代から次の世代へと伝えられる。生殖細胞だけが永遠に生きる見込みがある。

私たちの体がそうであるように、何兆個もあるほかのあらゆる細胞に、自分の命をあきらめるよう強制できるのはなぜなのか？　ひとつの答えは、一個の細胞——生殖細胞——の成功がほかの全細胞の成功になれば、多細胞性と自己犠牲は報われるから、というものだ。そしてそれは、体内の全細胞が同じＤＮＡを共有する場合である。なぜなら、何よりも重要なのはＤＮＡの進化の成功だからだ。多細胞生物が同一のＤＮＡをもつ細胞からなるとき、多細胞性は成功できる。

この洞察に関して、私たちは二〇世紀の生物学者ビル・ハミルトンに感謝しなくてはならない。一九六〇年代に自己犠牲の遺伝学的起源を提案した人物である。[65] それまで生物学者はこの起源を説明するのに苦労していた。その苦労にくらべて、進化は多細胞性をたやすく発見したように思える。なぜなら、古代の多細胞生物の化石——少ないがゼロではない——は、生命系統樹の互いに離れた複数の枝に初登場しているからだ。たとえば、動物と植物はそれぞれ無関係に多細胞性を発見した。多細胞性は、合わせると少なくとも二二回は別々に進化していることが、化石からわかっている。[66]

同じくらい注目すべきは、同じことを主張する別の種類の証拠である。進化にとって多細胞性の発見が難しいのであれば、私たちはそれを実験室で観察できないだろう。とにかく時間がかかりすぎて、数百万年も要するかもしれない。しかし真実はその逆である。多細胞性の原始的な形態は、きちんとした実験で進化させることができるのだ。しかもそれには数週間しかかからない。

そのような実験のひとつが、クロレラ（*Chlorella vulgaris*）と呼ばれる単細胞の藻類から始まった。クロレラは実験室で単独で培養されると、単細胞の生き方に頑固に固執する。ところが、クロレラがオクロモナス（*Ochromonas vallescia*）と呼ばれる別の単細胞生物というありがたくない客人を迎えると、状況が変化する。この客人は獲物を丸のみする捕食者だ。オクロモナスがまずクロレラの個体群に解き放たれると、藻の個体群は壊滅する。しかし、ひとたび藻をほとんど食べてしまうと、捕食者は飢え始め、その数が減る。その減少がクロレラに立ち直りのチャンスを与える。そして実際に立ち直るとき、単細胞としてではなく大きな多細胞のコロニーとして復活し、母コロニーから娘コロニーを出芽させることによって繁殖する。そのようなコロニーのおもなメリットは大きさだ。大きいコロニーは捕食者には大きすぎて、もう丸のみして食べることはできない。注目すべきことに、この多細胞性の原始的形態は、たった二〇日以内に実験室で出現する。[67]

別の衝撃的実験は、二〇一一年、当時ミネソタ大学にいたウィル・ラトクリフと同僚によって行なわれた。彼らはビールの醸造やパンづくりに使われる単細胞の菌類、醸造用酵母で研究した。その実験では、酵母を液体栄養素で培養するのに、卓上で四五分間、動かさず揺らさず静止状態を保つ。この四五分間、栄養スープのなかを漂うままの酵母細胞があった一方、容器の底に沈んだものもあった。そして実験者は、沈んだ細胞だけを新鮮な栄養スープの入った新しい容器に移す。そしてこの生き延びた細胞を、空気を入れるためにたえず培養液を揺すりながら一日間、成長・分裂させる。そのあと細胞を再び四五分間、落ち着かせるという具合に、サイクル――淘汰、成長、沈降――を六〇日にわたって繰り返した。[68]

このあと、酵母細胞はもはや単細胞ではなく、雪の結晶に似た多細胞のクラスターを形成するように進化した。そのクラスターはたくさんの細胞を抱えて非常に大きいので、急速に沈み、次の成長と淘汰のサイクルまで生き残るチャンスが増える。クラスターは原始的な生殖様式も進化させた。細胞が――おそらく自分を犠牲にして――死んだ場所で裂けることによってクラスターは二つに分かれる。細胞の死によって二つのクラスターの結合が途切れるのだ。[69] 研究者がこの実験を何回も繰り返したところ、そのたびに必ずこうした細胞のクラスターが出現した。

先カンブリア時代の進化は、試験管の底に落ちる生物を優遇したわけではないかもしれないが、そのような自然ではない淘汰の成功は重要な点を突いている。多細胞性には複数の経路があって、環境――ここでは実験者によってつくられたもの――が適していれば、すばやく出現して成功する可能性があるのだ。適切なタイミングで細胞が互いにくっついたり、互いのつながりを切ったりするのを助けるようなDNAの適切な変異を、自然は長く待つ必要はない。

多細胞性の起源についてほとんどわかっていないなら、地球上で最も重要なイノベーション、すなわち生命そのものの起源については、もっとわかっていない。しかし、それもまた私たちが考えているより容易であり、変化する環境に助けられることを示唆する、興味深い手がかりがある。第一の証拠は、生命に不可欠の複数の構成単位が、自然界では自力で容易に生じることである。このことを初めて明らかにしたのは、一九五二年の象徴的実験だ。実験の目的は、およそ四〇億年前の地球上の化学的環境を再現することだった。この実験で化学者のスタンリー・ミラーは、水、メタン、アンモニアなど、原始スープにありそうな材料を混ぜ合わせた。その混合物に熱と稲光――電気火花――でエネルギーを与えると、一週間以内に、タンパク質の構成単位である多数のアミノ酸が形成された。もっと最近の実験では、ほかにもそのような構成単位がいろいろ生成されていて、とくに有名なのはＲＮＡのそれである。ＲＮＡは生命史初期に遺伝にかかわる基質として、ＤＮＡより先に登場した[70]。さらに、生命の構成単位の多くは、初期地球よりはるかに過酷な場所、すなわち外宇宙でも形成されうる。私たちがそのことを知ったのは、一九六九年、地球そのものと同じくらい古い隕石が宇宙から落ちてきて、オーストラリアのマーチソンという村落の納屋に突っ込んだときのことだ。化学的分析により、その隕石が多様な生命の構成単位を運んできたことがわかった[71]。

こうした構成単位から生命をつくり出すことに、私たちはまだ成功していないが、室内実験は着実に進歩している。たとえば初期の生命が、生命の起源にとっても、その後の生命の進化にとってと同じくらい決定的な問題を、どうやって解決したかが最近わかってきた。それは生殖の問題だ。

　生殖には、一個の細胞が二個に分裂することが求められる。これはダーウィン説進化論にとってとても重要だ。なぜなら、生殖がなければ自然淘汰は機能しない。生殖は現生細胞における高度な過程であり、何十ものタンパク質によって制御される。だからこそ、その起源は説明しにくいように思える。ところが、最近の実験でその起源は驚くほど単純かもしれないことがわかっている。

　細胞は基本的に分子の詰まった袋であり、その分子をまとめているもの――袋そのもの――は脂質膜であり、これは引き延ばされた分子が互いにつながった薄い層で、二次元のシートを形成している。そのような膜は適切な種類の分子があれば、試験管のなかでひとりでに生じる可能性があることがわかっている。材料となる分子には脂肪酸だけでなく、脂肪酸も含まれていて、その先駆物質もたまたま隕石上で見つかっている[72]。さらに、脂肪酸は膜だけでなく、小胞と呼ばれる細胞に似た閉じた球も形成できる。この小胞は、さらなる脂肪酸を加えるか、ほかの小胞と融合することによって、成長できる。そして適切な条件下では、たとえば急速に成長するとき、または周囲の水分が蒸発するとき、小胞は球状の形を失い、細長い管になる。非常に不安定な管だと言うべきである。なぜなら、ほんの少し揺れただけで、複数の小胞にくだけてしまい、その小胞のなかで管の分子がさらに細かくなる。言いかえれば、分子の詰まった袋は、自力で結集できるだけでなく、成長して分裂することもできるのだ。現在の細胞のような精緻な制御は必要ない。ただし、その制御があれば、成長と生殖の正確なタイミングを確保できる[73]。

　残念ながら、脂肪酸のような分子は、四五億年前に地球が誕生した直後には、自己組織化はおろか存続さえ難しかっただろう。地球の誕生時には二つの天体が勢いよく衝突し、地球と月の両方ができて、岩を煮え立たせられるくらいのエネルギーを放出した。その結果、初期の大気は岩の蒸気で満たされ、それがやがて十分に冷えて液体化し、マグマの海へと降り注いだ。このマグマの熱はやがて宇宙へと放射し、私たちが立つ硬い地殻をつくり出したが、当時はおもに二酸化炭素で構成されていた大気は、十分な太陽の熱をとらえて、地表の温度を摂氏二〇〇度以上に保った。さらに、数億年以上続いた後期重爆撃期と呼ばれる時期には、地球と月に隕石が雨あられと降り注いだ。いまだにその痕を月のクレーターとして鑑賞することができる。こうした岩のなかには直径が三〇〇キロメートルを超えるものもあったが、それは恐竜を消し去った隕石の二五倍である。そんな隕石の一つひとつが、地球全体を何度も不毛にできるだけのエネルギーを放出した。[74]

　この猛火は四二億年前から三八億年前のどこかで弱まった。その期間はとても興味深い。なにしろ生命の最初の兆しが現われた時期でもあるからだ。そうした兆しは、生命体の化石ではない。生痕化石でさえない。化学化石、すなわち生命の化学的痕跡である。そのうちのひとつは炭素同位体、すなわち$^{13}$C（炭素13）のような安定した形態の炭素である。$^{13}$Cはほとんどの炭素を構成する軽めの$^{12}$Cより重い。酵素は細胞や生物を構築するとき、軽いほうの同位体を使いたがる。つまり、生物はその周囲の無生物世界より、$^{12}$Cに富んでいるのだ。そして最も古い岩のなかには、まさにこの種の痕跡を有するものがある。$^{12}$Cに富んでいて、その炭素の一部ははるか昔に滅びた生物に由来することを示している。その年代から、生命の起源は三七億年前から四二億年前のあいだのどこかだと思われる。言いかえれば、生命は生まれることができるようになってすぐに生まれたのだ。分子が成長して分裂する小胞のような構造へと自己組織化できるくらい環境が穏やかになったとき、生命は生まれた。小胞は実験室でもひとりでに形をなす。[75]

　要するに、生命の歴史における多くの出来事は、適切な環境が創出されてすぐに続いたのだ。アンデス山脈隆起に続いたルピナスの放散しかり、東アフリカの湖ができたあとのシクリッドの放散しかり。最古の化学化石から、生命の誕生はこうした事象のなかで最も古く、最も影響力のあるものにすぎなかったことがわかる。それに加えて、多細胞性、哺乳類の生き方、$C_4$光合成のように、ほとんどのイノベーションが無関係に何回も起こっているので、進化は生命の問題に対する新しい解決策に窮することはまれだという結論を下さずにはいられない。それとは逆に、生命は時機が熟す前、イノベーションが成功する環境の準備が整う前に、イノベーションを起こすことが多い。そのことを教えてくれるのは、草や哺乳類やアリのようなさまざまな生物の初期の歴史である。生物はひっそりとイノベーションを起こすか、時機が来るまで何百万年もただ生き続けたのだ。次章では、生物全体から細胞とその分子にズームインする。そうすることで、新しい有益なものを時期尚早につくり出す才能を、なぜ進化がもっているのかを理解できる。

# 第3章　分子の高速道路

細菌のスフィンゴモナス・クロロフェノリクム（*Sphingomonas chlorophenolicum*）には、その名に永遠に刻まれるほど異常に強大な力がある。この名前が示唆するペンタクロロフェノールは、一九三〇年代に殺虫剤として初めて販売された危険な化学物質である。その薬は害虫を毒殺するだけではない。人間を含めた動物の腎臓、血液、そしてＤＮＡを損傷する。ところが、その毒性にＳ・クロロフェノリクムはびくともしない。この細菌はペンタクロロフェノールがあっても生き延びる。しかもそれだけではない。Ｓ・クロロフェノリクムは必要なエネルギーをすべて、毒の原子結合から引き出すことができる。それでもまだ足りないというかのように、何十億という自分の細胞内のあらゆる分子の炭素骨格を、ペンタクロロフェノール内の炭素原子から構築することもできる。[1] Ｓ・クロロフェノリクムは、毒を栄養物に変える驚くべき能力を進化させたのだ。

本書ではすでに、トゲウオの装甲喪失やルピナスの放散のような、急速な進化的変化を見てきたが、このイノベーションはそうしたもののすべてをしのぐ。進化の時間にするとまたたく間に、すなわち人間が初めてペンタクロロフェノールを発見してから一世紀とたたないうちに、出現したのだ。その出現のきっかけは、人工の化学物質による環境問題だった。そしてそれがとくに興味深いのは、進化がこの問題にそれほど急速に対処できた理由がわかっているからだ。

　たいていの細菌と同様、S・クロロフェノリクムにはすばらしい才能、すなわちほかの細胞のDNAを自分のゲノムに組み込む能力がある。この過程は「遺伝子水平伝播」と呼ばれ、さまざまな形がありうる。[2] たとえば、死んで破裂したほかの細胞のDNAを取り込める細菌もいる。この分子版の腐肉食（ネクロファジー）では、栄養物を求めて取り込まれたDNAはたいてい小さな断片に切り刻まれるが、その仕事をするのは特化したタンパク質酵素である。こうした酵素は異質なDNAを切り刻み、自分自身のDNAを修復することによって、細胞のゲノムを守る。しかしこの酵素がミスをすることもある。うっかり異質なDNAを細菌自身のゲノムに挿入してしまうのだ。そして、もしそのDNAに一個以上の遺伝子が含まれていれば、細菌は新しいタンパク質をつくる能力を獲得する。その新しいタンパク質はどれも、適切なタイミングで役に立つ可能性のある特有のスキルももっている。

　新しいDNAを獲得するもうひとつの手段はある種のセックスであり、私たちにとっては普通でないが、細菌にとってはありふれた形態だ。まず、ひとつの細菌が細胞壁から突き出す性線毛と呼ばれる長いタンパク質の管をつくる。その線毛が別の細菌の細胞にしがみつくと、DNAをそちらの細胞に移す導管になり、その細胞が次に新しいDNAの文字を自分のゲノムに貼りつけることができる。

　あなたは思うかもしれない。これは、ペニスが性線毛のように生物間のDNA伝播を助ける動物のセックスとあまり変わらない、と。しかしこの類似は表面的なものだ。その差異は大きい。細菌は生殖のためにDNAを移すわけではないし、ヒトの精子が卵細胞を受精させるときのように、ゲノム全体を伝えるとも限らない。たいていの場合、数個の遺伝子だけを含む短いDNAの断片を伝える。

　さらに重要なこととして、遺伝子水平伝播は、細菌がヒトやほかの動物には類のない乱交によって、DNAを交換するのに役立つ。なぜなら、細菌は自分と同じ種だけでなく、ほかのさまざまな種からも遺伝子を取り込めるからだ。ヒトのＤＮＡとチンパンジー、鳥類、ワニ、サンショウウオ、魚類、または植物のＤＮＡがちがうのと同じくらい、自分自身のものとは異なるＤＮＡを獲得できる。しかもそれをたえまなく行なう。私たちの足の下、体の上、周囲のあらゆる表面にいる何兆もの微生物は、つねにＤＮＡを伝え、ゲノムを何度も入れ換え、まったく新しい遺伝子の組み合わせをつくり出している。時間とともに伝播の回数が増えると、このＤＮＡはものすごい量になる可能性がある。大腸菌のような細菌には、合わせて何十万文字にもなる多数の異質なＤＮＡをかくまうことができる変種――同じ種の変異体――もある。異質なＤＮＡはそれぞれよそから取り込まれたもので、ひとつの変種にはあるがほかのものにはない。[3]

遺伝子伝播は重要だ。なにしろそのおかげで細菌は、ほかの細菌が生命の難題に対処するために進化させた、さまざまな技を利用できる。ある種の知識のパクリであり、遺伝子にコードされタンパク質に具現化されている化学の知識を盗んでいるのだ。しかし、達成できることはそれだけではない。細胞自身の具現化された知識をほかの生物から集めたものと組み合わせることによって、新しいスキル、すなわち生き延びるための新しい化学的手段を、つくり出すことができる。専門用語でいう「組み換え」である。遺伝子水平伝播は、複数の生体のＤＮＡを組み換えることによって、新たな化学的知識を生み出して具現化する。この種の組み換えが、Ｓ・クロロフェノリクムがペンタクロロフェノールによって生き延びるのを助けたのだ。その経緯を説明しよう。

ペンタクロロフェノールを栄養にするために、Ｓ・クロロフェノリクムはまずこの毒を、従来の栄養素のような毒性の弱い分子に変える必要がある。そのために細菌は特殊なタンパク質酵素を利用するが、そのどれもが遺伝子にコードされ、独自のアミノ酸鎖でできていて、それぞれが単一の化学反応に触媒作用をおよぼすことができる。[4]しかし毒の変換には単一の化学反応では足りない。一連の反応全体が必要であり、それを生化学者は「代謝経路」と呼ぶ。
　この代謝経路には段階ごとに独自の酵素と遺伝子がある。細菌自身のゲノムの遺伝子もあるが、異なる生体から導入されたものもある。言いかえれば、細菌が自身の化学反応を別の生体のものと組み合わせて新しい経路をつくるのを、遺伝子水平伝播が助けたのだ。細菌のこのイノベーションに関与するのは新しい遺伝子ではなく、古い遺伝子の新しい組み合わせである。この新しい組み合わせ——組み換え——が、ペンタクロロフェノールを栄養素に変換できる新しい経路をつくるのだ。[5]
　遺伝子水平伝播はたえず、そこここにいる微生物のなかで、遺伝子やタンパク質や化学反応の新しい組み合わせをつくっている。だからこそ微生物の世界は、S・クロロフェノリクムのような目に見えないイノベーターであふれているのだ。そういうイノベーターは、人類が世界に押しつけたさまざまな化学薬品によるダメージをかわすこともできる。そのようなダメージの例がアロクロールと呼ばれる、電気絶縁体や工業用流体としてモンサント社が一九七〇年代まで販売していた、強力な有毒分子の混合物である。含有されているポリ塩化ビフェニルは、ホルモンを模倣し、免疫系を破壊し、がんを引き起こすおそれがある。[6]これらの分子が水中に放出されると、魚にも恐ろしい影響を与えかねない。魚は暴露されて数秒以内に、血をほとばしらせ、皮がむけ、腹を上にして浮くのだ。[7]こうした化学薬品を熱や酸で無効にしようとしても耐性があるので、生物圏に飛び散っている何十万トンもの薬品は、それを栄養にできる革新的な細菌がいなければ、すぐには消えないだろう。[8]そしてそのような細菌は実際に存在し、しかも一種ではなく数種いる。[9]
　進化の作用は、化学溶剤のクロロベンゼンを中和する助けになることもある。[10]そして悪名高い殺虫剤のＤＤＴも無効にできる。この薬品のせいでアメリカの国鳥ハクトウワシは、卵の殻が割れてしまうほど薄くなってしまい、絶滅するおそれがあった。さいわい、ＤＤＴは一九七〇年代にアメリカでは禁止された。[11] しかしいくら禁止しても、ＤＤＴやクロロベンゼンその他の人工化学薬品を、微生物がエネルギー源や構造材料として利用し、環境から――ゆっくりでも――取り除くことができなければ、ほとんど効果がないかもしれない。

こうした進化のサクセスストーリーはどれもあまり知られていない。なぜなら、そびえ立つセコイアの梢（こずえ）や、静かに待ち伏せする危険なトラ、あるいはほっそりと優雅なピンク色のフラミンゴのような、カリスマ的な生物の体に刻まれてはいないからだ。これは残念なことだ。なにしろ進化が行なう重労働の大半は、目に見えないこの化学の世界で起こる。そこは細菌やヒトの細胞を生かし続ける何千という分子に、進化が磨きをかける場所だ。さらには、新しい分子を合成したり、解毒のために分子を切り離したりする無数の生化学経路を、進化がつくり出す場所でもある。そのような化学的創造は、毒をむさぼる細菌だけのものではない。生命の起源とともに始まり、今日まで続いていて、言葉にできないほどたくさんのものが生物圏に広がっている。その一例として、巨大なコロニーで生活しているアリが互いの体に触れることで敵と仲間を区別するのを助ける、複雑な炭化水素がある。[12] 花が授粉媒介者を引き寄せるのを助け、色とりどりの牧草地で人びとを喜ばせる色素もそうだ。かすかな痕跡にさえ雄のガが抵抗できない性フェロモンもある。[13] 腹を空かせた昆虫の脳を混乱させて、食べられないようにするために、植物が合成して放出する神経伝達物質のような巧妙な化学兵器もある。[14] 活力を高めるカフェインや、痛みを和らげるモルヒネのような、私たちが大切にしている分子もいろいろある。

進化の時間をさかのぼればさかのぼるほど、そして生命の起源に近づけば近づくほど、そのような化学イノベーションは重要になる。生命が誕生したばかりのころ、それが生命の化学的基礎を確立した。この基礎はエネルギー代謝、すなわち多様な代謝経路をつなげて環境からエネルギーを取り入れる化学反応の複雑なネットワークである。最古の化学イノベーションのひとつは、二〇億年以上前に藍色細菌によって発見された、斬新な光合成の化学である。そのおかげでこの細菌は日光からエネルギーを取り込めるようになり、そこで放出される酸素が、だんだんに大気を満たすことになった。もうひとつ初期のイノベーションはその後すぐに生まれたもので、この酸素を呼吸と呼ばれる過程で使う能力だ。すでに学んだとおり、私たちの知る複雑な多細胞の生命は、それなしでは存在していないだろう。[15]

呼吸という過程が始まってから現在のＳ・クロロフェノリクム誕生までには、エネルギー代謝における無数のイノベーションが起こってきた。そのどれもが生命に、新しい種類の栄養素を使う力を与えた。そうした栄養素のなかには、果糖のようなよく知られたエネルギー豊富な分子もあれば、アロキサン、ウリジン、イノシンといった素人にはわかりにくいものもある。こうしたイノベーションは数百万年かけてゆっくり蓄積され、そのおかげで現生の種とその代謝が生み出された。この場合の代謝は複数形である。なぜなら、種それぞれに特有の進化史があって、特有の代謝イノベーションをともなっている可能性があるからだ。こうした種の多くがもつ代謝の優れた能力と柔軟性は驚異である。

この優れた能力をよく表わしているのが大腸菌だ。Ｓ・クロロフェノリクムやほかの多くの細菌と同様、大腸菌は果糖のような一種類の栄養分子を使って、必要なエネルギーをすべて得ることができる。このような栄養素から、生き延びて成長するのに必須の分子を構築するための炭素原子も、すべて引き出すことができる。[16]そうした必須分子には、タンパク質の構成単位である二〇のアミノ酸、ＤＮＡの四種の構成単位、細胞膜の脂質などが挙げられ、合わせておよそ六〇種類の必須分子それぞれが、大腸菌の各細胞内に何百万個も複製される。

大腸菌の優れた代謝能力は、私たちのそれとくらべるとさらに際立つ。ヒトの体は九種類のいわゆる必須アミノ酸を合成できない。食事から得る必要がある。もしそうしないと死んでしまう。加えて、私たちはさまざまなビタミンも必要とするが、それもやはり私たちが構築できない有機分子である。大腸菌はそれらをすべて構築できる。細菌は単純な生体だと考えられるが、その代謝は私たちのものより強力だ――はるかに。それにくらべると私たちは代謝不自由者である。[17]

同じように重要なこととして、大腸菌はすべての必須分子をひとつの栄養素からだけでなく、七〇種類の栄養分子――果糖のような糖、酢酸のような酸、エタノールのようなアルコール――から構築できる。[18] そしてこの七〇種類の栄養物は、大腸菌のエネルギーもすべて供給できる。この細菌は、薪、油、ガス、石炭だけでなく、ミルクからテキーラ、さらにはトイレ用洗剤まで、何ででも動くエンジンをもつようなものだ。とはいえ、単なるエンジンと呼ぶのはその力を過小評価することになる。ヒトのエンジンは動きを生み出すだけだが、大腸菌のそれは、七〇種類の原材料のどれかひとつに含まれるエネルギーと炭素から、自身の部位をつくり出し、自己複製もする。

この驚くべき柔軟性には代償がともなう。高い複雑度だ。大腸菌の代謝反応ネットワークは、一四〇〇近い化学反応からなっていて、それぞれがタンパク質酵素による触媒作用を受け、酵素それぞれは大腸菌のゲノムにコードされている。[19]

こうした反応のなかには、ペンタクロロフェノール経路のように、一連の手順が分子を消化しやすいものに変える経路をつくるものもある。こうした経路を、都市の道路網の路地か裏道と考えてみよう。その道はもっと広い街路に、すなわち、ありふれた消化できる分子を修正し、切り裂き、組み合わせ、その原子を配列し直す、一連の反応に合流する。こうした街路自体も、さらに分子の交通量が多い道路に合流する。この交通のほとんどが最終的に、数は少ない複数車線の大通りの一本に行き着く。そこでは最も一般的な化学反応が起こる。

道路網との類似性はそこで終わらない。道路のように、個々の経路が二つの反応シーケンスに分岐する場合もある。広い道路から細い道が伸びて、それぞれが小さな成分から段階的に組み立てられる必須分子につながるのだ。そして個々の経路は環状交差点に合流し、そこから多数のほかの経路が出現することもありえる。

代謝は大都市の道路網と同じくらい複雑だが、マンハッタンのように規則的な碁盤の目状ではない。その道路地図は、ローマやロンドンのような古い都市のそれに似ている。そのような都市は何年、何十年、何百年間で大きくなるうちに、新しい道路がたくさん追加される一方、拡張、短縮、あるいは削除される道路もある。交通の流れを規制するために、環状交差点や減速帯や一方通行がつくられる。そしてこの建設工事には終わりがないように思える――ひとつの工事現場が終わるとすぐに、ほかの三カ所で始まるようだ。同じことが生命の代謝道路網にも言える。ブルドーザーや地ならし機や舗装機の助けはないが、代謝道路網も生命が始まってからずっと建設中なのだ。

新しい酵素、経路、そして交差路をつくるために進化が使うツールは、ＤＮＡ変異と遺伝子水平伝播である。それを使うことで、新しい栄養物を分解したり、新しい有益な分子をつくり出したり、そのような分子を新しい方法で異なる要素から構築したりする、新しい代謝経路を構築できる。おそらく食料源が永久に枯渇したせいで一本の経路が廃れるとき、その経路はすぐさま、その遺伝子を不活性化するか、ゲノムからまるごと消し去るＤＮＡ変異によって、消えてしまう。

細菌のものでもヒトのものでも、この惑星のありとあらゆる細胞には、大腸菌のそれのような自己改造する代謝網がある。それほど複雑でないネットワークもあれば、もっと複雑なものもあるが、すべてが最も強力な顕微鏡でもまったく見えない。だからこそ二〇世紀の科学は、実験室での生化学実験によって、その反応と経路をマップ化する必要があった。大腸菌だけでも、ほぼ完璧なマップをつくるのに半世紀以上の時間と数千人の生化学者を要した。この科学者たちは、ほかの生物の数え切れない代謝の経路と反応のマップ化も行なった。彼らは膨大な量の代謝に関する知識を蓄え、それがやがて情報革命を引き起こした。そのおかげで代謝の生化学はビッグデータの時代に入ったのだ。

コンピューターは一七世紀の顕微鏡のように、二一世紀の生物学に革命的変化をもたらしている。私たちに道路地図がはっきり見えるのと同じくらい、コンピューターには目に見えない世界もはっきりわかり、その世界に私たちがアクセスできるようにしてくれる。とくに代謝の分析にとって有益だ。数千人の生化学者が集めた代謝の情報を処理し、全ゲノムにある何百万ものＤＮＡ文字を一夜で読み取れるマシン――ＤＮＡシーケンサー――の出力と組み合わせるのだ。そうすることで自動的に、以前には研究されなかった生物のほぼ完璧な代謝マップをまとめることができる。できることはそれだけではない。どんなことが代謝ネットワークにできるか、どんな栄養源を利用できるか、どんな分子を合成できるか、どれだけの分子交通量を支えられるか、といったことを教えてくれる。

そのようなコンピューターによる計算のアルゴリズムの背後にある原理を理解するのは難しくない。まずアルゴリズムには、利用できるすべての栄養分子を含めて、生体の化学的環境に関する情報が必要だ。さらに、生体の酵素とそれが触媒する化学反応についての情報も必要だ。この情報を使って、利用できる栄養物から酵素がどんな新しい分子を生成できるかを、アルゴリズムは教えてくれる。これらの新しい分子のなかには、生体に適切な酵素があれば、互いに反応できるものもある。その反応によってさらなる分子が生まれ、それが反応し合い、新しい分子の波が次々に生まれる。こうした波それぞれの分子すべてを、コンピューターは分析できる。そして、生命に不可欠の構成単位すべてが、そこに含まれるかを解明できる。もしそうなら、その生体が利用できる栄養物で生きられることがわかる。

そう、それだ。アルゴリズムの実行は実際にはもっと複雑だが、私たちはもっと多くの情報を得ることもできる。たとえば、各必須分子をどれくらい生物は構築できるのか、どれだけ速く構築できるのか。要するに、生体がどれだけ速く成長し分裂できるかがわかるのだ。

それに引きかえ、実験のテクノロジーははるかに遅れている。一度に数百種の分子の濃度を測定できるが、一個の細胞内の全分子の交通をマップ化するにはほど遠い。しかし実験はほかの点で役に立つ可能性がある。コンピューターのアルゴリズムがどれだけうまく機能するかを知るのに役立つのだ。役立つ実験のひとつとして、遺伝子工学を利用して、特定の酵素を変異させて不活化するものが挙げられる。そのノックアウト酵素は仕事を果たせなくなる――特定の化学反応を触媒できなくなる。そのような実験は、効果的に代謝経路にバリケードを築くのだ。バリケードが築かれた道路の交通量が少なく、容易に迂回できるなら、代謝は影響を受けずに細胞は急速に成長し続ける。バリケードで道路網のほかの場所が渋滞すれば、細胞の成長が遅くなる。もしバリケードが幹線道路を封鎖したら、細胞は死ぬ。そのようなバリケードを導入したあと、細胞の成長がゆっくりになるか、まったく成長しなくなるかを測定することができる。

この実験をさまざまな酵素で繰り返し、それぞれをノックアウトし、成長に対する影響を測定し、その影響をコンピューターの予測と比較すると、コンピューターの仕事ぶりはすばらしいことがわかる。その予測は遺伝子操作されたバリケードの九〇パーセントで実験と一致する。代謝の複雑さを考えると、決して小さい成果ではない。[20] 予測が一致しない場合、たいていその原因は、代謝マップに関する私たちの知識が不完全なことにある。

チューリッヒ大学の私の研究室をはじめ世界中の研究者は、あまり深く考えずに、そのようなコンピューターによる計算を日常的に使う。それがチャールズ・ダーウィンの『種の起源』以降の生物学の成果のなかでも、とりわけ偉大であると考えることはめったにない。ダーウィン説の中心概念は適応であり、生体が適応する――環境に適応する――ためには、生体がその環境で生存できることが不可欠だ。つまり、生き延びることができなくてはならない。ダーウィンとその後継者の多くは、生存能力を測定するのに難しい実験を強いられることが多かった。けれども新しい計算用コンピューターがあるので、私たちは少なくとも微生物に関しては、それを計算し始めることができる。しかも最初の化学原理、すなわち代謝ネットワークの化学反応から、瞬時に計算できる。

　できることはそれだけではない。個々の経路を微調整し、拡張したり交差点を動かしたりして、交通がうまく流れるようにして混雑を緩和することによって、細胞の成長と適応度を改善できるかどうか、問うことができる。どの代謝イノベーション――新しい反応と経路――によって、代謝は新しい栄養物で生き延びたり、新しい有益な分子を生成したりすることができるのかもわかる。

　これが可能な理由はすでに述べた。生化学者は大腸菌の代謝だけでなく、さまざまなほかの生物のそれも研究していて、そのほとんどが、大腸菌にもほかのどこにも見られない独自の酵素を備えている。彼らの努力の結果、およそ一万の代謝反応がわかっている。それぞれが生物圏のどこかにいる生物のなかで起こっていて、それぞれがコードされている遺伝子は、代謝イノベーションを生むべく、ほかの遺伝子と組み換えされるのを待っている。こうした反応はすべて、ＫＥＧＧ（Kyoto Encyclopedia of Genes and Genomes：京都遺伝子ゲノム百科事典）のような公開データベースに収録されていて、誰でもダウンロードすることができる。[21] 私たちのコンピューターはこうした反応を組み合わせ、組み換えることができる。自然が遺伝子水平伝播によって行なうのと同じだ。細胞が新しい栄養物を消化したり、新しい分子を構築したりできるようになるものが見つかるまで、さまざまな経路を調査する。史上初めて、イノベーションも計算可能になりつつあるのだ。

私たちはもっと極端なこともできる。使える栄養素と生成すべき分子だけを指定して、コンピューターに代謝をゼロから設計させることができるのだ。その課題は、指定した栄養素から生成物をつくる化学ネットワークを構築することである。ネットワークは生物圏に存在する化学反応と経路しか使うことができない。二〇〇九年、私の研究グループが初めて、この課題を解決できるコンピューター・アルゴリズムを開発し始めた。このアルゴリズムは既知の代謝経路を修正するのに、生物圏の既知の反応を加えるかまたは削除して、道路のバリケードを迂回するように代謝道路網を変更する。遺伝子水平伝播に少し似ているが、もっと徹底的に、代謝経路を何千もの小さい段階に分けて変更する。このようにしてアルゴリズムは、栄養物を消化し、エネルギーを生成し、分子を組み立てる多種多様な新しい方法を探り、最終的に、私たちがやるべきだと考える仕事をこなす代謝をつくり出す。[22]

私たちはまずこのアルゴリズムを、大腸菌と同じような栄養物を消化して同じ分子を生成できる代謝を設計するのに応用した。それは試しであって、私はたいした期待をせず、大腸菌にとてもよく似た代謝を設計するだろうと考えていた。しかしなんとまあ、結果は驚きだった。できあがった代謝は大腸菌のそれに似ていなかったのだ。その化学的能力は似ていたが、その反応と経路のほとんどがちがっていた。さらに、そのアルゴリズムを再び走らせると、最初のものとも大腸菌のものとも似ていない、また別の代謝ができあがった。三回目、四回目、五回目、さらに何回も、何百回も走らせた。そのたびに、ほかのものとちがう代謝を生み出し、いずれとも共通するのは反応のごく一部だけだった。

わかることは明白だった。多くの異なる代謝が同じ能力をもっているのだ。当然、私たちはどれくらい多いのだろうと思った。しかしその数を計算しようとすると失敗し、その理由はすぐにわかった。数字が大きすぎるので、さらに四〇億年続けたとしても、進化はすべてを生み出すことができない。

銀河系の星より多く、宇宙にある水素原子の数より大きい。理解を超える天文学的数字なのだ[23]。

これはつまり、大腸菌のように代謝が柔軟な種の水面下には、もっと深い真実があるということだ。生命の化学そのものが柔軟なのであり、その柔軟性が柔軟な代謝を可能にする。栄養物を消化し、エネルギーを引き出し、新しい分子を構築するための多種多様な方法を、生命に与えるのだ。その方法はあまりに多いので、総数は想像もできない。そしてこの柔軟性は単なるコンピューターの予測を超える。自然界の代謝を研究する研究者は、新しい代謝経路を発見し続けていて、とくに細菌にそれが言える。消化して同じ分子を組み立てる生命の創意工夫能力は果てしないように思える[24]。

私の前著『進化の謎を数学で解く』（垂水雄二訳、文藝春秋）は、そのような柔軟性が進化におよぼす深遠な影響を説明している。ここで私がそれに言及するのは、代謝イノベーションの新しくてまったく予想外の源にたどり着いたからだ。私は二〇一二年に博士課程の学生アディティア・バーヴとともにそれを見つけた。私が彼にコンピューター設計でさまざまな代謝をつくるよう依頼したときのことだ。私たちが望んだのは、大腸菌の場合のように何十種類もの栄養素ではなく、もっとはるかに単純なもので実行できる代謝だった。単一の栄養素だけで実行できる代謝がほしかったのだ。この栄養素だけが、炭素とエネルギーの唯一の源になりえるはずだ。

私たちのアルゴリズムは果敢にそのような代謝を出してきたが、その仕事をチェックすると、何かがおかしいように思えた。たしかに、その代謝は実際にブドウ糖で実行できた。ところが、五つのほかの栄養素でも実行できた。なかには麦芽糖、果糖、乳糖のような、ありふれた糖もある。代謝化学から得られたのは、私たちが求めた以上のものだったのだ[25]。

偶然を疑ってアルゴリズムを再び走らせると、ブドウ糖で実行できるまた別の代謝が見つかった。それもまた、ほかの栄養素でも実行できた。しかもその分子は最初のものとはちがっていた。私たちは繰り返し、何百回もアルゴリズムを走らせ、そのたびに、ブドウ糖で実行できるが、一種類から二〇種類までのほかの栄養素でも実行できる代謝が出てきた。すべて合わせると、新しい栄養素の数は四五種類になった。どれもが生命を養うことができて、どれもが一種類の栄養素だけで生き延びるように要求した代謝のなかに出現した。[26]

私たちには理由がまだわからなかったが、実験で同じようなことを発見していた研究者がほかにもいた。彼らが望んだのは、細菌をキシロースという糖で何世代も増やすことによって、よりよいバイオ燃料をつくる細菌を生み出すことだった。この糖はバイオ燃料の原料に見られるが、多くの細菌はキシロースではあまり増えず、キシロースからはバイオ燃料をほとんど生成しない。彼らが考えたのは、細菌に長期にわたってキシロースで増えるよう強制して、もっと効率的にそれを利用するよう進化させることだった。実験は成功した。細菌はキシロースからエネルギーと炭素を引き出すのがうまくなった。しかし予想外に、進化した細菌はアラビノースと呼ばれる別の糖でも生存可能になっていた。しかも――これが真の驚きなのだが――環境にこの糖は含まれていなかったのだ。[27]細菌は革新的なスキルを進化させたが、そのスキルは進化した場所では役に立たなかった。アラビノースが環境のなかで発生してはじめて、そのスキルは貴重なものになる。そしてアラビノースが環境内の唯一の栄養源になれば必ずや、命を救うスキルになる。

ある栄養物を利用するよう進化した代謝がほかの栄養物も使えるのだから、代謝はイノベーションを無償提供しているわけだ。しかしなぜだろう？　私たちはしばらくのあいだ、その理由に困惑したが、やがて額をぴしゃりとたたいてしまうような単純な答えを見つけた。交通のたとえで説明できる。もしあなたが都市のはずれにある未開発の土地に家を建てるなら、自分の地所と都市の街路網を結ぶ道路を建設しなくてはならないだろう。その道路は、近隣の人の地所の近くを通る可能性があり、彼らがまだ道路を建設していなければ、あなたの道路の恩恵を受けることになる。道路は彼らの地所と都市もつなぐからだ。

　あなたの道路が都市の街路と合流する前に隣人の地所のそばを通るように、新しい生化学経路は代謝のほかの経路と合流する前に、栄養物を一連のほかの分子に変換する。そしてその栄養物が枯渇したとき、経路沿いの分子それぞれが代わりを務めることができる。あなたが自宅と都市を結ぶために建設した道路を、隣人たちも使えるのと同じだ。

　同じ理由で、同じタスクを実行するよう設計された異なる代謝が、異なる種類のイノベーションを無償提供する可能性もある。あなたの家と都市を結ぶ道路の建設方法はいろいろと可能性があり、それぞれが異なる隣人の近くを通り、その隣人を都市と結びつけるのだ[28]。

　代謝のデータを厳密に調べると、ほかの価値ある情報も見つかった。科学者はしばしば細胞や器官や体の複雑でわかりにくい構造を嘆く。そのせいで研究がぐんと難しくなるからだ。ところが、その複雑さが代謝イノベーションにとってはすばらしいのだ、と私たちは気づいた。まったく同じ仕事をするのに、化学反応の数が——大腸菌より多いにせよ少ないにせよ——代謝によって異なることから学んだのだ。それは道路網の複雑さに相当する。反応の数が多くなればなるほど、無償イノベーションの数も多くなる[29]。その理由はわかりやすい。代謝に入っている反応が多ければ多いほど、その反応が形成する経路は多くなり、代謝の道路網につながるものが多くなる。都市と結ばれる家の数が道路の数とともに多くなるのと同様、生命を維持できる分子の数は代謝経路の数とともに増える[30]。

　これらの無償イノベーションの源はすべて同じである。すなわち生命の化学が、分岐し、合流し、相互接続する経路にまとまることであり、そこでは数少ない新しい接続が多くの新しい能力を生み出せる。道路網が自分のためにそれを建設した人だけでなく、ほかの多くの人にも役立つのと同じだ。

こうしたネットワーク化された代謝のメリットは、個々の種をはるかに超えて広がり、微生物のコミュニティ全体にも当てはまる。微生物学者はそのようなコミュニティを「共同体（コンソーシアム）」と呼ぶ。その名前自体が示唆に富む。人びとや会社の共同体が仕事を遂行するために協力するのと同様、微生物コンソーシアムも協力する。微生物の世界における仕事とは一般に、生き延びて成長するために環境から最大量の資源を搾り取ることだ[31]。微生物コンソーシアムのその目標は、一部の化学工業が世界に引き起こした面倒な事態の後始末をしたい科学者の目指すところと同じである。

ペンタクロロフェノールのような毒を一掃できる個別の細菌についてはすでに説明したが、コンソーシアム全体のほうがはるかにうまくできる。そのようなコンソーシアムでは、ひとつの種の酵素が毒を中和するいくつかの化学反応に秀でている。この酵素は非常に効率的に反応を処理するが、その仕事を部分的にしかこなさない。最初の種がやめたところで別の種が引き取り、さらにいくつか化学的段階を踏むが、やがてバトンを三つ目の種に渡す、といった具合だ。最終目標に到達したとき、毒があらゆる有益な材料となる原子を生み出し、その過程で無害になる。タンカーや採掘基地から原油が流れ出したときのように、有毒廃棄物が多様な化学物質で構成されているときはいつでも、コンソーシアムがとくに有益だ[32]。

コンソーシアムは実用的に有益なだけではない。進化に対する理解を深めるのにも役立つ。たとえば、多細胞生物の進化を知る機会をもたらす。多細胞性のメリットのひとつには、すでに言及した。それは大きな体であり、大きすぎるので捕食志望者が攻撃して食べることができない。しかしそれは決して唯一のメリットではない。もうひとつは、生き延びるのに必要なたくさんの仕事を、さまざまな細胞で分担する能力であり、細胞それぞれがほかの細胞よりうまくできるひとつの仕事に特化することだ。そのような特化と分業は、高度な動植物の体に顕著な特徴である。とはいえ、それを最初に見いだしたのは動植物ではなかった。そのはるか前、動植物とは無関係に、細菌がたまたま単純な形の多細胞性の分業を見つけ、しかも何回もそうすることになった。[33]そうした革新的な細菌の一例が藍色細菌だ。藍色細菌は日光からエネルギーを取り入れ、その過程で酸素を生成する方法の発見でよく知られている。この発見は革新的だったが、新たな大問題も生み出した。それは窒素にまつわる問題であり、その解決策のひとつが多細胞性なのだ。

生命は炭素と同じように窒素も必要とするが、窒素のほうがはるかに希少で、この希少性が生命の繁栄にブレーキをかける。作物が毎年同じ畑に植えられると、土壌から希少な窒素をすべて吸収してしまうので、窒素が補充されるまで成長を止められ、葉が病気になり、できる種子や果実が減るのだ。

窒素が豊富な場所のひとつが大気である。ほぼ八〇パーセントが窒素なのだ。残念ながら、大気中の窒素は化学的にとても安定しているので、基本的に使えない。二〇世紀になってはじめて人類は、ハーバー・ボッシュ法と呼ばれる化学的方法によって、その窒素を使えるアンモニアに変換することに成功した。この過程のおかげで窒素肥料をつくることが可能になり、それが農業に革命を起こした。しかしそれには高圧と極端な温度——摂氏四〇〇度以上——と生命に適さない化学的環境が必要である。その出現を可能にしたのは人類の創意工夫の能力であり、進化ではなかった。

藍色細菌が見つけた解決策はもっと地球に優しかったが、自分自身にとっての交換条件をともなうものだった。それはニトロゲナーゼと呼ばれる酵素で、窒素ガスから直接有益なアンモニア分子をつくり出す。問題は、ニトロゲナーゼが酸素に対して極端に敏感なので、ごく少量の酸素にも破壊されて能力を奪われることである。酸素が光合成の主要な老廃物であることを考えると、これは小さな問題ではない。

藍色細菌は難しい選択を迫られる。光のエネルギーを取り入れて窒素に飢えるか、光エネルギーに飢えて窒素を取り入れるか。これは真の難問だが、藍色細菌が見つけた巧妙な回避方法について聞けば、事情が変わる。藍色細菌は複数の細胞からなる細長い青緑色の糸状体をつくり出し、その細胞の大部分は、光を使ってエネルギーと炭水化物を生成する。しかし、ごく一部の細胞は窒素ガスからアンモニア肥料をつくり出すことに特化している。その細胞は敏感なニトロゲナーゼを保護するために、酸素を生成しなくなる。それどころか酸素を避けるために、ほぼ密閉状態の細胞壁のなかに閉じこもる[34]。

こうした生物は、二種類の細胞のみからなる最も単純なタイプの多細胞性を示すだけでなく、労働分業の典型的な例でもある。肥料を生成する細胞が光合成をする細胞にアンモニアを供給するのだ。その代わりにエネルギーの詰まった炭水化物を受け取る。

このような共生の実現には、何千年ものあいだ進化が作用する必要がある。いや、本当にそうなのか？　それを疑問に思ってきた科学者の一人がエリック・リビーである。話し好きで快活で、笑い声の大きなヒューストン出身のエリック自身が、生命の極端な適応性の見本である。なぜなら、彼は研究のために蒸し暑いヒューストンからスウェーデン北部にある極寒の都市ウメオに移り、亜熱帯の生物が亜北極の環境で直面する困難をものともせず、研究を成功させているのだ。

私が初めてエリックに会ったのは、彼がかかわった研究機関のひとつであるサンタフェ複雑系研究所でのことだった。私はそこで、多細胞生物の起源に対する彼の深い興味を知った。ニューメキシコ州にあるこの研究所には、毎年さまざまな分野の科学者が何百人も招かれ、数日間から数年間、滞在する。私は二五年以上にわたって毎年訪問し、そうした多くの科学者と出会い、情報交換をしてきた。彼らの知識が私自身の知識と組み合わさる――組み換えられる――と、新しいアイデアがいくつも浮かび、私が本書のような本を執筆するのに役立っている。そうしたアイデアのなかには、何日も何週間も私の心のなかで鳴り響くものもあって、そのうちのひとつがエリックとの共同研究につながった。

　エリックが疑問に思ったのは、先ほどの藍色細菌や、原油をむさぼる微生物コンソーシアムのように、共生する生物をつくり上げるのはどれだけ難しいのだろう、ということだ。それどころか、彼は過激な考えをもっていた。進化が必要ないとしたらどうだろう？　多くの種が、最初に出合う前から、共生の準備を万端に整えていたとしたらどうだろう？

　エリックはこの考えの大きな問題にも気づいた。実験で検証できないのだ。そのような実験をするなら、二つの種を選び、どちらの種も単独では生き延びられない環境を実験室でつくり出すことになる。両方の種をその環境に放り込み、ともに生き延びられるかを問うのだ。実験そのものは難しくない。難しいのは――実質的に不可能なのは――選ばれた種が過去にともに生きたことがなかったと確認することだ。何百万年にわたる進化史の途上で、両者が地球上のどこかで共生したことがあって、そのときそこで協力する能力を進化させ、この能力を実験室にもち込んだのかもしれない。そうではないと、どうしてわかるだろう？

　私たちにはわからないし知るすべもなく、それが問題なのだ。わかっているのはおもに現在の生命についてであり、種の長い進化史が私たちの観察するものに影響することを排除できない。しかし私たちには代案がある。歴史をまったく抜きにして代謝を研究することができるのだ。こうしたときこそ、私たちが設計する「デザイナー代謝」の出番である。この化学反応ネットワークは、生命の分子をありふれた栄養素から合成できるが、何百万年にもわたる歴史を背負ってはいない。その代わり、自然の生命化学について蓄積された知識だけを使って、ゼロから組み立てられるのだ。

　私たちはエリックの疑問に答えるために、ある種の炭素とエネルギー源で実行できるが、ほかのものでは実行できない、何千種類ものデザイナー代謝をつくり出した。その多くは光合成における酸素や、コンソーシアムの一成員によって残される消化されかけの毒のような、老廃物を生成する。そしてそうした代謝のうち二つをランダムに選び、コンピューター上で組み合わせ、二つの代謝の単純なコンソーシアムをつくり出し、自然が行なうことをやらせる。一方の代謝の老廃物を他方が利用できるようにするのだ。そのあと、コンソーシアムがその成員は生きられない場所で生きられるか、成員ができない場所で必須分子をすべてつくり出せるかを計算した。そしてそのようなコンソーシアムを、ひとつだけでなく何千もつくり出した。どれもがランダムに組み合わされ、どれもが新しい環境で生き延びることに挑んだ。

そしてすぐにエリックの疑問への答えが出た[35]。典型的なコンソーシアムは実際、その成員が前には到達できなかったところに到達できた。まったく新しい環境で生き延びることができ、しかも成員それぞれが自力では死んでいた環境を、ひとつだけでなくいくつも克服して生き延びた。そしてとくに重要なこととして、この新しい共同のスキルは、進化によって形成されることなく自然に出現した。

最も革新的なコンソーシアムをもっと詳しく調べると、代謝の複雑さとの別の関連も見つかった。コンソーシアムの代謝の複雑性が増す――反応の数が多い――ほど、コンソーシアムが生きる糧にできる新しい栄養物の数が増える。振り返ってみれば、その理由は明白だ。代謝で起こる化学反応が多ければ、代謝の老廃物を有益な分子に変えるチャンスが増える。

生命の化学はとても柔軟なので、ひとつの細胞の老廃分子が別の細胞が生き延びるのを助けられることが多い。このような分子は二個の細胞の化学的スキルを結びつけて、その能力を新しいレベルに引き上げることができる。二人の職人が自分の作業場でコツコツ働いていて、それぞれが自身のスキルをきわめ、それぞれが自分の製品をつくっていても、簡単には生計を立てられないようなものだ。しかし二人が自分のスキルを共同出資すれば、自分たちが生き延びていけるだけの、何か新しいものを生み出すことができる。一人が鉄の刃をつくり、もう一人がねじをつくれば、合わせて二枚の刃をピボット（回転軸）でつないだハサミをつくり出すことができる。一人が砂利をつくり、もう一人が石灰をつくれば、合わせてコンクリートを生み出すことができる。この種の共同の力が、生命の化学的基礎に組み込まれているのだ。

柔軟な化学は個々の種がイノベーションを生むのを助けるが、それと同じ柔軟な化学の恩恵をコンソーシアムも受ける。生物が単独で活動するにせよ、ともに活動するにせよ、生命は単純に代謝の化学ネットワークの結果として、無償のイノベーションを提供し、新しい有益なものを自然につくり出す。言いかえれば、代謝は非常に大きなイノベーションの潜在力を秘めていて、必要になる前にイノベーションを噴出させる。こうしたイノベーションのほとんどは眠り姫である。適切な環境が生まれるまで休眠したままだが、新しい化学物質を含む環境になれば、そうしたイノベーションが重要になり、おそらく生存に必須になるかもしれない。それは自然淘汰が働くときでもあり、新しい代謝の道路を改善・改造し、最終的に最大限の交通が通れるようになる。次に見ていくように、このネットワークの表面下、個々のタンパク質のレベルでは、同じように目に見えないが、少なくとも同じくらいパワフルな別の革新的な力が働く。

# 第4章 好ましい振動（グッド・バイブレーション）

二〇〇八年、一機の軍用ヘリコプターがベネズエラ南部のへんぴなジャングルの上空を飛んでいたとき、乗組員が人里離れたヤノマミ族の村を目にし、それが驚異の医学的発見につながった。[1] ヤノマミ族はアメリカ先住民族で、およそ三万五〇〇〇人が、ブラジル北部とベネズエラ南部のジャングルにある二〇〇以上の村々に居住している。その生活様式——植物の栽培、動物の狩猟、果物の採集——が近代文明との接触で消失していない、減少しつつある先住民族の一例である。近代文明との接触はだいたい悲惨な結果を生む。たとえば金採掘者がヤノマミの領地に入ったときには、はしかやマラリアのような致命的な病気をもち込んだ。[2] 二〇〇八年に発見された村は未接触だったおかげで、そのような惨禍を逃れていた。

近代文明との接触は危険かもしれないが、ヤノマミ族の生活を改善する可能性もある。ブラジル政府の推定によると、ヤノマミ族の死亡の七〇パーセント以上は、基本的な医療とワクチン接種で防ぐことができたという。[3] だからこそ地方政府は、ヤノマミ族の村に医師団を送る。そのような医師団が二〇〇九年に初めてその村に入ったとき、科学者たちは村人から便と皮膚のサンプルを採取した。人体に棲みついている細菌群集が、人間の健康にどう影響するかを理解する取り組みの一環だった。こうした細菌――マイクロバイオーム（微生物叢(そう)）――のほうが本人の細胞より多いことを考えると、それは重要な疑問だった。[4] こうした細菌の多くは有益である。食物を消化し、病気を撃退し、体重を抑えるのを助ける。しかし私たちを病気にしかねない細菌もいる。さらにこうした悪い細菌には、とくに人を死にいたらせる才能、すなわち医師が細菌を抑制するために使う抗生物質を無力化する能力をもつものもいる。

現代の抗生物質は、小さなかすり傷のせいで子どもが敗血症で死亡する世界、大勢の女性が出産後に感染症で死亡する世界、そして敵の砲火より病気で命を落とす兵士のほうが多い世界で、奇跡の薬として始まった。しかし一九四五年に初めて現代の抗生物質ペニシリンが利用できるようになってからわずか八年後、それに耐性のある細菌がすでに世界中に広がっていた。[5] そしてペニシリン耐性は、今日まで続く軍拡競争の始まりにすぎず、いまも私たちはその競争に勝っていない。研究者が新しい抗生物質を発見して医師がそれを処方し始めるとすぐに、その抗生物質に耐性のある細菌が出現する。それがきっかけで耐性の波が急速に世界中に広がる。

抗生物質耐性の細菌はすでに、毎年一〇〇万人以上の命を奪っている。[6] それほど多くの命が危険にさらされているからには、この問題を至急解決する必要がある。解決への道には理解が必要だ。抗生物質耐性がどうして始まるのか、どうしてそれほど急速に広がるのかを理解する必要がある。それこそが私のような研究者が研究することだ。そしてすでにわかっていることがいくつかある。抗生物質耐性の広がりは、細菌が自分の運命向上に使う遺伝子のスワッピングとシャッフリング――遺伝子水平伝播――によって勢いを増す。そしてそれが現代の移動手段によって加速する。移動手段のおかげで、人びとと抗生物質耐性細菌は地球上の最も遠い場所にさえ、たったの数日で到着できるのだ。

ということは、西洋文明からの完全な孤立――未接触のヤノマミ族が経験した孤立――は、抗生物質耐性を防ぐはずだということになる。未接触のヤノマミ族は抗生物質を服用したことも、服用したことのある誰かと接触したこともないので、彼らの微生物叢は現代の抗生物質に耐性がないはずだ。

そう考えられるだろう。でも残念ながら、事実はまったくちがった。

二〇〇九年に外界と接触したヤノマミ族の便と皮膚には、一種類どころか八種類の抗生物質に耐性のある遺伝子をもった細菌がいたのだ。そのなかにはペニシリンのような第一世代の抗生物質もあったが、もっと近年になって開発され、薬耐性細菌に対抗する最後の手段の薬として働く抗生物質もあった。[7] 村人たちは外部の人間からの接触を受けていなかったかもしれないが、抗生物質耐性細菌との接触があったのは確実だ。

ひょっとすると、そうした細菌は外界との間接的な接触で村に入ったのでは？　村人たちは実際、文明に近いほかのヤノマミ族と、矢や山刀や衣類のような物品の取引をしていたのだ。[8] あるいは耐性細菌は、大陸を横断して細菌を空輸できる雨や風によって到達したのでは[9]？　これで抗生物質の耐性が説明できるだろうか？

そうかもしれないが、謎はそこで終わらない。私たちの文明からさらに遠く離れた場所で、抗生物質耐性が発見されたことによって、謎が深まるのだ。そのひとつが、二〇〇九年にサウスカロライナ州とワシントン州で、深さ一七〇メートルから掘り出された堆積物である。この堆積物には細菌が生息していて、科学者がこれらの細菌を一三種類の抗生物質で殺そうとしたとき、八六パーセントの細菌が、少なくとも一種類の抗生物質に耐性があることを知った。六〇パーセント以上が二種類以上に耐性があり、一〇種類もの抗生物質に耐性のある細菌もいた。[10]

さらに地表から離れた場所にいるのが、太平洋の海底、海面下一キロメートルより深いところに生息する細菌種である。その種は、ペニシリンを含めた四種類の抗生物質に対する耐性を授ける遺伝子をもつ[11]。

空間だけでなく時間的にも人類から遠く離れた細菌もいる。とてつもなく離れているので、検出するには残されたＤＮＡを用いるのが最も容易だ。その一例が、カナダ北部のユーコン準州に三万年前からある永久凍土層に眠る死骸である。極寒の地下数メートルのこうした永久に凍結した堆積物のなかでは、古代細菌のＤＮＡがマンモスのような絶滅哺乳類のＤＮＡと共存している。科学者がこの古代のＤＮＡを研究したところ、細菌が一種類ではなく複数種類の抗生物質に抵抗するのを助けることがわかった[12]。

孤立がさらに長く続いたのは、ニューメキシコ州南部のカールズバッド洞窟群国立公園のレチュギア洞窟だ。この洞窟は地表を流れる雨水や川ではなく、地球の地殻深くから上がってきた硫酸によって、岩が溶食されてできている。洞窟の特異な地質のおかげで、地表からおよそ四〇〇万年にわたって切り離されている。にもかかわらず、そこに住む微生物は私たちの抗生物質兵器からうまく身を守る。その七〇パーセントは三種類以上の抗生物質に耐性があり、ある細菌はなんと一四種類の抗生物質に耐性がある[13]。

微生物が一〇〇万年も地表から孤立して生きているなら、あるいは地下深くに埋められているなら、ヤノマミ族が経験した文明との最も間接的な接触でさえ考慮に入れないでよい。そのような微生物は、風や水によって病院や患者から運ばれた可能性はない。考えられる結論はひとつだけ。その抗生物質耐性は古代からあるにちがいない。抗生物質時代より古いことはたしかで、人類そのものより古いかもしれない。

そんなことは説明がつかないように思えるかもしれないが、多くの抗生物質が天然の分子であることを知れば事情が変わる。そのひとつが典型的なペニシリンである。アレクサンダー・フレミングがペニシリンを発見したのは、それを生成する真菌が自分の細菌培養物にはびこり、この化学兵器を使って細菌を殺したときだというのは有名だ。真菌が生成する天然抗生物質もあれば、細菌が生成するものもたくさんある。[14] 真菌も細菌もこうした抗生物質を、自分の天敵との化学戦争で使う。[15] 戦争は微生物のあいだでも広がる。第1章で見たラテックスを産生する植物など、ほかの生物と同じだ。そしてそのような戦争は軍拡競争を引き起こし、そこで打ち負かされた攻撃者は新しい攻撃の技を開発する。植食性の昆虫が植物のラテックス導管を切断する技もその一例だ。同様に、強い抗生物質の進化はより巧みな耐性の進化を引き起こす。抗生物質をつくる者とそれに対する耐性に見られるこの進化の軍拡競争は、途方もない年月にわたって進行してきた。人類は自分たちが発見した抗生物質をたずさえて、混み合った戦場に最も遅く参入した種にすぎないのだ。

しかし一部の抗生物質の自然発生で、古代の抗生物質耐性すべてを説明できるわけではない。その理由は、天然でない抗生物質もあることだ。人工のものである。たとえば準合成抗生物質、すなわち細菌の防御をあざむくために科学者が化学的に変化させた天然の分子がそれだ。研究所で発明され製造された、完全合成の抗生物質もそうだ。注目すべきは、どちらの種類にも耐性のある細菌もいて、未接触のヤノマミ族や埋まっていた堆積物から見つかった細菌がそうである。こうした合成の抗生物質は、さらに意外な結論につながる。細菌は何万年、何百万年、あるいは未来永劫、遭遇しないかもしれない分子と闘う潜在能力を秘めているにちがいない。

これはとても説明がつかない。ばかげているように思える。進化は予知能力があって、人間がやがて非天然の抗生物質を発見し、合成し、使用することを予知していたのか？　進化は発見されないかもしれない抗生物質にさえ抵抗するよう、細菌に備えさせるのか？　この可能性で、ルイス・キャロルの小説『鏡の国のアリス』に出てくる白の騎士（ナイト）を思い出す。白のナイトは主人公のアリスを赤のナイトから救い出したとき、彼女に自分のさまざまな発明について話す。雨が貯まらないように蓋を底につけた箱や、ネズミが自分の馬の背に現われた場合に備えたネズミ取りの装置、といった具合だ。

「つまり」しばらくしてからナイトは続けました。「備えあれば、うれいなし！　この馬の足にこうした棘（とげ）のついた足輪をはめているのもそれゆえでござる。」

「でも、なんのためですか。」アリスはとても興味を覚えてたずねました。

「サメにかまれないようにするためでござる。」ナイトは答えました。「これはせっしゃの発明でござる。……」

（ルイス・キャロル『鏡の国のアリス』河合祥一郎訳、角川文庫[16]）

ほとんどの馬はサメに出会うことがないように、ほとんどの細菌は自分たちが備えて武装している合成薬剤に遭遇しない。その防御の潜在力は眠ったままだ。私たちがそうした薬剤を発見して、それで攻撃を始めた場合にのみ、その力は目覚める。そのような万一の事態に細菌を備えさせるのに必要な予知能力を、進化がもっているとは想像できない。

しかしこの謎には答えがある。そしてその答えはとても平凡だ。予知能力を必要としないのは確かだが、それを理解するには、生命の働き者分子に立ち返る必要がある。すなわち、構成単位のアミノ酸がつながったタンパク質と呼ばれる長い鎖だ。というのも、タンパク質は生命を保つのに必要なほとんどの仕事をするだけではない。抗生物質耐性も担っているのだ。

すでに述べたとおり、多くのタンパク質は自己組織化して――折り畳まれて――入り組んだ三次元の形になる。そのアミノ酸鎖は、周囲から飛び込んでくる無数のほかの分子に、たえずぶつかられる。

この衝突は、私たちが熱と呼ぶ分子の振動によって引き起こされる。それはタンパク質折り畳みを推進するエンジンでもある。タンパク質の三次元の形――折り畳み――のなかで、鎖では遠く離れていたアミノ酸が互いに近くになる部分もある。同じ糸の異なる部分が隣合わせになる毛糸の束に似ている。それらをつなぎとめるのは、近くにあるアミノ酸どうしを引き寄せる化学的な力である。折り畳みでできる形はタンパク質を構成するアミノ酸鎖によって異なり、その形がさまざまなタンパク質がもつ独自のスキルを生み出す。

前に言及しなかったのは、タンパク質の鎖は折り畳まれたあとでも、動くのをやめないことだ。その形は近くのアミノ酸間の化学的引力によってまとまっているが、熱振動に揉まれ続けるので、くねくねと動き震え続ける。こうした動きはほとんどのタンパク質が実行する仕事に不可欠であり、地球上のあらゆる生命に力を与える化学反応に触媒作用をおよぼす――反応を加速する――何千種類の酵素も例外ではない。そしてこうした酵素のなかには、抗生物質を引き裂いて破壊することによって、生体を守るものもある。

どうして分子の動きが酵素による加速マジックを可能にするのか理解するために、酵素が抗生物質を（またはどんな分子でも）引き裂くときに起こることを考えよう。まず酵素が抗生物質に付着する必要があり、そうする場所は結合ポケットと呼ばれる。このポケットに近いアミノ酸が、抗生物質のネガまたは鋳型のような形をつくる。手が手袋にはまるように抗生物質がこのポケットにはまるのだが、手はそれ自体の筋肉がくねくね動いて手袋に入りやすくできるのとちがって、ほとんどの分子は単独では動かない。分子が動くのはほかの分子がぶつかってくるからこそである――それは熱だ。抗生物質分子が細胞内ではずむと、さまざまな場所で酵素にぶつかり、結果的に正しい向きで結合ポケットに当たる可能性がある。そうなったとき、抗生物質はそこにしばらくとどまるが、最終的にはさらなる分子の跳ね返りで再び押しのけられる。この結合を引き延ばす可能性のある力はいろいろあって、たとえば、負に帯電した抗生物質と正に帯電した結合ポケットのあいだの電気的引力がそれである。

抗生物質が酵素にくっついている短い時間、酵素は振動し続け、この振動が次に起こることにとってきわめて重要だ。酵素の三次元形態のなかには、互いにくっつき合うので自由に動けないアミノ酸もあるのに対し、ある方向にのみ動けるアミノ酸もある。はさみの刃がピボットでつながっているので、一平面内でのみ動けるのに似ている。したがって、熱振動が全方向から酵素を押しまくっても、そのアミノ酸の引力と斥力（せきりょく）が振動を特定の方向に導く。

抗生物質を切り裂く酵素では、酵素の折り畳みがこうした動きを導き、特定のアミノ酸を分子が引き裂かれる必要のある場所にたたきつける。結果的に生じる衝突が抗生物質を裂く。はさみが紙を切り裂くのと似ているが、働く力は力学的なものではなく化学的なもので、原子間の引力と斥力がかかわる。裂かれた破片はやがて熱振動によって押しのけられ、触媒部位を離れる。酵素は振動を続けて、いつでも別の抗生物質分子と結合し、それを引き裂いて破壊できる。

すべての酵素が分子を引き裂くわけではない。分子を結び合わせたり、原子を再配列したりするものもあるが、それも作用の原理は同じだ。アミノ酸の三次元配列が熱振動を誘導して、分子を結合したり原子を再配列したりする運動をさせるのだ。単純な原理であり、進化によって何度も発見されていて、無数の化学反応の触媒となる何千という酵素に具現化されている。各酵素は自己組織化するナノマシンであり、自然界の目に見えない驚異である。

こうしたマシンのなかには、想像できないくらい動きの速いものもある。そのひとつは私たちの神経系の細胞内に存在する。この酵素は細胞の情報伝達を助ける。その仕事は、神経伝達物質が細胞間で情報を運んだあと、それをリサイクルするのを助けることだ。この酵素の分子ひとつが、毎秒一万個以上という驚異のスピードで神経伝達物質を結合し、引き裂き、破片を排出する。ひとつの化学反応を一〇〇兆倍に加速する[17]。

さらに速いのは、炭酸飲料の泡と関係する酵素だ。その泡をつくるために、飲料には二酸化炭素が含まれているが、これは水と接触すると炭酸を形成する。ソーダの瓶を開けると、炭酸分子の一部が自然にばらばらになる。そして二酸化炭素を放出し、それが瓶の壁に小さな気体の泡をつくる。この化学反応は反応促進剤がなくても起こるが、そのスピードは遅い。そしてそれは望ましいことだ。反応が速かったら、ソーダは二酸化炭素をすべて、泡の噴出という形で爆発的に放出するだろう。その一方、あなたの唾液にはこの反応を加速する酵素が含まれる。炭酸飲料をゴクゴク飲んだあとのシュワシュワする感覚の原因である。この酵素は、一秒に三〇万個以上の炭酸分子を引き裂き、二酸化炭素をすべて一気に放出できる（この酵素の真の仕事はあなたの飲む楽しみを増やすことではなく、胃液と血液の酸性度を調節することである[18]）。

酵素は動きが速いかもしれないが完璧ではなく、ここで話を古代の抗生物質耐性にもどそう。ピポットが少しゆるいハサミのように、酵素の誘導運動はずさんな場合もある。飛び込んできた分子をまちがったアミノ酸と結合してしまうかもしれない。あるいは、アミノ酸は正しいが、まちがった場所で結合する可能性もある。さらに、酵素は分子を結びつけるときも完璧ではない。小さな手が大きな手袋にすっと入るのと同じように、小さな分子は大きめの結合ポケットにくっつく可能性がある。そして手袋に三本指の手や曲がった指の手が収まる可能性があるように、形や電荷が合わないのに、それでも酵素と結びつく分子もある。

こうした理由から、一種類の化学反応を加速する酵素の多くは、ほかの反応も加速できる[19]。生化学者はこれを基質特異性の「ゆるい」酵素とも呼ぶ。多種多様な分子パートナーとの反応を触媒するからだ。

ゆるい酵素は一般に、優遇される反応をひとつもっている。そもそも進化がその酵素をつくったのは、その反応のためだ。この反応については大幅に加速する。そして、それほど優遇されない多種多様な反応もある。こうした反応への加速はそれほどではない。なぜなら、その形や運動はぴったりというわけではないからだ。

多くの抗生物質耐性のタンパク質は基質特異性がゆるく、このゆるさのおかげで、古来の抗生物質耐性の謎が解ける。[20]人工の合成抗生物質に対する耐性が、人類より古い可能性があるのはなぜか、そのような耐性が何千年も休眠状態になりえるのはなぜか、理解する助けになる。「ベータ・ラクタマーゼ」と呼ばれるゆるい耐性タンパク質ファミリーについて考えよう。その名前の由来は「ベータ・ラクタム」――原子四個の環――と、分子を引き裂く酵素を意味する接尾辞「アーゼ」である。要するに、ベータ・ラクタマーゼはベータ・ラクタムの環を引き裂いて壊す酵素なのだ。この環は有名な――そして自然に発生する――ペニシリンで生じるが、天然と合成を問わず、ほかにも多くの抗生物質に見られる。作用するベータ・ラクタマーゼはベータ・ラクタム環をもつ抗生物質によってそれぞれ異なるが、ここが重要なところで、ほとんどは一種類だけでなく、二種類、三種類、あるいはたくさんの抗生物質を破壊する。自然淘汰によって磨きをかけられて、一種類または二、三種類の抗生物質にはほぼ完璧にはまって、急速にそれを破壊する。ほかの抗生物質のことはもっとゆっくり壊す。[21]そのなかに、酵素が自然界では遭遇しない合成抗生物質もありえる。

抗生物質の破壊は細菌が生き延びる唯一の手段ではない。もうひとつは、有毒な分子を入ってくるのと同じ速さで細胞からくみ出すことだ。そのために細菌は、分子が害をおよぼす前にそれを取り除く「排出ポンプ」と呼ばれる特殊なタンパク質を使う。排出ポンプは細胞の内部と外部をつなぐ複雑なタンパク質のナノマシンだ。そこには運ばれる分子を通す穴がある。そのような分子が排出ポンプにくっつくと、ポンプは自分の形を変えて、そうした穴から分子を外界に押し出す。腸が食物を体から押し出すために収縮するのに少し似ている。[22]

排出ポンプは抗生物質だけでなく、さまざまな分子に対して働く。たとえば、私たちの腸内細菌はそれを使って、脂肪の消化を助けるために肝臓が生成する胆汁酸の分子を運び出す。胆汁酸は毒性が強いので、細菌はそれを取り除く必要があるのだ。そして胆汁酸を取り除くのに役立つのと同じポンプが、抗生物質を含めた多種多様なほかの分子を運び出すことができる。言いかえれば、排出ポンプは特異性がきわめてゆるいのであり、大きさと形が合うさまざまな分子を運び出すのだ。そしてこのゆるさが、決して遭遇しないかもしれない有毒な分子にポンプが備えるのにも役立つ。

ほかのゆるいタンパク質と同様、こうしたポンプは、はまりの悪い分子はゆっくり運び出す。そのような分子のひとつが抗生物質なら、十分な数が取り残されると細胞を殺すおそれがある。しかしこのような緊急事態にあっても、すべてが失われるわけではない。細菌はまだ技をひそかに用意していて、進化が抗生物質との軍拡競争でどれだけ巧妙に立ち回るかをわかりやすく示している。細菌は生き延びるためにポンプをパワーアップできるのだ。そのやり方を説明しよう。

細胞は遺伝子のＤＮＡ情報を読み取ることによって、あらゆるタンパク質をつくり出す――すなわちタンパク質をコードする遺伝子を「発現」させるのだ。しかし細胞は一般に、この情報を一度だけ発現させて、ポンプタンパク質をひとつだけつくり出すわけではない。何度か発現させ、多数のポンプをつくり出す。[23]ポンプそれぞれは、細胞を外界と隔てる膜にたどり着き、そこに自らを取りつける――これもまた分子の自己組織化を示す驚異的な例である。細胞が抗生物質であふれるとポンプは過負荷になる。しかしそうなったときでも、細胞はまだ自分で何とかできる。ポンプの製造を始められるのだ。一〇倍のポンプなら一〇倍の抗生物質をくみ出すことになり、生き延びるには十分かもしれない。

遺伝子を何度も発現させるというこの技は、ただ単に細胞が生き延びるのを助けるだけではない。タンパク質が――排出ポンプだけでなくどんなタンパク質でも――何をするか、その休眠している才能がどれだけ広まっているのかを、研究者が調べる役にも立つのだ。そのために研究者は遺伝子工学を用いて、遺伝子を「過剰発現」させ、それによってあるタンパク質を通常より多く生成する細胞をつくり出す。これがどれだけ役に立つかを確認するために、ゆるい酵素と、それが加速する多様な反応のひとつについて考えよう。この反応は非常にゆっくり進展し、酵素はそれをほとんど加速しないとする。その結果、反応から生まれる分子はごく少量だけである。この量はあまりに少ないので、最高の科学装置でも検出できないかもしれない。しかしこの酵素を過剰発現させ、たくさんつくり出すと、この量が検出可能になる可能性があり、もしそうなれば、以前は検出不可能だった酵素の眠れる才能が正体を現わすのだ。さらに研究者は、異なる細胞が異なるタンパク質を過剰生成するように、これを複数のタンパク質に対して行ない、こうしたタンパク質のどれかが生存率を高められるかどうかを問うことができる。

ニュージーランドの研究チームがこれと同じような実験を、感動的な規模で行なった。四〇〇〇種類以上の遺伝子操作された大腸菌細胞をつくり出し、各種類の細胞が四〇〇〇の異なる遺伝子のひとつを過剰発現するようにした。チームが発見したことも同じくらい感動的だった。こうしたタンパク質の過剰発現は、細菌を抗生物質耐性にしたのだ。しかもひとつだけでなく、四一種類の抗生物質に対してであり、天然のものも人工のものもあった。さらに、細菌にとって致命的にもなりえる四五種類の毒素に対する耐性も獲得した。要するに、分子マシンが完璧でないからこそ生まれる、毒に抵抗する潜在的な能力は計り知れないのだ。原因となるタンパク質には、排出ポンプや解毒酵素のようなおなじみのものもあるが、耐性とのつながりが明らかではないタンパク質も含まれていた。その一例が、ソーダ水の泡を感じさせるのと同じタンパク質だった。[24]

この驚異的な耐性潜在力は、先住民族から採取した細菌や何百万年も封印されていた洞窟の細菌が、多種多様な抗生物質に耐性をもつことができる理由を説明する――そういう細菌には、見たこともない化学兵器を無力化するのに役立つ、ゆるい酵素とポンプが隠されているのだ。それだけでなく、どうやって強い抗生物質耐性――無防備な患者にとっては致命的なもの――が、検出不能なほど弱い耐性から急速に生まれることがありえるのかも説明する。細菌はそのような抗生物質耐性をほぼ瞬時に進化させることができるのだ。新しい耐性細菌がクリニック経由で世界中に広まるのに数年かかるのとくらべて、はるかに速い。実際、抗生物質耐性はあまりに速く進化するので、その進化をリアルタイムで、実験室で観察することもできる。それこそが、チューリッヒ大学の私の研究室にいるような研究者が、増え続ける抗生物質に耐えて生き延びるように細菌を挑発するとき、わかることなのだ。

そうした研究者の一人が、以前私の研究室にいたインド人の博士研究者、シュラッダー・カルヴである。私がシュラッダーを採用したのは、抗生物質や重金属のような、必須酵素を不活性化するさまざまな有害物質が存在する厳しい環境で、細菌がどう生き延びるかに深い関心をもっていたからだ。彼女はインドで大学院生だったとき、すでに進化実験を行なっていて、この以前の研究から、彼女にはシンプルだが有益な実験を設計する才覚があることを、私は知っていた。実験とは自然に問いかける方法なのだが、たいていの場合、自然が出す答えは漠然としているか、不明確か、あいまいである。最も優秀な実験者は、明確で具体的な答えを返すように強いるやり方で、自然に質問を投げかける方法を知っている。証人を尋問するとき、必要な情報を正確に引き出す有能な法廷弁護士のようなものだ。これはきわめて貴重な――多くの科学者志望者は獲得していない――スキルだが、シュラッダーはそれを豊富に身につけていた。彼女のこのスキルを生かした実験で、進化がいかに速く新しい抗生物質耐性を進化させるかがわかったが、それだけではない。進化は多種多様な新しい眠れる才能をもつ生物を、すばやくつくり出せることもわかった。

シュラッダーはまず、大腸菌の細胞を少量のトリメトプリムと呼ばれる抗生物質にさらした。細胞が死なない程度の量だ。次の二四日間で、彼女は徐々にその量を増やした。二四日は進化にとってわずかな時間だが、この短期間でも、細胞は一〇〇〇倍の量の抗生物質でも繁殖するように進化した。シュラッダーの実験のこの部分は、進化がどれだけ速く――四週間未満で――抗生物質耐性を大幅に強められるかを実証している。しかしこれは第一部にすぎなかった。第二部はもっと重要だった。彼女は進化した細菌を九五種類の厳しい環境に置いた。祖先――彼女が実験を始めたときの細胞――は生き延びられなかった環境だ。抗生物質が存在する環境もあったが、重金属、洗剤、酸化剤、有毒塩のような、異なる毒が存在する環境もあった。そして彼女は、細胞がそれらの環境のどれかで生き延びられるかと問いかけた。これは妙な問いのように思えるかもしれない。細菌はそうした環境で生きたことはないのだから、そこで生き延びるのを進化が助けるわけがあるだろうか？　しかしそれこそまさにシュラッダーが見いだしたことだった。進化した細菌は、生息したことのない、祖先は生きられなかったであろう、一六の新しい環境で生き延びることができるようになったのだ。

この実験結果は、まぐれ当たりだった可能性もある。異例であり、二度と目にすることはない、一回限りの珍しい観察結果だったかもしれない。そこで私たちは、その可能性を排除するために科学者がつねにやることをした。実験を繰り返したのだ。実際、私たちはさらなる情報を得るために、ほんなる抗生物質への耐性を選択した。そして毎回、結果は同じだった。第一に、細菌は数週間以内にその抗生物質への強い耐性を進化させた。第二に、それまで遭遇したことのなかった多様なほかの有害環境でも生き延びられるようになった。

シュラッダーはそこでやめることもできたが、もしそうしていたら、なぜそれが起こりえるのかを知ることはできなかっただろう。進化には予知能力があるという可能性が残されていたかもしれない。そこで私たちは、シュラッダーの進化した細菌のゲノム全体――およそ四五〇万のDNA文字――の配列を決定すべきだと判断した。そうすることによって、抗生物質耐性の強化だけでなく、遭遇したこともない新しい環境での生存も説明できる、DNA変異を特定できると望んだのだ。そして私たちの望みはかなった。ゲノムそれぞれがDNA変異を獲得していて、そのなかに、基質特異性がゆるいことがわかっていて、毒への耐性にかかわるタンパク質を変化させたものがあった。たとえば、例のゆるい排出ポンプの製造を始める変異もあった。予知能力は必要なかった。ゆるさで十分だったのだ。[25]

すべては医療にとってまずい事態だ。抗生物質耐性はほぼ瞬時に進化するだけではなく、耐性を強めるDNA変異は細菌が遭遇したことのない毒に耐えることも可能にする。つまり、私たちは決定的に勝つことができない軍拡競争に参加しているのだ。細菌はすでに、私たちが展開するどんな新しい抗生物質に対しても、休眠状態の耐性を秘めているのかもしれない。もしそうでないとしても、この耐性を急速に進化させ、そうするなかで、私たちがまだ発見してさえいないような、さらなる抗生物質も切り抜ける能力を生み出すことができる。新しい抗生物質は眠っている微生物の才能を目覚めさせるだけでなく、そのような才能をさらに生み出すのを助けているのだ。この軍拡競争でイノベーションを起こす自然の潜在能力は底なしに思える。

　これが憂鬱な話に感じられるとしても、私たちはこの競争に必ずしも、少なくとも永遠に、負け続けるわけではないことを、心にとめておくべきだ。新しく開発された抗生物質は、それに対する耐性が広がるまで、しばらくは確かに効くのだ。医師が必要とされる場合だけ処方すれば、その有効年数は延びる可能性もある。それによって、さらなる抗生物質を開発したり、ウイルスで細菌を殺すなど、まったく新しい戦略を考案したりする時間を稼げる。私たちが創意工夫の才と資源を賢く使えば、軍拡競争の負けを微生物に認める必要はない。しかし長い目で見ると、私たちは微生物と共存することを学ばなくてはならない。

⋆　⋆　⋆

　生物が繁栄するためには、環境に致死毒があってはならない。しかしそれで十分ではない。環境は体をつくる必須材料とエネルギーを提供する栄養も、生物に供給しなくてはならない。こうした栄養は、抗生物質耐性タンパク質と同じ化学法則にしたがう代謝酵素によって消化される。とくに、代謝酵素も特異性のゆるさの原因――ずさんな分子運動――の影響下にある。そのためゆるさとその影響は、薬剤耐性をはるかに超えて広がる。代謝のすべて、生命を維持する化学反応の複雑な道路網すべてに影響するのだ。そしてそれこそが、代謝が膨大な眠れる潜在能力、すなわち生物が遭遇したことのない栄養物を利用する能力を秘めている理由である。

　ここで大腸菌の話にもどろう。何千人もの研究者によって一世紀以上にわたって研究されている細菌だからだ。[26]その酵素のゆるさについて発見されていることは、注目に値する。大腸菌を生かしている一〇〇〇を超える酵素のうち、三〇〇以上がゆるい酵素なのだ。[27]この推定値は小さすぎるかもしれない。なぜなら、大腸菌についての知識はまだ不完全だからだ。この分子の詰まった小さな生きた袋でさえ、想像を絶するほど複雑である。わかっているよりはるかに多くの酵素がゆるい可能性があり、ゆるい酵素はまだ知られていないさまざまな反応の触媒になるのかもしれない。しかし現在知られていることからでも、大腸菌の代謝のゆるさは、注目すべき影響を与えることはわかる。たとえば、そのゆるさのおかげで、大腸菌は本来なら糧にできない一九種類の「食物」を消化できる。なぜなら、ゆるい酵素は無益な分子から有益な栄養素をつくり出すのを助けるからだ。[28]

その代謝のゆるさがもつ力は、別の注目すべき実験によって明らかにされている。この実験を行なったのはオックスフォード大学のマカレナ・トール＝リエラで、やはり私の研究室の博士研究者だった人物だ。

マカレナは九五の細菌群で実験し、それぞれが異なる環境で進化するようにした。ひとつの環境には一種類の栄養素しか存在せず、栄養素は環境ごとに異なる。[29]実験の開始時、細菌が生き延びられる環境もあれば、生きられない環境もあった。実験の終わりまでに、細菌のゲノムのＤＮＡは変化し、そのおかげで四つを除くすべての環境に適応できた。すでに生き延びることができていた環境では、より速く成長して分裂するようになり、以前は餓死していた環境でも生き延びた。この進化すべてに要したのはわずか三〇日だった。

それがすでに注目すべき発見だが、次に起きたことはさらに驚異的だった。九五の進化した細菌それぞれは、進化中に経験したことのない九四のほかの環境でもうまく生き延びるのだろうか、とマカレナは疑問に思った。これもまた妙な疑問だ――細菌はどれもそうした環境で生きたことがないのだから、どうしてそこで繁殖できるだろう？　しかし酵素に眠っている才能があるとき、まさにそれが起きる可能性がある。実際、進化した細菌は生息したことのない新しい環境で、しかもひとつだけでなく平均して一六の環境で、よく成長した。[30]

　このような実験は、進化がどれだけ速く生物の運命を向上させ、眠っている潜在能力を目覚めさせられるかを示しているが、この潜在能力の真の深さを掘り下げるまでには至っていない。ゆるい酵素は実際に何種類の分子パートナーをもてるのかを問いかけてはいないのだ。それを知るためには、ちがう種類の実験が必要である。この実験では、ひとつの酵素をさまざまな分子にさらして、酵素が反応を助けるのはそうした分子のうちのいくつか、またはすべて、またはほとんどなのかを問う。

　そのような実験のひとつでは、異なる分子間でリン酸塩を移動させる、とくに重要で一般的な酵素に焦点を合わせている。リン酸塩――一個のリン原子に四個の酸素原子が結びついた化合物――は生きている細胞のあらゆる場所にある。私たちのＤＮＡの構成単位はひとつ残らずリン酸塩を含み、生命の普遍的なエネルギー運搬装置であるＡＴＰにはリン酸塩が三個入っていて、多くのタンパク質はリン酸塩を付着させることによってスイッチのオンオフができる、等々。だからこそリン酸塩が関与する反応は重要であり、生物は分子間でリン酸塩を移動させる酵素を、ひとつだけでなくたくさん生成するのだ。

　二〇一五年の研究では、二〇〇ものそのような酵素それぞれを、リン酸塩を含む一六七種類の分子にさらして調べた。すべての酵素と分子のペア――一万六〇〇〇組あまり――について、酵素が分子の反応を触媒できるかを問いかけたのだ。答えははっきり「イエス」だった。半分以上の酵素が六から四〇の分子の反応の触媒となり、五〇の酵素は最大一四三もの分子の反応の触媒となったのだ。[31]

　細菌がもつ一〇〇〇かそこらの酵素それぞれが、およそ五つの反応――先ほどのような実験を考えれば控えめな推定値――の触媒を助けられるなら、その代謝は五〇〇〇の反応を加速できる。ゆるさがないときの五倍、どこかひとつの場所で生き延びるのに必要なものよりはるかに多い。

この代謝の潜在能力は、ふつうは有毒な分子にまでおよぶ可能性がある。細菌が抗生物質を耐えて生き延びる能力についてはすでに述べたが、それをはるかに超えることができる細菌もいる――抗生物質を栄養素として利用できるのだ。抗生物質の原子結合には新しい細胞をつくるためのエネルギーと炭素が豊富に含まれている。細胞が殺されずに、こうした資源を取り込むことができればの話だが、実際、それができる細胞もある。二〇〇八年の研究では、世界各地の土壌から取り出した細菌に、医師がそれを殺すのに使うのと同じ抗生物質を強制的に与えた。すると驚くべきことに、どの土壌にも、抗生物質に耐えて生き延びられるだけでなく、それをエネルギーと炭素の唯一の源として利用できる細菌が生息していた。こうした細菌は、人間の接触が最小限の自然のままの土壌から取り出したものであり、抗生物質のなかには自然界では発生しないものもある。細菌の代謝の潜在能力は、毒を栄養物に変えることさえできるのだ[32]。

細菌間の遺伝子伝播は、この代謝の潜在能力をさらに高める。前章で述べたとおり、伝えられた遺伝子――およびコードされている酵素――は、代謝の高速道路網に新しい道路を建設するだけでなく、既存の道路間の新たな連絡もつくる[33]。そのような酵素のいずれかひとつによってつくられた新しい代謝の交通は、それがゆるい酵素でなくても、多様な新しい環境で細胞が生き延びるのを助けられる。ゆるい酵素は多様な代謝の道路をつなぐことができるので、この潜在能力をさらに高める。

細胞は極小だがイノベーション潜在能力の塊であり、この潜在能力はあまりに偉大なので、それに対する理解は始まったばかりだ。しかも代謝で終わりではない。なにしろ化学反応の加速は、細胞を生かしておくために欠かせない多くの仕事のひとつにすぎない。もうひとつ挙げられるのは遺伝子のオンオフである。酵素にはそれもできることがわかっている。酵素はただの柔軟な触媒をはるかに超えたものなのだ。

細胞がタンパク質をつくるために遺伝子内の情報を発現させるとき、まず遺伝子のＲＮＡコピーを転写する。この過程をつかさどるのが、「転写調節因子」と呼ばれる特殊なタンパク質である。この調節因子は遺伝子の転写をオンオフすることができる。それだけでなく、ＲＮＡコピーがいくつ作成されるかも調節する――ＲＮＡコピーが多ければ多いほど、細胞が翻訳できるタンパク質が多くなる。

調節因子が作用するには、まず遺伝子の開始点近くの短いＤＮＡにくっつく。この付着が細胞に転写を始められると伝えるのだ[34]。細胞は数十から数百のこうした調節因子を抱えていて、それぞれが異なる遺伝子セットを調節する。栄養豊富な糖の消化をつかさどる遺伝子を調節するものもあれば、過度な熱から細胞を守る遺伝子を調節するものもあり、さらには傷ついたＤＮＡを修理する遺伝子を調節するものもある。

調節因子であるために必要なこと――ＤＮＡに結合し、転写を制御する――は、酵素であるために必要なことと異なる。しかし意外にも、調節因子を兼務する酵素もある。そのひとつが、代謝がアミノ酸のアルギニンを構築するのを助ける酵素だ。同じ酵素がアルギニン構築と関係のない遺伝子を調節することもできる。細胞がエネルギーを生成するのに酸素を使うとき必要とされる遺伝子だ[35]。

ここで少し、これがどれだけすごいことかを強調させてほしい。ゆるい酵素がギターも弾ける名ピアニストのようなものだとしたら、調節因子と酵素を兼務するようなタンパク質は、熟練の航空機エンジニアか医師でもある音楽家のようなものだ。そのスキルの幅は、進化によって育まれたものをはるかに超えて広がっている。

生化学者はそのようなタンパク質をムーンライティング（副業）タンパク質と呼ぶ。なぜなら日中の仕事に加えて、酵素の仕事より多様なスキルを必要とする副業を、ひとつ以上もっているからだ。しかしこの副業をたんなる趣味と考えてはいけない。生存に欠かせない可能性がある。

そのような多才なタンパク質は何百と知られているが、最も驚異的なのは、ヒトその他の動物の眼に生じるものだ。それは私たちがものを見るのを助ける。[36]

私たちの眼のレンズは光を焦点に集めるために、焦点を近くに合わせるか遠くの物体に合わせるかに応じて形を変える。レンズの材料が光線の向きを変えるのであり、水が空中から入る光を屈折させるのに似ている。光を屈折させるには、レンズは周囲の媒質より高密度である必要があり、それを実現するのが、レンズに高濃度で含まれるタンパク質――クリスタリン――である。ほかの多くのタンパク質が高濃度のときには不透明な塊になるのに対し、クリスタリンはレンズのなかで透明なままである（たとえば紫外線などによって損傷を受けたときにかぎり塊になる。そうなるとレンズは白内障を形成する――すなわちレンズが曇り、私たちは失明する）。

クリスタリンの透明度よりさらに注目すべきは、その出自である。クリスタリンは眼だけでなく体内のほかのさまざまな器官でも生じ、そこでは異なる仕事を担う。すなわち化学反応の触媒だ。つまり、クリスタリンは代謝の酵素でもあるのだ。こうした触媒のなかには、眼が進化するより前から存在するほど古いものもある。しかし眼が進化したとき、進化は酵素の調節を変えて、眼がそれをたくさん産生するようにした。クリスタリンの仕事は言わば副業である。その進化に必要だったタンパク質の眠れる才能はきわめてシンプルで、過剰に産生されたときに透明のままであることなのだ。[37]

計り知れない潜在能力をもつ分子を隠しているのは、動物と細菌だけではない。植物もしかり。植物は自分の根や葉などを常食とする多くの敵から逃げることができないので、特別な力を進化させなくてはならなかった――化学防御だ。受動攻撃性の高度な形だと考えてほしい。そしてそこでは、多才な分子が重要な役割を果たすことがわかっている。

この特別な力の例が、前に述べた兵器となる粘着性の植物分泌物、ラテックスと樹脂である。しかしこれは、植物の巨大な化学兵器倉庫に収まっている武器の一例にすぎない。ほかには、たとえば「シアン化物」分子がある。この名前がすべてを語っている。動物がそのような分子を含む植物にかぶりつくと、分子がシアン化物を放出するが、これはナチスがアウシュヴィッツ収容所のガス室で、収容者を虐殺するのに使ったのと同じ致死毒である。キャッサバイモ――アフリカと南アメリカの主食――にはそのような分子が含まれているので、その塊茎（かいけい）を調理するか水に浸すかしないで食べると、シアン化物中毒を起こす。こうしたシアン化物を放出する毒ということになると、植物は多産の発明家であり、六〇種類も進化させている。[38]

もっと多様――そして同じくらい巧妙――なのは、動物のホルモンに似た分子である。最もよく知られているのはエクジソン、昆虫が成長するにつれて硬いキチン質の装甲を脱いで交換するのを助けるホルモンだ。青虫がチョウになるのも助ける。植物はこうした分子の独自の変異体――わかっていて集計されているものだけで二〇〇以上――をつくり、自分を常食とする昆虫の成長と発育に干渉する。[39]

熟していない果物にかぶりついたとき渋くて口がしぼむのは、タンニンのせいだ。それは消化管を狙った化学兵器であり、そこにある消化酵素と植物性タンパク質を結びつけて、消化しにくくする。タンニンは九〇〇〇以上の成員を抱える防御化学物質の巨大な集団に属している。しかしその数も、一万二〇〇〇というアルカロイドにくらべれば小さい。ニコチンやカフェインのような快楽目的の成分として知られているものもあるが、実際には草食動物に対する化学防御である。たとえばニコチンは神経の情報伝達を阻害するので、草食動物にとってきわめて有害だ。[40]

総じて、植物が産生することがわかっている分子は二〇万種類あり、わかっていない分子はそれよりはるかに多いかもしれない。こうした分子の大部分は植物の生命にとって必須ではないが、化学戦争のような場で特殊な役割を果たす。[41] 私がこの化学的多様性に言及するのは、それがゆるい酵素なしでは存在しないからだ。その背後にある酵素は、栄養素からエネルギーを引き出す代謝酵素のようなものではない。単純な分子から複雑な分子を構築する「生合成」酵素である。そしてゆるい生合成酵素は、多種多様な複雑な分子を産生するさまざまな反応の触媒となる。そのような酵素は、植物がひとつの防御化学物質だけでなく、複雑なその混合物を産生するのを助ける。たとえば植物のタバコがもつ酵素は、真菌感染症を撃退する分子の構築を助け、この酵素は副産物として二四ものほかの分子も産生する。[42]

この点に関してとくに有能なのは、シトクロムＰ４５０と呼ばれる酵素だ。なにしろ何百種類もの反応の触媒となるものもある。[43] さらに、生物圏にはこの酵素の変異体が五万種類以上あり、触媒となる反応の範囲もそれぞれ異なる。多くの種は複数のシトクロムを産生し、植物種はたいていたくさん産生する。たとえばイネだけでも、このゆるい酵素の変異体を四〇〇種類以上もっている。[44] このようなゆるさは、植物における化学物質の多様性を説明するのにおおいに役立つ。

こうした化学物質で役立つのは一部だけである。残りは白のナイトの発明と同じくらい役立たずかもしれない。少なくとも植物が適切な環境に遭遇するまでは。そうなったときには、有力な武器になる可能性がある。それどころか新しい環境さえあれば、植物は行く手にあるものすべてを全滅させる破壊的な侵略者に変わるのだ。侵入植物とも呼ばれ、入り込んだ先の環境をめちゃくちゃにするおそれがある。[45]

その一例が、ほぼ一世紀にわたってアメリカを悩ませている種である。その名はクズ、攻撃的に登攀して広がるつる植物だ。一八〇〇年代末にアジアからアメリカに入ってきて、一九三〇年代、砂塵（さじん）嵐が吹き荒れたダスト・ボウル時代に、土壌浸食に対抗するために使われた。[46] しかしそれ以来、有害な雑草になっている。アメリカ南部に広がり、行く手にあるものすべてをあっという間に征服してしまった。ほかの植物だけでなく、乗り捨てられた車や廃墟になったビルをも、息の詰まるような大量の緑の葉で覆いつくしたのだ。クズは猛スピードで成長するので、第二次世界大戦中にはアメリカ軍が太平洋諸島で、自分たちの武器を隠すためにその密集した葉のじゅうたんを利用した。

陸上と同じことが水上でも起こる。ホテイアオイは一八〇〇年代に南アメリカから観賞用の池の植物として、とりわけ華麗な薄紫の花をめでるために初めて導入された。しかしやはり衝撃的なのは、繁殖して広がる速さである。その手段は、毎年植物が放出する三〇〇〇もの種子か、あるいはたえず新しい植物を発芽させる匍匐枝(ランナー)だ。その結果、ホテイアオイは驚異のスピードで成長する。アフリカのビクトリア湖では一日に一二エーカー（約五万平方メートル）という報告がある。あっという間に、上を歩けるほど密集した組織のマットで、河川を覆いつくす可能性があるのだ。しかもこのマットはほかの植物から光を奪うだけではなく、空気が水に溶けるのを阻止して魚も殺す。用水路をふさぎ、航路を妨害し、漁船のプロペラに絡みつき、水力発電所の取水を邪魔する。アメリカだけでも一年に一二〇〇億ドル相当の損害を生み出している。

注目すべきは、このような侵入植物は一般に、自生生息地でもたらす破壊ははるかに少ないことである。新しい土地に入ったときに限って、手に負えなくなるのだ。理由のひとつは天敵がいないことである。たとえば、自生生息地の南アメリカでホテイアオイを常食とし、その繁殖を抑制するゾウムシとガは、ほかの場所では発生しない。だからこそ、新しい土地ではこうした昆虫を放つことが、侵入のスピードを抑える助けになりうる。[47]

しかし、侵入者が自生の植物相を強引に押しつぶす理由は、天敵からの解放だけではない。多くの侵入植物は、防御と攻撃の境界線をあいまいにする化学物質も産生する。ほかの種の種子が発芽するのを止める物質もあれば、競争相手の根をしなびさせる物質もある。さらに、もっとずる賢いものもある。その化学物質は、競争相手の植物種から漂う花の魅力的な香りを隠してしまう。そうすることで、競争相手の花の受粉を助ける昆虫を惑わせ、競争相手の繁殖を邪魔するのだ[48]。

こうした化学物質のなかには、侵入先の土地の植物にとってとくに壊滅的なものもある。もともと自生していた土地の植物には適応する時間があったので攻撃者と共存することができるが、侵入先の土地の植物はこうした化学物質を経験したことはなかっただろう。そのため、それに対して無防備なのだ。

そのような化学兵器を使う侵入種の一例がマツである。おもに北半球に自生するが、南アフリカ、オーストラリア、南アメリカへの侵入に成功し、その地の自生種を脅かしている[49]。マツが落とす針葉は、ほかの植物の成長を妨げる化学物質を放出する。そのためマツの木立の地面は、たとえ光と湿度が十分でも、たいてい不毛である[50]。

もうひとつの例は、ケンタウレア・マキュローサー（斑点のあるヤグルマギクの意）。害のないように見える植物で、枝分かれした茎が高さ一メートルまで伸び、先端に羽毛のような紫色の花が咲く。ヨーロッパからアメリカに侵入して以降、二万八〇〇〇平方キロ以上に広がっている。アメリカ農務省はこれを有害雑草と呼ぶ。放牧牛が好むものを含めて、周囲の植物の成長を抑えてしまうからだ。この植物が産生する独自の除草物質は、近くにある種子が発芽するのを阻止するカテキンと呼ばれる分子である[51]。

また別の侵入種には、世界最悪の雑草一〇位以内という不名誉な地位が与えられている。それはツルヒヨドリ（*Mikania micrantha*）で、南北アメリカ原産だがアジアに侵入し、そこで急速に広がりつつある。その理由のひとつは、産生される七九種類の化学物質の混合物であり、根と葉から抽出されるその化学物質は、二〇種の木の成長を抑制する。[52]

そのような化学物質の混合物の成分には、植物の自生地ですでに有益だったものもあるかもしれない。ゆるい酵素の無益な副産物もあるかもしれない。さらに、自国では役に立たないが、外国で有能な武器になるものもあるかもしれない。それは潜在能力が眠っている分子だ。適切な環境では、侵略的外来種としてこの潜在能力がほとばしり出る可能性がある。

＊　＊　＊

進化は古いものに新しい用途を与えるという考えは根が深い。少なくともダーウィンの『種の起源』までさかのぼる。彼はそこで例として、肺魚の浮き袋に言及している。[53] 気体の詰まったこの袋は、魚が浮力をコントロールして、エネルギーを使わずに現在の水深にとどまるのを助ける。潜水艦のバラストタンクのようなものだ。[54] もともとは腸の付属器官だったが、ずっとあとになって魚が陸地を征服し始めたとき、浮力コントロールとは関係ない理由で役に立つことが証明される。すなわち、大気から酸素を引き出すのを助けている。私たちの空気呼吸生活は、浮き袋が秘めていた肺になる潜在能力のおかげなのだ。

中学高校の生物学には、たくさんの似たような例が出てくる。爬虫類の顎の骨は、私たちの鼓膜から内耳に音を伝える三つの小さな骨に変わった。[55] 鳥類を空中にとどめておく羽は、もともとは温かさや乾燥を保つ役割を果たしていた。ニュージーランド原産のミヤマオウムの鋭いくちばしは種子を食べるのに役立つが、ヒツジがニュージーランドにもち込まれると、ヒツジの皮膚に食い込んで、ミヤマオウムがその肉を食べることも可能にした。[56]

長いあいだ、浮き袋のような特性は「前適応」と呼ばれていた。ただの適応ではないからだ。空気呼吸のような仕事に、その仕事が存在する前から、ぴったり適していたのだ。しかし多くの生物学者はその言葉を疑いの目で見る。私たちの祖先である魚の内部の何かが、空気呼吸がいつの日か最新のスキルになると知っていたかのように、進化に先見の明があると――まちがったことを――ほのめかす言葉である。

一九八二年になってようやく、生物学者はこの言葉を避けるようになった。古生物学者のスティーヴン・ジェイ・グールドとエリザベス・ヴルバが、新しいもっとしゃれた言葉を考え出したときだ。「外適応」である。彼らの造語が生き残ったのは、新しいのであまり含みがなかったからかもしれない。それ以降、中耳の骨は聴覚への外適応――顎の骨からの外適応――であり、羽は飛行への外適応である、などと言われる[57]。

グールドとヴルバがこの言葉を考え出したとき、生物学はすでに分子の時代に突入していた。一九五三年にＤＮＡの二重らせん構造が発見されたときに始まった時代だ。まもなく、生命の分子は外適応の豊富な情報源であることが明らかになった。おそらく、羽や骨のような大きい構造物を上回るだろう。たとえば、私たちのような哺乳類は乳糖を生成するために、起源が乳とはほとんど関係のないタンパク質を必要とする。唾液中の細菌を殺す別のタンパク質から進化したのだ。このタンパク質――リゾチーム――は古来のもので、哺乳類より古く、動物より古い可能性がある。というのも、あるタイプのそれを生成する細菌もいる。細菌を殺すためにそれを使うウイルスまでいる[58]。

ほかにも例として挙げられるのは、代謝酵素から外適応した副業するクリスタリンだ。南極圏の魚の血が凍るのを防ぐタンパク質もそうだが、これは膵臓（すいぞう）にある酵素に関係している[59]。こうした外適応すべてにおいて、新しくて役に立つものが古くて役に立たないものから発生している。

古い殻を破るのはゆるいタンパク質だ。未接触のヤノマミ族の体では、二一世紀の抗生物質を破壊するタンパク質は役に立たない。好敵手がいないのに防御化学物質を産生するゆるい酵素の能力もしかり。それらは何の役に立つのかわからない能力であり、何であれ、酵素がやっているほかのことの副産物である。この意味で、白のナイトの発明に似ている。適切な抗生物質や適切な敵が現われて役立つようになると、外適応になるわけだが、生物学の教科書どおりのものではない。ただ単に、役立つものをほかの役立つものに変えるのではない。役に立たないものを役立つものに変えるのであり、しかもそれを、タンパク質を改善する珍しくて貴重なＤＮＡの変異なしに行なう。必要なのは、環境の変化だけである。[60]

非常に多くの――すべてと言われることもある――酵素は特異性がゆるいので、現生のありとあらゆる細胞は、そのような未開発の潜在能力をもつたくさんの分子を秘めているのだ。[61] それは生命を続行させるタンパク質の世界の眠り姫である。この世界では、白のナイトの発明が適応に数で上回る。細菌の酵素は生存に必要な数の何倍も多い反応の触媒になりうるのと同じだ。イノベーションを起こす自然の潜在能力は、いついかなるときでも、イノベーションの必要性を上回るのかもしれない。ダーウィンもグールドも、この未開拓の潜在能力がいかに大きいかについて、わかっていなかった。その下には、さらに創造力豊かな別の生物学的イノベーションの層があることも知らなかった。

# 第５章　遺伝子の誕生

廃品置き場に、ボーイング７４７のあらゆる部品がばらばらにされ、無秩序な状態で置かれている。そこにたまたま、つむじ風が吹き抜ける。そのあと、完全に組み立てられていつでも飛べる７４７が姿を現わす可能性はどれだけあるだろう？　宇宙全体が廃品置き場だらけになって、そこをトルネードが吹き抜けたとしても、その可能性はきわめて小さい。[1]

この一節は、二〇世紀のイギリス人天文学者フレッド・ホイルによるものだ。生命は地球で始まったのではなく、外宇宙から種子がまかれたのだとする「パンスペルミア説」という考えを主張するのに使った。この言説はホイルの誤謬とも呼ばれる。どこがおかしいかというと、ボーイング７４７はたった一回の出来事で組み立てられるはずだという考えである。現在、まともな生物学者のなかには、進化がこのように作用すると考える人はいない。進化は一気に跳躍するのではなく、小さく一歩ずつ展開するのだ。各ステップが維持されたうえでなければ——それは自然淘汰の重要な仕事である——次のステップには進めない。

いかれた考えは脇に置いておくとして、生物学者はダーウィンの時代以降、進化のステップが実際にどれだけ小さいかについて議論している。現在有力な考えは、ほとんどのステップは非常に小さいので事実上はっきりわからない、というものだ。この見解は漸進説と呼ばれ、ダーウィン自身も同意見だった。漸進説は、多くの種が進化の過程でゆっくり変化することに裏づけられている。さらに、ＤＮＡの変異とそれがどうゲノムを変えるかについて、わかっていることとも合致する。多くの変異が変えるのは、ゲノム中に何百万とあるＤＮＡ文字の一個だけなので、何千というタンパク質のなかで一度に変えられるのは一個だけである。そのような変異はたいてい、生体全体にほんの少ししか影響を与えない。

　漸進説の考えは、進化がどうやって生命の新しい機能をつくり出すかにも当てはまる。新しいタンパク質と新しい遺伝子の起源を考えてみよう。それは一連のＤＮＡヌクレオチドであり、細胞によってそっくりのＲＮＡコピーに転写され、そのあとタンパク質をつくるアミノ酸鎖に翻訳される。次に示すのは、優れた専門家が新しいタンパク質と遺伝子の起源について書いたものだ。

「機能タンパク質がアミノ酸のランダムな結合によって新たに（デノボ）出現する可能性は、実質的にゼロである。生体においては……まったく新しいヌクレオチド配列の生成は重要性をもちえない……」[2]

ただの専門家ではない。フランス人ノーベル賞受賞者のフランソワ・ジャコブ、二〇世紀の遺伝学を代表する人物であり、遺伝子が転写され翻訳されるタイミングを、細胞がどうやって決めるかを明らかにしたのだ。

　ジャコブの言説の引用元は一九七七年の著名な小論であり、そこで論じられている適用範囲を広げた漸進説は、今日広く認められている。すなわち、進化はよろず修繕屋で、その作業場にはがらくたや、さまざまな状態の組み立てと修理の装置、用途がなかば忘れられている機器、そして使える可能性と壊れている可能性が同じくらいの無数の道具があふれている。そしてよろず修繕屋と同様、進化はそこにある部品をもてあそび、いじり、修繕して、まったく新しい仕掛けや装置や分子マシンに組み立てる。言いかえれば、進化は生命の既存のパーツを修正して、新しいパーツをつくり出す――腕から翼、浮き袋から肺、といった具合だ。新しい遺伝子やタンパク質も、根本的に新しいものを一気につくり出すのではない。

それから何十年もたち、何千というゲノムが解読されたいま、進化をよろず修繕屋とするジャコブの見方はおおむね正しいことがわかっている。しかし同じくらい重要なことについて、ジャコブは完全にまちがってもいた。新しい遺伝子は古いものから生じるとは限らない。ゼロから出現する可能性もあり、実際に頻繁にそうなっている。あまりに頻繁なので、生物学者はそのような遺伝子のために特別な用語を考案した。デノボ遺伝子だ。

ジャコブはこのことを知らなかった。この発見はゲノム時代の到来を待たなくてはならず、そのころにはジャコブの人生は晩年を迎えていた。デノボ遺伝子の存在は、進化がゲノムの複雑な機能をゼロからつくり出せることを証明している。そして、進化の創造力が十分に評価されていないかもしれないと教えている。デノボ遺伝子が本章のテーマだが、それはこの遺伝子がこうした進化の力を浮き彫りにするからだけではない。デノボ遺伝子もまた、進化は必要以上のものをつくり出すことを実証するのだ。なにしろ、ほとんどのデノボ遺伝子は休眠状態でつくり出される。生体が生き延びるのを助けるずっと前に出現するのだ。

デノボ遺伝子について詳しく話す前に、古い遺伝子をいじるという昔ながらのやり方で、進化が新しい遺伝子をつくる経緯を理解するほうがいいだろう。そのために、ＤＮＡの変異について、もう少し話す必要がある。

すでに述べたとおり、ほとんどのＤＮＡ変異は、私たちの細胞内でＤＮＡをたゆみなくメンテナンスするタンパク質修復チームによって引き起こされる。高エネルギー放射や、私たち自身の代謝によって産生された有毒な化学物質によるダメージを、チームが修復する。変異した個々のDNA文字を直す場合もあれば、ゲノムのほかの場所からの文字を継ぎ合わせて、文字列全体を直す場合もある。

こうした修復タンパク質は優秀な分子マシンだが、まちがいを犯しがちである。一個だけ変異したDNA文字、すなわち点変異を、校正で見逃すこともある。そのような変異は命取りになるおそれがある。たとえば、必須タンパク質をつくるために必要な情報を壊すときがそうであり、文章を理解するために不可欠な単語を誤って伝える誤字のようなものだ。しかし、変異が修復されなくても、ほとんど害がない場合もある。たとえば、遺伝子以外で生じる変異だ。害のない変異は次世代に伝えられて、進化するゲノムに永遠に保存されることになる可能性がある。こうした変異は、第2章に出てきた分子時計にとって重要である。

DNA修復チームは、別の種類のミスもする。文章の一節を直すために、ゲノム内のほかの場所からDNAをコピーするとき、文章をまちがった場所にコピーペーストすることがあるのだ。その結果がDNAの「重複」であり、そこにはDNA文字が数個、または数千個、または数百万個、含まれる可能性がある。重複したDNAに遺伝子が含まれるとき、遺伝子そのものが重複することになる。

もとの遺伝子とそのコピーは、初めは互いにそっくりである。しかし時間がたつにつれ、両遺伝子ともに、ゲノムすべてに降り注ぐ同じ点変異の霧雨を経験する。こうした変異の多くは修復されるが、無視されるものもある。命を奪う有害な変異だけでなく、生き延びて世代から世代へと伝えられる無害な変異もある。こうした生き延びる変異がだんだんに、二つの遺伝子の「分化」を引き起こす——そのDNAがつくる文章が、だんだんに似ていないものになっていくのだ。

重複遺伝子はとくに急速に分化することが多い。なぜなら、作用する変異のほとんどが無害のカテゴリーに入るからだ。[3] その理由を理解するのは難しくない。最も有害な種類の変異、すなわち二つの遺伝子の一方を不活性化し、有用なタンパク質をつくる能力を奪うような変異でも、もう一方の余分なコピーがまだ存在するかぎり、無害になりえる。[4] 実際、そのような能力消失が大半の遺伝子重複がたどる運命であり、種によってはその九〇パーセントに起こる。その原因はコピーの分子の意味を誤って伝える変異であり、そのコピーは転写も有用なタンパク質への翻訳もされなくなる。[5] そのような変異で「偽遺伝子」が生まれ、もう一方のコピーはそのまま残って、重複前と同じように単独で仕事をする。

この過程――重複、変異、分化、最終的な能力消失――は、何度も繰り返す可能性があり、重複するのはペアだけでなくファミリー全体にもなりえる。どのファミリーも数百のメンバーで構成され、なかには活性遺伝子もあるものの、多くは偽遺伝子である。人間の家族が身体的に互いに似ているのと同じように、こうしたファミリーのメンバーはたいてい、DNAの文章が互いに似ている。とくに、いちばん新しく重複したメンバーは似ている。重複が古いほど類似性が低くなる。最も古いコピーはごく頻繁に変異したため、もはや家族とは似ていないかもしれない。

ほとんどのDNA重複はDNA修復酵素のエラーによる受動的なものだが、特殊な才能をもつDNAもある。可動性なのだ。動くのを助ける遺伝子が入っているので、ゲノム内の新しい場所に自らをコピーペーストできる。この能力があっても、可動DNAはたえまない点変異の雨から守られないが、そのような変異が与える害は、ほかの重複DNAより可動DNAのほうが少ない。その理由は、可動DNAの遺伝子は、生物学者のリチャード・ドーキンスが利己的な遺伝子と呼ぶものの典型例だということにある。それらはゲノムに寄生しているのであり、最重要目的はゲノム内に広がって増殖することである。[6] 私たちを生かし続けることが目的ではない。そのため、可動DNAの遺伝子を無力にする変異は、自然淘汰によって排除されない。その結果、私たちのゲノムには、以前は可動だったが変異のせいで無力になり動かなくなったＤＮＡも存在する。しかもたくさん、何千という無力になったコピーがあるのだ。

ＤＮＡ修復の失敗による受動的なものにせよ、可動ＤＮＡによる能動的なものにせよ、ＤＮＡ重複は頻繁に起こる。ＤＮＡ文字を一個だけ変える例の点変異より、頻繁に起こる可能性がある。[7]きわめて頻繁なので、私たちのゲノムの三〇億個におよぶ文字の半分以上は、ごく最近のものであれ、何億年も前のものであれ、過去のＤＮＡ重複の遺物である。その多くは、メンバーがいまだに似かよっている遺伝子ファミリーに属している。ほかは――とくに偽遺伝子は――ＤＮＡ配列をランダム化してきた無数の変異のせいで、見る影もないほどちがうものになっている。降り続く雨によって消された足跡のようなものだが、消される過程はゆっくりで、何百万年もかかっている。

さいわい、重複遺伝子の物語はただの浸食と消失の話ではない。そうでなければ、進化はそれほど成功しなかっただろう。修繕屋がときどき役に立つ道具に巡り合うように、進化はときどき重複と点変異の組み合わせによって革新的な遺伝子をつくり出す。そのような変異は、新しい種類の栄養素を細胞に運ぶタンパク質や、重い荷物を動かせる分子モーター、あるいは新しい化学反応の触媒となる酵素を生み出す助けになる。シトクロムＰ４５０についてはすでに触れた。私たちのゲノムのなかで、この酵素は五〇以上の重複遺伝子ファミリーにコードされていて、ビタミンとホルモンを合成するのに役立つが、肝臓にある有毒分子も破壊する。しかしヒトにおけるこの遺伝子ファミリーがちっぽけに見えるほど、イネのような植物では大きな一族だ。そのファミリーはメンバーが数百まで拡大している。それらの遺伝子は、植物が有効な防御化学物質の混合物をつくり出すのを助ける。メンバーそれぞれは何度も変異を乗り越えた重複遺伝子である。それだけでなく、そうした変異そのものによって、新しい化学的スキルを授けられてきた。[8]

あらゆる新しい遺伝子はこのように進化するのだと、ジャコブは想像した。[9] ＤＮＡを重複させ、そして修正する変異は、偽遺伝子という役に立たないジャンクを生み出すことが多いが、大当たりして、新しい種類のタンパク質をコードする変異ＤＮＡ配列をつくり出すこともある。こうした大当たりはまれだが、何十億年のあいだに積み重なっていく。私たちのゲノムには、自然が祖先のスキルを修正したときに現われた新しいスキルをもつ重複遺伝子が何千とあふれている。

この展望を開いたことだけでも、ジャコブはおおいに称賛に値する。なにしろ、彼にはそれが真実かどうかを知るすべがなかった。一九七七年には、ヒトゲノムのＤＮＡを解読し、その遺伝子を特定するテクノロジーは生まれたばかりだった。一九九〇年代――ゲノム時代の始まり――になってようやく、初めて解読されたゲノムが、彼の展望の真実を証明することになる。あるいは、その展望の一部、と言うべきかもしれないが。なぜなら、盛んに新しい遺伝子を生み出す源泉をジャコブは見逃していたこともわかったからだ。それは何もコードしないランダムなＤＮＡ鎖である。

デノボ遺伝子に反論していることで、ジャコブを責めることはできない。なぜなら遺伝子は実際、きわめて特殊なＤＮＡ鎖だからである。その複雑な機能をジャコブはよく知っていた――そのいくつかを発見した――が、その起源は想像しがたい。こうした機能のなかには、細胞が遺伝子のＤＮＡをＲＮＡコピーに転写することを可能にするものもある。転写はＲＮＡポリメラーゼと呼ばれる酵素の仕事で、この酵素はすでに言及したタンパク質、すなわち転写調節因子の助けを必要とする。そのような調節因子は、遺伝子近くの特定のＤＮＡワードに結合し、酵素に転写を始めるよう命令する。酵素はそのようなワード――長さは六文字から二〇文字――が遺伝子のそばに存在しないかぎり、転写をすることができない。

転写の産物は次にタンパク質に翻訳されなくてはならない。それにはRNAポリメラーゼのようなひとつのタンパク質だけでなく、リボソームと呼ばれる複雑な生化学マシンが必要である。このリボソームは転写産物を片方の端からスキャンし、最終的にAUGという特定の三文字を見つける（転写産物のUという文字はウラシルを表わす。DNAのチミンを表わすTに相当し、これをポリメラーゼがRNAのUに転写する）。このAUG三文字はリボソームにとって翻訳を始める合図であり、リボソームはそれをメチオニンと呼ばれる特定のアミノ酸に翻訳する。

そこからリボソームは転写産物に沿って動き、トリプレット（三個ひと組）の文字をすべてスキャンし、生命そのものと同じくらい古くからある遺伝子翻訳コードを使って、二〇のアミノ酸のひとつに翻訳する。リボソームは動きながら、アミノ酸を結びつけて一連のタンパク質鎖をつくり、最終的にUGAかUAAかUAGのどれかに遭遇する。リボソームにとってこれらのトリプレットには特別な意味がある。「翻訳終わり」というコマンドを具現化しているのだ。始めの合図と終わりの合図、そのあいだのトリプレット文字を合わせて、「オープン・リーディング・フレーム」となる。タンパク質をコードするDNA領域またはその転写産物を表わす[10]。

遺伝子であるためには、一連のDNAに転写を導く特定のDNAワードが入っているだけでは足りない。タンパク質に翻訳されるオープン・リーディング・フレームもなくてはならない。こうした要件を考えると、遺伝子がゼロから出現しうるとは実際には想像しがたい[11]。

想像しがたいが、それでも真実だ。最初の手がかりはゲノム時代初期に現われた。ヒト、ショウジョウバエ、大腸菌のような象徴的な種のゲノムが初めて解読されたあとのことだ。当時、複数のゲノムを解読するほうが、ひとつだけを解読するよりはるかに有益であることはすでに明白になっていた。私たち自身のゲノムを考えてみよう。そのDNAは二〇〇一年に初めて解読され、ヒトの生物学についてたくさんのことを教えてくれた。私たちにはいくつの遺伝子があるのか、それがどんなタンパク質をコードするのか、私たちの代謝はどういうふうに働くのかがわかったのだ。この知識が光を投げかけたことは確実だ。しかし、それがほの暗いろうそくの火に思えるほど、明るい日光のような見識を私たちに与えたのは、私たちのゲノムをほかの生物のものと比較することだった。たとえばチンパンジーのゲノムは、二〇〇五年に解読された。ゲノム比較のためには、まず二つのゲノムを並べて──一文字ずつ横に並べて──から、遺伝子を中心とした特性を比較する必要がある。

ヒトとチンパンジーの系統はおよそ五〇〇万年前に共通の祖先から分かれた。それ以降、両系統は別々に進化し、異なる変異を経験した。自然淘汰は有害な変異を排除し、無害な変異が生き残るようにした。生き残っている最も興味深い変異は革新的なものであり、ヒトをヒトにしているものだ。それを見つけるには、ヒトの系統に特有の変異を特定すればいい。なかには、ヒトが言語に必要な広範の音声を出すのを助けた変異がある。手を高度な道具に変え、脳を無類のデータプロセッサーに変えるのを助けた変異もある。私たちの体を耐久性の高いランニングマシンに変えた変異もあり、そのおかげで私たちの祖先はアフリカのサバンナで生き延びることができた[12]。もっと一般的な話をすると、比較ゲノミクス──ゲノムを比較する科学──から、何が種を唯一無二にするのか、何が種を似たものどうしにするのかを、知ることができる。

自然淘汰が多くの変異を許容してきた遺伝子もあれば、ほとんどまたはまったく許容していない遺伝子もあることも、比較ゲノミクスから明らかになっている。後者の遺伝子は数百万年のあいだ、変わらずに維持──専門用語で「保存」──されてきた。なぜなら、変異すると死ぬか絶滅するしかないほど、生命の維持にとても重要な役割を果たすからだ。これはゲノム進化の一般原則である。すなわち、遺伝子の文字列が進化の過程でゆっくり変化するなら、その遺伝子は重要だということである。

なにしろ、そのなかのＤＮＡが変異すると、自然淘汰がその変異をほとんど排除してしまう。比較ゲノミクスは重要な遺伝子を特定するのに欠かせない。

新しく解読された霊長類――チンパンジーから始まってゴリラ、オランウータン、マカクサルなど――のゲノムそれぞれから、すべての霊長類種に共通の生物学と、それぞれに固有の生物学について、ほんの少しわかった。残念ながら、典型的な霊長類のゲノム解析は気の遠くなるような難題である。私たちのゲノムは膨大だからだ。三〇億近い文字は、標準的な便箋に行間を空けずにタイプすると、三〇〇万枚の量である。[13] ほかの種のゲノムはもっと小さく、したがって解読が容易である。そのため、チンパンジーのゲノムが解読されてからわずか二年後の二〇〇七年、ショウジョウバエ属のさまざまな種一〇以上のゲノムが解読された。こうしたゲノムを構成するのはわずか二億文字で、ヒトゲノムの一〇分の一に満たない。[14] 細菌のゲノム解析のほうがさらに容易だ。わずか数百万文字、ヒトゲノムの一〇〇〇分の一である。だからこそゲノムデータベースには、何千という大腸菌のような細菌のゲノムが詰まっている。

増え続けるゲノムを比較することで多くの発見がなされたが、何よりも不可解なことがあった。新たに解読されたゲノムすべてに、ほかのどんな生物のＤＮＡともまったく似ていない固有のＤＮＡをもつ遺伝子が、何百何千と含まれていたのだ。そのような遺伝子は「孤児」遺伝子と呼ばれた。

孤児遺伝子はデノボ遺伝子の有力候補だ。[15] 私が候補と言うのは、ゲノミクスの初期には、研究者はその起源のもっと平凡な説明を排除できなかったからだ。なにしろ、当時は解読されていたゲノムがごく少数で、そのほとんどが互いにきわめて遠縁の生物のものだった。たとえば、おなじみのビール酵母を含めた二種の酵母それぞれに、何百という孤児遺伝子があった。この二種の最も新しい共通の祖先が生きていたのは、一〇億年以上前のことだ。それ以降、両者とそのゲノムは別々に進化していて、一〇億年のうちにゲノムにいろいろなことが起こりえる。ありとあらゆるＤＮＡ文字が変異に、しかも一度ならず何度も遭遇する可能性がある。多くの遺伝子が重複しうるし、必要なくなれば消されるものも多い。両者がどれだけ遠い昔に分かれ、時がたつにつれてゲノムがどれだけ変わりえるかを考えると、それぞれの種が多くの孤児遺伝子を抱えていても意外ではない。孤児遺伝子はどれも共通の祖先に存在したが、その後、見分けがつかないほど分化したか、あるいはどちらかの種で消された可能性がある。

しかしこの議論は、近縁の種には当てはまらない。共通の祖先は進化的には遠くない過去に生きていたので、別々の道に進んでからゲノムに蓄積された点変異やＤＮＡ欠失は少ない。したがって両者のゲノムは比較的似ているはずだ。実際そのとおりである。これもまたゲノム進化の一般原則だ。すなわち、二つの種の縁が近ければ近いほど、そのゲノムは似ている。同じ理由で、近縁の種ほど抱えている孤児遺伝子は少なく、したがって最も近縁の種――わずか数百万年前に分かれた種――には、そのような遺伝子はないかもしれない、と考える人もいるだろう。

それはちがう。実際、孤児遺伝子の数は近縁種では減るが、ゼロではない。最も近縁の種にも複数の孤児遺伝子がある。たとえば、五〇〇万年前よりあとにビール酵母から分かれたものも含めて、一二種の酵母のゲノムが解読されたところ、それでもビール酵母には一〇〇個以上の固有遺伝子があった。ほかの種でも、かつてないほど近縁のゲノムが解読されると、やはり多くの孤児遺伝子が存在した。[16]

孤児遺伝子についてのもやもやは、多くの孤児遺伝子が実際にまったく新しい遺伝子であるというセンセーショナルな発見とともに、晴れ始めた。[17]研究者がこれを発見したのは、ショウジョウバエのきわめて近縁の種のゲノムを並べて比較したときのことだ。ひとつの種はＲＮＡに転写するが、複数のほかの種は転写しないDNA鎖がたくさん見つかったのだ。こうした新しい転写産物の多くには、オープン・リーディング・フレームも含まれていた。始めと終わりの合図のあいだにタンパク質をコードするトリプレットが複数入っているパターンだ[18]。

加えて、こうした新たに転写された遺伝子の多くは、ハエのゲノムのうちほかの転写されない領域より、DNA文字列のなかでゆっくり分化した。これは重要なことだ。なにしろ、自然淘汰はこうした新しい転写産物における変異を、ほかのゲノム領域における変異よりも多く排除することを意味する。言いかえれば、こうした転写産物は、たとえ私たちにはそれが何をしているのかわからなくても、ハエの生命にとって重要なのだ[19]。実際、ただ重要なだけではない新しい遺伝子もある。不可欠なのだ。研究者が遺伝子工学の技術を使って転写のスイッチをオフにすると、こうした転写産物のないハエは死んだ[20]。

ジャコブによるデノボ遺伝子の全面否定が、どこで道をまちがえたのかを知るために、ショウジョウバエその他多くの生物のゲノムには遺伝子だけでなく、長大な「非コード」の——タンパク質をコードしない——DNAも含まれていることを考えよう。たとえば、ショウジョウバエの二億文字のゲノムの八〇パーセントは、タンパク質をコードしない。私たち自身の三〇億文字のゲノムのなんと九八・五パーセントは、タンパク質をコードしない[21]。この非コードDNA——ジャンクDNAとも呼ばれる——の多くは、もとは古来の偽遺伝子と不完全な可動DNAである。時とともに無数の変異を制限なく蓄積する可能性がある。こうした変異は、そのDNAとほかの遺伝子との似たところを消し去るだけでなく、基本的にはランダムなDNA鎖をつくり出す[22]。

ジャコブはそのようなジャンクDNAの膨大な量を知らなかったし、そのランダムなDNA鎖が進化にとって意外に重要であることも知らなかった。最近行なわれた巧妙な実験が、私の言わんとするところを例証している。この実験でマサチューセッツ工科大学の研究者は、遺伝子工学を用いて大腸菌の遺伝子に四〇の異なるランダムＤＮＡ鎖を付着させた。鎖それぞれは長さがだいたい一〇〇文字で、まずコンピューターによって生成されてから、実験室で合成された。そしてそれぞれが、通常は大腸菌がこの遺伝子を転写するのを助ける天然ＤＮＡと置き換えられた。研究者が知りたかったのは、ランダムな鎖が天然のものに代わって、その遺伝子のスイッチをオンにするかどうかだった。ありえないと思われるかもしれない。なぜならランダムＤＮＡに、転写に必要な調節ＤＮＡのワードのどれかが含まれていなくてはならないからだ。その可能性がどれだけあるだろう？

実際のところ、それほど悪くなかった。ランダムＤＮＡ鎖の一〇パーセントが、遺伝子の転写開始を助けた。さらに注目すべきことに、ランダムＤＮＡ鎖の約半分は、たったひとつランダムな文字変化を追加することで、遺伝子の転写をオンにするのに十分だった。[23]

ランダムＤＮＡがなぜ転写を呼び起こせるのかを理解するには、細胞は調節タンパク質を一種類だけでなく、何十、何百種類も産生することを知っておくのが役立つ。各種調節タンパク質は、ひとつではなくさまざまなＤＮＡワードを認識して結合する。[24] 認識するワードと調節する遺伝子は調節因子によって異なる。したがって、新たな転写を可能にする変異は、ひとつ特定のＤＮＡワードをつくる必要はない。少なくともひとつの調節因子に認識される何千種類というワードのひとつをつくればいいのだ。

前述の大腸菌実験は、多くのランダムＤＮＡ鎖が転写のスイッチをオンにできて、ほかの大部分はあとひとつの変異でこの能力を実現することを証明した。そして実験に使われたランダムＤＮＡ配列は長くもない。たった一〇〇文字だった。ＤＮＡ鎖が長ければ長いほど、偶然だけでもすでにそのようなワードが存在する確率は高く、さらにはたった一文字を変えれば、そのようなワードができる確率が高い。ショウジョウバエのゲノムにおける一億六〇〇〇万の非コードDNA文字のなかで、そのようなワードは数千も生じ、新しい変異が着実に新しいものを生み出すはずである。先ほど言及したショウジョウバエのデノボ遺伝子は、まさにこの種の活性化変異を経験したことがあったのだ。[25]

これが意味するのは、新たに転写されるランダムDNAはありえないものではなく、非現実的でさえないということだ。むしろよくあるものだ。しかし転写だけがタンパク質をコードする遺伝子をつくるのではない。オープン・リーディング・フレームはどうだろう？　ランダムな非コードDNAに、三文字の翻訳始めの合図が含まれ、あとに三文字の終わりの合図があって、両者のあいだに複数の三文字組が入っているというのは、極端にありえないことではないのか？

この疑問はコンピューターを使うと簡単に答えられる。コンピューターは、A、C、G、Tという四つのDNA文字のランダムな長い配列を生成し、オープン・リーディング・フレームがないかどうか、それを詳しく調べることができる。驚くなかれ、そのような配列にはオープン・リーディング・フレームがたくさんある。一般的に本物の遺伝子のそれより短いが、それほど短くはない――翻訳されれば、長さがアミノ酸六〇から一五〇個分のタンパク質をコードするものが多い。[26]　さらに、本物のゲノムのDNAにもオープン・リーディング・フレームがあふれている。それどころか、現実の遺伝子よりもオープン・リーディング・フレーム――潜在的な遺伝子――のほうがたくさんある。たとえば、ビール酵母のゲノムには六〇〇〇の遺伝子があるが、オープン・リーディング・フレームは二六万を超える。[27]　ショウジョウバエには一万五〇〇〇の遺伝子と、六〇万以上のオープン・リーディング・フレームがある。そしてヒトの遺伝子は二万五〇〇〇未満だが、オープン・リーディング・フレームは驚きの一三五〇万である。私たちのDNA文章の二五〇文字につき、ひとつのオープン・リーディング・フレームということになる。[28]

ゲノムは非コードＤＮＡ――数百万から数十億文字――の巨大な作業場である。この作業場には、オープン・リーディング・フレームがたくさんある。そして新しい転写も容易に進化する。総合すると、これらの事実は新しい遺伝子の発生に通じる明確な道――実のところ反応の量とスピードからすると一〇車線の高速道路――を示している。最初のステップは、ＤＮＡ変異が転写因子のための新しい結合ワードをつくることであり、大きく広がる非コードＤＮＡでは頻繁に起こる。そのような変異のいずれかが新しい転写を引き起こすとき、転写されたＲＮＡがすでにオープン・リーディング・フレームを含む可能性が高い。そしてじゃじゃーん、新しい遺伝子のできあがりだ。

しかしそれがコードするタンパク質は、基本的にランダムなアミノ酸鎖である。この鎖が有用である可能性は？　小さいかもしれないがゼロではない。このことがわかるのは、徹底して研究されているデノボタンパク質があるからだ。ショウジョウバエが這い回る幼虫から飛ぶ成虫へと変態するのを助け、酵母細胞がＤＮＡ変異を修復するのを助け、イネが細菌性の病気をかわすのを助け、魚が凍るほどの低温を生き延びるのを助ける[29]。残念ながら、ほかのすでに有用なデノボタンパク質のほとんどについて、私たちはまだその目的を知らない。なぜなら、ごく最近発見されたからだ。ほかのタンパク質のように、まだ何十年も研究されていない。

ランダムタンパク質でも役に立つ可能性があるという点を強調する遺伝子工学実験もある。そのような実験のひとつで、研究者はペプチド――ごく短いタンパク質――それぞれが、二〇のアミノ酸すべてからランダムに選ばれた五つの異なるアミノ酸で構成されるように、たくさんのペプチドを生成した。そして、そのランダムペプチドのうち、大腸菌が抗生物質を耐えて生き延びるのを助けるものが、ひとつではなくいくつかあることを発見した。別の実験では、長さがアミノ酸二〇個のランダムペプチドが、細菌が致死毒の塩化ニッケルに耐えて生き延びるのを助けた[30]。ランダムペプチドは実際に役立つ可能性があるのだ。

こうした人工のペプチドと同様、多くの天然デノボタンパク質は短い。[31] そのような短いタンパク質はしばしば、酵素で知られているきちんとした三次元の形に折り畳まれない。しかしそれも問題になるとは限らない。なぜなら、多くのタンパク質はこの形がなくても、うまく仕事をこなすからだ。そのような「不規則性」タンパク質では、アミノ酸鎖のすべてまたは一部が、自由にぴくぴく、ひらひら、ぱたぱたと動き回る。この柔軟性はタンパク質の仕事の一部にもなりえる。たとえば、ほかの損傷したタンパク質をとらえ、その一部分をリサイクルするのを助けるタンパク質だ。そのようなごみ収集タンパク質の柔軟なアミノ酸鎖は、獲物を捕まえるのを助けられる。タコのしなやかな腕が獲物を捕まえられるのとよく似ている。[32] もっと一般的に、短いタンパク質は多くの重要な仕事をこなせることがわかっている——それらは微生物の代謝を調節したり、植物の葉を形成したり、動物の皮膚をつくったりするのを助けられる。[33]

遺伝子がゼロからつくられることはない、というジャコブの考えはまちがっていたが、漸進的変化は進化にとって重要だ、という彼の直観は完全に正しかった。彼は知らなかっただろうが、それはデノボ遺伝子にも当てはまる。ほかの多くの進化の（そして人類の）イノベーションと同様、新しい遺伝子は少しずつステップを踏んでつくられ、改善される可能性がある。

私はすでにその第一ステップについて触れた。不活性のＤＮＡ鎖をＲＮＡに転写されるものに変えるＤＮＡ変異である。[34] 新しいＲＮＡ転写産物はタンパク質をコードしないかもしれないが、すでに有用である可能性はある。なぜなら、転写産物はただタンパク質をつくるのを助けるだけではないからだ。ほかの遺伝子のオンオフを助けるＲＮＡ分子もあれば、生体をウイルスから守るのを助けるものもあり、さらに、エストロゲンのようなホルモンが仕事をするのを助けるものもある。ほとんどのゲノムは、タンパク質に翻訳されずとも役に立つ何千というＲＮＡ分子を転写する。

遺伝子誕生の次のステップは、まだオープン・リーディング・フレームがない転写産物のなかに、それをつくる変異だ。これも数は少ない。というのも、オープン・リーディング・フレームはランダムＤＮＡのなかにも非常に多く存在するからだ。

ほとんどの新しい遺伝子はめったに転写されない。おそらく細胞の生涯に一回あるかないかだが、それが有用であるなら、有用なＲＮＡやタンパク質をもっとたくさん産生するのに役立つので、もっと頻繁に転写されるほうが望ましい。実際、何百万年ものあいだ、遺伝子が生まれ、生き延び、年をとるうちに、遺伝子調節ＤＮＡの変異のおかげで、もっと頻繁に転写されるようになる。そのようなＤＮＡには、調節タンパク質が結合して転写を引き起こすワードが含まれる。[35] どんな調節因子も、調節ＤＮＡとの結合は強いことも弱いこともありえる。強い結合は頻繁な転写を意味し、弱い結合はまれな転写を意味する。結合が弱いときも、より強いＤＮＡワードをつくる変異によって、容易に強化される可能性がある。一般に、そのような変異が一回から数回で、遺伝子の転写を始めるには十分だ。

さらに次の進化ステップは、新生しつつある遺伝子を長くすることである。短い遺伝子と小さいタンパク質でも役に立つかもしれないが、長くて複雑なタンパク質のほうが優れていることが多い。もっと効率的、またはもっと柔軟に、仕事をこなすことができる。電源ボタンしかないラジオとは対照的に、ボリュームを調整し、受信する放送局を変え、ステレオで聴き、アラームをセットすることができるラジオのようなものだ。実際、新しい遺伝子は年をとるにつれて長くなる傾向もあり、必要なのは、翻訳終わりの合図のひとつを、異なる三文字のワードに変える変異だけである。[36] そのようなワードからＤＮＡにたまたま含まれる次の終わりの合図に到達するまで、リボソームはただ翻訳を続ける。

こうしたステップ――新しい転写産物をつくる変異、転写される頻度を増やす変異、新しいタンパク質をつくる変異、そしてその長さを伸ばす変異――それぞれは小さい。しかし合わせると、長くて複雑で豊富なタンパク質をつくり出すことができる。そのステップが生命を改良する限り、自然淘汰が小さなステップそれぞれを保存しうることを知らなければ、そのような複雑なタンパク質の起源は想像もつかない。ジャコブは、こうしたステップがいかに簡単であるかを知らなかった――知るはずもなかった。なぜなら、ゲノム時代になってはじめて、進化のＤＮＡ作業場の広大さがわかったからだ。

生命の複雑さは、小さな細菌から強大なゾウまで数百万という種に、眼や脳のような複雑な器官に、そして各細胞に存在する何十億の分子に、はっきりと表われていて、その起源を思うと呆然としてしまう。しかしその起源に対する理解は、要約するとこうなる――私たちは種、器官、分子それぞれにつながる、小さな個々のステップを理解する必要があるのだ。ゲノミクスのおかげで、新しい遺伝子とタンパク質についてのステップが明らかになった。けれども私がこのことについて書くのは、おもに別の理由からだ。生命の複雑さが最小規模に凝縮されたこうした小さなステップは、別の原理をも具現化している。恐竜の世界にある哺乳類の起源から、時代のかなり先を行く人類の発明まで、いたるところに作用しているその原理とは、自然は実際に使うよりはるかに多くを生み出す、ということだ。

新しい遺伝子もこのルールの例外ではないことを示す手がかりがある。私たちのゲノムのなかでタンパク質をコードするＤＮＡはごくわずか――約一・五パーセント――であることについては、すでに言及した。言及しなかったのは、残りの大半――八〇パーセントほど――が転写されることだ。転写される部分は、五万八〇〇〇あまりの転写産物をなす。タンパク質をコードする遺伝子の三倍である。[37] 言いかえれば、細胞は自分が必要とするタンパク質をはるかに超えて、狂ったようにＤＮＡを転写するのだ。

　こうした転写産物のなかには有用なものもあるが、この分子の落書きのほとんどは意味がない。なぜなら、ほとんどの転写産物は生体に利益をもたらさないからだ。なぜこのことがわかるかというと、それらを変化させたり排除したりする変異は、なんの損傷も引き起こさないからだ。もしこうした転写産物が生命にとって重要であるなら、そのような変異の少なくとも一部は生命に影響するはずだが、そうはなっていない。ゲノミクス学者が言うには、そのＤＮＡは中立に進化する。つまり、生命はそこに生じる変異をすべて許容し、その変異を代々伝える可能性があるということだ。私たちのゲノムの少なくとも八五パーセントは、そのような中立ＤＮＡであり、その転写はなんの目的も果たさない。[38] 進化とは、誰も読もうと思わない数百万ページの文章を生み出す作家のようなものだ。

　転写されるＤＮＡの約四分の一はタンパク質をコードするが、そのＤＮＡの大部分も役に立たない。[39] それがコードするタンパク質もまた中立に進化することから、生命を維持する目的を果たさないことがわかる。こうしたタンパク質のすべてが進化のうえで最近発生したわけではないが、同じことが新しいものにも当てはまる。たとえば、研究者がイエハツカネズミの体内にある七〇〇以上の新しいタンパク質を調べたところ、その三分の二が中立に進化することがわかった。[40]

　そのようなタンパク質が生命維持における自らの価値を証明できなければ、遅かれ早かれ、そのオープン・リーディング・フレームか調節ＤＮＡ、またはその両方が、つくり出されたときと同じくらいやすやすと、変異によって消滅する。実のところ、遅かれ早かれというより、わりと早くにそうなる。たとえば、イエハツカネズミのある種で見つかった三八八の転写産物のうち三〇が、近縁種のマウスには存在しない。そしてその四〇パーセントが、遠縁のラットにも存在しない。ラットがマウスの系統から分かれたのは二〇〇〇万年前よりあとのことで、進化の時間としては短い期間だ。ラットの系統では、変異がこうした転写産物の多くを消滅させたのだ[41]。マウスゲノムの約半分が転写されることもわかっているが、マウスでも種がちがえば同じ半分にはならない。進化は進化時間の測定単位である数百万年のあいだに、転写のスイッチをすばやくオンオフする[42]。ある時点でマウスゲノムの――どこであれ――一部が転写されていなくても、百万年とたたないうちに、変異がきっかけでその部分が転写されるようになっているだろう。そしてある部分が転写されているが、転写産物が役立たずなら、その転写は続かない。新しい変異がその調節DNAを損傷すると、すぐに転写されなくなる。言いかえれば、私たちの生涯とくらべると多大な時間だが、進化の観点からすると短い時間で、自然は非コードDNAの巨大な作業場で、ありとあらゆる道具と機器を使って実験するのだ。

ゲノムのジャンクDNAと、人間の作業場の使われていないがらくたとの、最も大きなちがいはそこかもしれない。ジャンクDNAはただじっとしているわけではない。変異がたえまなくその文字配列を変え、まったく新しい分子テキストの鎖をつくり出す。こうした変異のなかには、DNAの転写を引き起こして、新しい有用なものを求める生命の果てしない探求に対するDNAの気概を証明する機会をつくるものもある。

ゲノムをケーブルでつながっているクリスマスの装飾用ライトと考えてみよう（長さは何千キロにもなるだろう）。さらに、このゲノムの転写される部分だけが点灯し、あなたは何千年にわたってゲノムが進化するあいだ、個々の遺伝子がどのように点いたり消えたりするかを観察できるとしよう。数千年が過ぎるうちに、何千という新しい領域が点灯するのが見えるだろう。それはよろず修繕屋の発明のように、役に立つかもしれない新しいRNAやタンパク質分子をコードする。しかし人間の発明の大部分が失敗するのと同じように、ほとんどは役に立たず、すぐに再び消えてしまう。わずかな役立つ遺伝子だけが点灯したままで、そうした遺伝子の多くもまた、しばらくたつと暗くなる。かつて成功した発明が新しいものに取って代わられるように、役立つ遺伝子も廃れていくのだ[43]。

とはいえ、遺伝子が役立つ期間が長ければ長いほど、長い時間点灯したままになる――生き延びる可能性は高い。数ある遺伝子のごく一部は、数千万年も数億年も生き延びる。これらは最も重要な遺伝子だ[44]。すべての種にとって中枢となるものもある。たとえばＤＮＡの複製、エネルギー豊富な分子の産生、または細胞の構築を助ける遺伝子だ。人類の発明のごく一部――火薬、内燃機関、電灯――が、有用性を長く保ってきたのと同じである。こうした遺伝子は決して消えない安定した灯台のようだが、周囲で展開する巨大な光のショーのライトのほとんどは、点いたり消えたりしていて、そのテンポがゆっくりのものもあれば速いものもある。

本章は遺伝子の起源に焦点を合わせているが、生命のほかの分子特性についても同じ進化のパターンがあることを指摘しておきたい。その一例が、タンパク質のすることを制御する分子スイッチの類いである。このスイッチには、すでに第４章に出てきた小さなリン酸塩分子が関与する。

細胞はリン酸塩をタンパク質に付着させる、あるいはタンパク質から取り除くことができる。そして、たとえリン酸塩ははるかに大きいタンパク質とくらべてちっぽけでも、タンパク質が行なうことを変えることができる。なぜなら、その形と活動を変えられるからだ。リン酸塩によってスイッチがオンになるタンパク質もあれば、オフになるタンパク質もある。活性化する調節タンパク質もあれば、活動を停止するものもある。より大きなマシンに組み立てられるタンパク質もあれば、ばらばらになる分子マシンもある。

こうしたリン酸塩スイッチをオンにするには、特殊な酵素が必要だ。リン酸塩スイッチをオンにすることに特化している酵素は、タンパク質によって異なる。リン酸塩を付着させる酵素もあれば、それを切り離す酵素もある。そのような酵素それぞれが、タンパク質上の特殊なワードを認識する。それは二〇文字あるアミノ酸の化学アルファベットで書かれた文字列であり、それが酵素に対してリン酸塩とタンパク質をくっつけるか、引き離すかを指示する。つまり、ワードそれぞれがスイッチを具現化し、リン酸塩の付着または分離はスイッチのオンオフを意味する。

タンパク質の全要素と同様、そのようなスイッチはそれぞれDNAにコードされていて、変異がこのDNAを変える可能性がある。スイッチを壊す変異もあれば、新しいスイッチをつくる変異もある。つくるのが簡単な理由は、こうしたスイッチのアミノ酸ワードが短いことにある。遺伝子の転写を調節するDNAワードと同じくらい短い。これは、アミノ酸のランダム鎖を含めて多くのタンパク質には、すでにそのようなスイッチが含まれているという意味でもある。たとえなくても、たったひとつの点変異だけで、新しいものをつくるのに十分なことが多い。

こうしたリン酸塩スイッチの数は驚異的だ。ゲノムの大きさが私たちのそれの一〇〇分の一に満たない、ビール酵母のようなちっぽけな微生物について考えよう。そのタンパク質には四〇〇〇種類近いリン酸塩スイッチがある。そしてこうしたスイッチの進化は新しい遺伝子の進化を映している。スイッチのほとんどは若い――DNA変異が最近つくり出したのだ。さらに、そのほとんどが短命だ。二、三〇〇〇万年以内に再び消える。ほとんどの遺伝子と同様、パッパッと点滅する。一〇〇〇万年続くものがわずか三〇パーセントで、一億年続くもの――最も重要なもの――は一〇パーセント未満である。[45]

自然はひっきりなしに、新しい遺伝子や新しいリン酸塩スイッチのようなゲノムの発明を生み出す。すぐに成功するものはごくわずかで、しばらくしてようやく成功するものが多く、大部分はまったく成功しないという意味で、人類の発明と似ている。ダーウィン的進化という市場における価値を証明する前に、ＤＮＡの変異に消されてしまう。

どんな出来事がこうしたゲノムの発明の一部を目覚めさせるのかは、いまだ謎である。なぜ長いあいだ休眠し続けるものが多いのか、あるいは、なぜ大部分が目覚める前に死ぬのか、という疑問と同じだ。しかしいくつか手がかりはある。機能がわかっている新しくて有用な遺伝子が教えてくれる。たとえば、細菌が有毒なニッケルに耐えて生き延びるのを助ける遺伝子や、イネが細菌性感染症と闘うのを助ける遺伝子だ。

そうした遺伝子からは、成功する遺伝子が自力で成功するのではないことがうかがえる。適切な時機に適切な場所の適切な環境にいなければ成功しない。たとえばニッケルが存在する環境や、適した種類の感染性細菌がいる環境だ。言いかえれば、休眠状態の遺伝子を目覚めさせるには、環境の変化が欠かせないのかもしれない。

この疑いをいっそう深めるのは、目立たないどころか、ほとんど目に見えない生物のゲノムである。あまりに小さいので、調べるには顕微鏡が必要なミジンコだ。ほぼ半透明の体のなかに、必死にポンプの動きをしている心臓と、流れを起こすために休むことなくバタバタしている脚が見える。体のシルエットは孵化したばかりのヒヨコに似ているが、例外は頭から二本の長いアンテナが生え、尻から鋭いとげのようなスパイクが出ていることだ。

ミジンコ属は栄養豊かな湖に広く生息する。観賞魚愛好家は魚の餌として使う。なにしろ手がかからず、急速に繁殖する。生態学者は化学物質が水生動物にとって毒かどうかを研究するのに使う。数が多く、しかも扱いやすいからだ[46]。しかしミジンコ属から最も恩恵を受けられるのはゲノミクス学者かもしれない。なぜなら、そのゲノムには注目すべき特性があるからだ。その三万の遺伝子のうち一

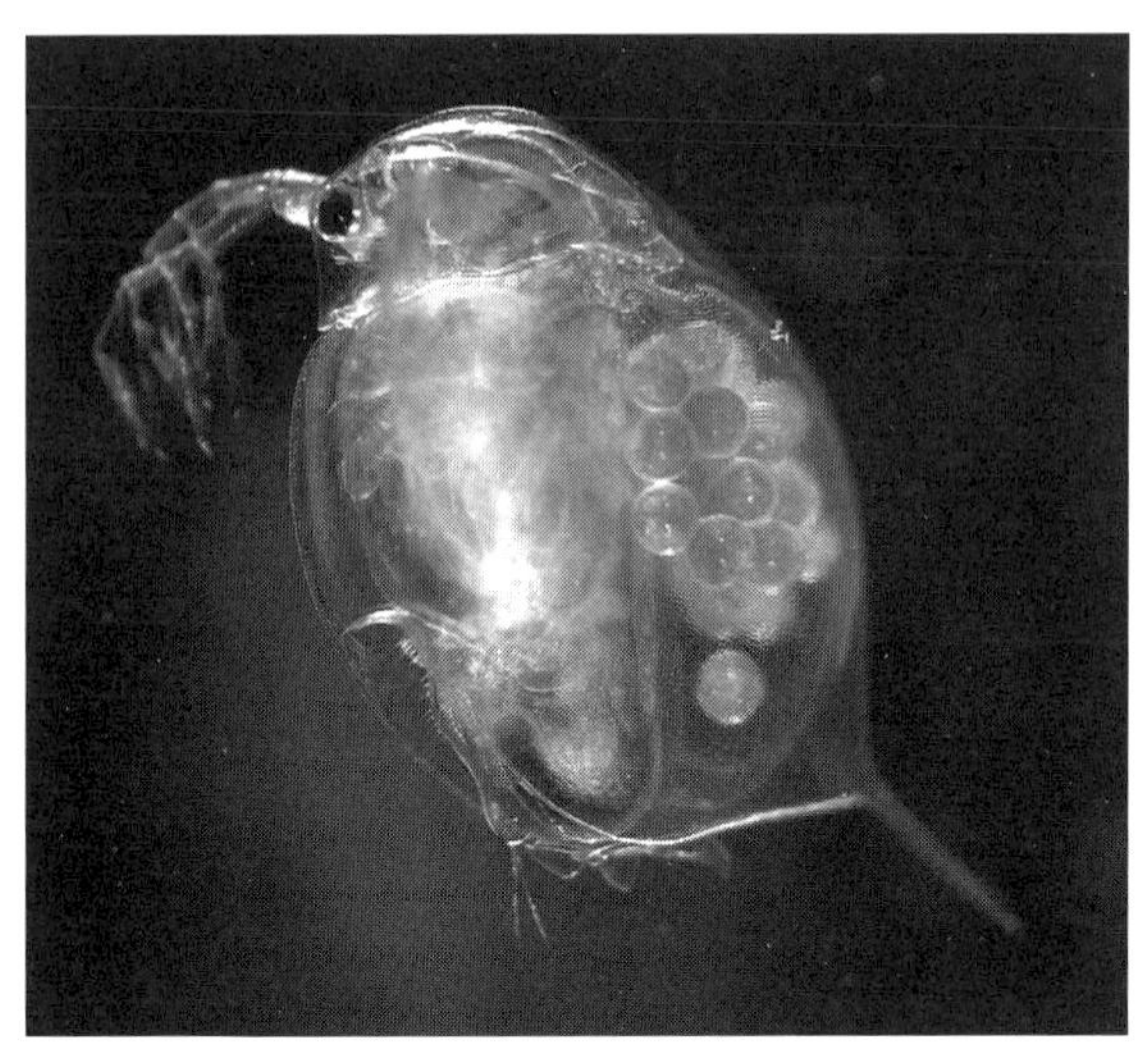

図6　オオミジンコ

万以上が、ミジンコ属以外には存在しないのだ。[47] こうした遺伝子の多くはミジンコ属で発生し、そのあと一回、二回、またはもっと多く、最大八〇回も重複が起こった。そこから次々にたくさん分化し、やがて新しい仕事を獲得した。

新しい遺伝子が何をするか理解したければ、ミジンコ属のゲノムは貴重だ。なにしろそれが何千も含まれている。新しい遺伝子に何ができるかを知るために、研究者は複雑で有益な実験を行なった。ミジンコを、亜鉛やカドミウムやヒ素のような有毒な重金属が多い環境、酸素が乏しい環境、紫外線を浴びる環境、あるいはミジンコの天敵——感染性細菌、捕食性昆虫、ミジンコ好きの魚——がうようよしている環境など、さまざまな環境にさらした。それぞれの環境について、研究者はミジンコのどの遺伝子が活発に転写されたかを記録した。ある環境で活性化するが、ほかでは活性化しない遺伝子は、その遺伝子がその環境で必要とされることを示唆する。生体が遺伝子を調節するときは、必要に応じてそうするからだ。ある環境で活動する遺伝子は、その環境での生活を可能にしたり改善したりすることが多い。そして大部分の環境で、最も活動的な遺伝子は新しい遺伝子であることがわかった。

新しい遺伝子と環境変化のこのつながりを理解するのは難しくない。環境はつねに変化する。日中は暑くて明るく、夜は涼しくて暗い。捕食者と獲物が去来し、さまざまな栄養物、毒、そして無数の化学物質も、摂取されたり、雨に洗い流されたり、日光で劣化したりして、現われては消える。その混沌状態にくらべて、細胞の内的生活はほとんど変わらない。細胞は無限に長い年月の進化をすでに耐えて生き延びただけでなく、その目的そのものが、生命を守り、脆弱な分子を周囲の混沌から隔離することなのだ。新しい遺伝子は、穏やかな故郷ではなく遠い異国の地を探検する冒険好きの船乗りとちょっと似ていて、生誕地のなかではなく混沌とした外界と接触することに、みずからの価値を証明するチャンスをたくさん見いだすのだ。遺伝子は進化の時間でほんの一瞬しか存在しないかもしれないとしても、この瞬間は数千年続く可能性があり、そのあいだに環境は数千回、あるいは数百万回変化する。そのような変化のどれもが遺伝子にとって贈り物であり、自分が役立つことを証明する新たなチャンスなのだ。

したがって、本書ですでに見てきたほかのイノベーションと同様、遺伝子の価値は遺伝子の内的資質からもたらされるのではない。遺伝子が生まれ落ちた世界からもたらされるのだ。生体にはコントロールできない世界だ。ゲノミクスのすばらしいところは、新しい遺伝子がどれくらいの頻度で成功するかを数量化できることである。なにしろゲノムはあまりに広大で、進化はたえず新しいものをつくり出す。私たち自身のゲノムを例にとろう。私たちの系統がチンパンジーのそれから分かれたあと、進化は八〇〇近くの新しい転写産物を生み出した。なかには再び死ぬものも多く、長いあいだ眠ったままかもしれないものもあり、いまのところ、役立つようになったのはほんの一握り――ある計算では六つ――にすぎない。[48]

　本書ではここまで、古代鳥類のようなカリスマ的生物から、遺伝子という微小な世界まで、自然界のヒエラルキーを下りてきた。このあと、道具を使う動物の単純な物質文化から、近代文明の複雑な文化まで、文化の世界を上っていくあいだにも、同じ原理が働いていることがわかるだろう。人類はたえまなく新しい考え、芸術作品、そして発明を生み出すが、その多くは歴史的記録にほとんど痕跡を残さない。最終的に成功しなければ、忘れられてしまう。私たちの知性が本領を発揮するアイデアの世界でも成功はまれで、眠っている発明、死んでしまった発明、死にかけの発明がたくさんある。遺伝子の分子の世界と同じだ。そして類似性はそこで終わらない。どちらの世界でも、今日の敗者が明日の勝者になることもある。

# 第2部　文化

# 第6章　カラスと水差し

レティアリウス（網闘士）と呼ばれた古代ローマのグラディエーターは、三つ叉槍（みつまたやり）と短剣という軽い武装では、重武装の相手と対面して無力だったかもしれない。ただし彼らにはスピードという強みがあり、決定的な武器である網を敵に投げ、絡め取って倒すことができた。そのようなトリックを使ったのは彼らが初めてではない。とんでもない。何千万年も前に自然がつくり出したメダマグモ科（*Deinopidae*）の熱帯クモは、ふわふわのクモの糸で珍しい四角形の網をつくる。おなじみの円形の巣をつくるクモのように、網のなかでただ待ち伏せるのではない。夜行性のハンターで、脚のあいだに網を張ったまま一本の糸からぶら下がる。何も知らない餌食が下を通ると、その上に網を投げ、獲物を絡め取って動きを封じる。通称のアミナ

図7　アミナゲグモ

ゲグモ（グラディエーター・スパイダー）は言い得て妙である。

ドイツ人心理学者のヴォルフガング・ケーラーが、人工飼育下のチンパンジーが餌を手に入れるために、器用に棒や箱などの道具を使うことを証明してからの一〇〇年で、チンパンジーのように利口でなくても、動物は道具をつくって使えることがわかっている。脳がピンの頭より小さい二センチのクモにもできるし、チンパンジーほど賢くないほかのさまざまな種にもできる。アリはほかのコロニーの巣の入り口に石を積み上げて、そのメンバーが餌を探し回れないようにする。地下の巣穴に卵を産むカリバチは、開口部に小石を打ちつけ、土を平らにして穴を隠す。ウニが体を貝殻のかけらや藻や石で飾るのは、すてきな衣装で海の動物を感心させるためではなく、逆の理由から、つまりカモフラージュのためである。タコはそのようなカモフラージュを新しいレベルに引き上げ、沈んでいるココナッツの殻の下半分のなかに潜り込み、上半分をかぶって、獲物を待ち伏せする。ラッコが捕まえたカニをコンブでくるむのは、寿司の仕込みのためではなく、獲物が逃げ去るのを防ぐためだ。ラッコは腹の上にバランスよく置いた石を、背泳ぎしながら貝を割る台として利用することもできる。さらにその石を、道具箱として使っている脇の下近くの皮膚のたるみにしまい込む。タイの寺院の近くに住むカニクイザルは、人間の髪の毛を歯のフロスに使う。[1]

道具——目的のために操られるもの——の使用に必要な知恵は人類固有のものである、と長いあいだ信じられていた。[2] その考えはほとんど自画自賛だが、気休めになるかどうかわからないものの、人類の道具はいくつかの点で優れている。石のハンマーは圧縮空気で動かすジャックハンマーほど複雑でない技術である。さらに、動物が道具に供給する動力は重力と自分自身のエネルギーだけだが、私たちは風、太陽光、化石燃料、そして原子力のエネルギーも利用する。このような差異は今後も残るが、動物の知恵が解明されるにつれ、ほかの多くの差異は崩れ去りつつある。たとえば、ほかの道具をつくるために道具を使う種は人類だけ、と考えられていた。しかしそうではない。オマキザルは木の穴のなかにいる昆虫を掘り出すために、石を使って小枝をとがらせることができる[3]。

前章までに述べた生物進化のイノベーション――進化イノベーション――は、新しい動物のボディプランや新しい遺伝子と同じくらい互いに異なるが、すべて共通の基礎から発生している。この基礎とは、ＤＮＡと変異によるその変化だ。本章と次章で扱うイノベーションは、単純な動物の道具で始まり、最も高度な人間の創作で終わる。進化イノベーションに負けず劣らず多様であり、やはり共通の基礎から発生する。この基礎とは、神経系と呼ばれる複雑なニューロンのネットワークだ。文化イノベーションは、突き詰めれば、こうしたニューロンの発火パターンの変化から発生するのだ。

神経系は生物進化の産物だが、ひとたび構築されると、イノベーションのゲームのルールを変え、生命が生物学の拘束から抜け出すのを助ける。そのスピードをＤＮＡ変異のスピードとくらべてほしい。ヒトゲノムのどれかひとつのＤＮＡ文字が一年間で変異する確率は一〇億分の一未満である[4]（そもそも進化が起こりえるのは、ひとえに、私たちのゲノムにＤＮＡ文字が非常にたくさんあるからなのだ）。細菌の進化のほうが速い理由のひとつは、大きな集団には非常にたくさんの有望な発明家が存在することにある。しかしそんな細菌でさえ、新しい生存技術を見つけ出すのに数日から数週かかる。それにひきかえ、ニューロンの発火パターンは数ミリ秒以内に変化して、新たな動物の行動や人間の考えをもたらすことができる。

そして神経系はイノベーションのスピードを加速できるだけではない。ひとたびイノベーションが生まれれば、その広まりには、何世代もかかる可能性のあるゆっくりした自然淘汰のプロセスは必要ない。動物の単純な道具ベースのテクノロジーにも見られるとおり、はるかに速いプロセスで広まることができる。

このプロセスに関する重要な手がかりは、たまにではなく習慣的に道具を使う種に見られる。たとえば、タンザニアのマハレに生息する集団のチンパンジーのほとんどは、小枝を使って餌になるアリを探し、カリフォルニアに生息する集団のラッコの九〇パーセントは、石のハンマーで巻き貝や二枚貝を割り、カリマンタン（ボルネオ）島のクタイのオランウータンは、ほとんどが葉をナプキンとして使う。[5] 類人猿とラッコはまったく異なる動物だが、共通するのは複雑な社会生活である。個体が互いに観察し合い、小枝や石や葉の新しい用途を見つけた個体をまねることができる。[6] この能力——社会的学習——は、これらの種がどれだけ広範囲に道具を使うかを説明するのにおおいに役立つ。

二〇〇五年にアンドリュー・ホワイトゥンらが行なった社会的学習の力を実証する実験では、チンパンジーが棒を使って餌を取り出せる装置が設計された。研究者はそのあと、一七頭のグループから一頭のチンパンジーを選び、その装置を使うように訓練した。選ばれたのはほかでもない、グループの社会的序列の高い地位にあるメスである。このような個体は動物の世界のインフルエンサーであり、ロールモデルであって、ほかの個体は、地位の低い若者に対するより、そのようなメスの技術的指導にしたがう可能性が高い。たいがいの人は、博士課程一年目の学生の発見より、受賞経験のある年配の科学者の発見のほうに注意を払うのと同じだ。[7]

選ばれたチンパンジーが棒でつついて餌を手に入れるエキスパートになると、研究者は彼女をグループに再び合流させ、メンバー全員がその装置に近づけるようにした。すると、ものの数日で彼女の知識は広まり、ほとんどのメンバーが装置から餌を手に入れられるようになった。社会的学習がこの成功に欠かせないことを研究者が知ったのは、第二のチンパンジーグループに装置を与えたが、一頭を訓練することはしなかったときだ。こちらのグループのメンバーは誰も、餌の入手方法を発見しなかった。[8]

社会的学習は抗(あらが)いがたい社会的圧力もつくり出す可能性があることを、同じ研究者による別の実験が証明している。彼らは装置に餌を取り出すもうひとつの方法を加えた――棒でつつくのではなく、棒で装置の部品を持ち上げるのだ。研究者が第三の集団のチンパンジー一頭に、棒で持ち上げる技を訓練し、この新しいエキスパートを集団にもどしたところ、ほとんどの個体がすぐに棒で持ち上げるやり方を採用した。注目すべきは、棒で持ち上げるこの集団のなかに、棒でつつく技を発見した個体がいても、ほとんどがやがてその発見を捨てて、グループの多数派に加わったことだ。つまり、この動物たちは社会的慣行にしたがう行動をしたのだ。多くの人間と同様、ほかの大多数がやっていることをまねる傾向がある。

社会的学習のおかげで、動物は永続的な知識の伝承を生み出すことさえできる。そのような伝承は、技が親方から弟子へと代々伝えられる木工や石工のような、人間の専門技能のそれに似ている。[9] ブラジルのセラ・ダ・カピバラ国立公園のアゴヒゲオマキザルについて考えよう。その伝承される知識は、カシューナッツなどの堅い食物を石のハンマーで割る技術である。木の実を割るサルがいることで知られる遺跡の考古学的調査では、そのような石のハンマーの遺物が発掘された。サルの数百世代、つまり二四〇〇年以上もさかのぼる、木の実を割る伝統が明らかになったのだ。この集団のサルは、コロンブスがアメリカ大陸を発見するずっと前から、木の実をたたいていたのである。[10]

社会的学習のおかげで、動物は異なる種からも学習することができ、劇的な結果を生む。次に示すのは、メスのオランウータンがリハビリテーションキャンプで習得したことである。そこは森林伐採者のせいで親を亡くしたり、違法にペットとして売られたりした動物に、人間が森での生活を再認識させる場所だ。ある観察者によると、このオランウータンは――

釘を打ち、木をのこぎりで挽き、斧の刃を研ぎ、木を斧でたたき切り、シャベルで地面を掘り、燃料をサイフォンで吸い上げ、玄関ポーチをほうきで掃き、建物にペンキを塗り、水をポンプでくみ、吹き矢を吹き、吹き矢の矢をセットし、タバコに火をつけ、火を（ほぼ）おこし、食器と洗濯物を洗い、左右に揺らすことによって丸木舟から水をくみ出し、ブーツをはき、眼鏡を試着し、髪をとかし、顔をティッシュで拭き、日差しを避けるためにパラソルを差し、虫除けを自分に塗った[11]。

このような才能を知ると、蜂蜜やアリやシロアリを木の穴から採取するために道具を使う野生のオランウータンでも、社会的学習が重要であることは意外ではない。だからこそ、大規模な食料探し隊を組んで森を探検するオランウータンのほうが、もっと小さい隊で行動するオランウータンより、頻繁に道具を使うのだ。大規模隊のほうが社会的学習の機会がたくさん生まれる[12]。

社会的学習が重要なのは、イノベーションを自然淘汰よりはるかに速く広められるからだ。しかしイノベーションが広まる前に、動物はそれを発見していなくてはならない。ここで私たちは、前に遭遇した疑問に直面する。第一に、道具の発見は容易なのか困難なのか？　種の個体は繰り返し同じ道具を発見するのか、それとも、そうした発見は特異な出来事なのか？　ココナッツの殻に隠れる方法を発見したのはタコのアインシュタインなのか？　木の実を割ることを発見したのはサルのアルキメデスなのか？

実際に難しく思える道具のイノベーションもある。たとえば、アフリカの多くのチンパンジー集団は木の実を割るが、ガボンのチンパンジーはやらない。木の実がないせいではない。後者が生息する場所にも木の実は豊富にある。石のハンマーと石の台がないせいでもない。そういうものもふんだんにある[13]。さらに言えば、コートジボワールの隣どうしで暮らす二つのチンパンジー集団で、どちらの縄張りにも木の実と石があるのに、一方は木の実を割るが他方はやらない。二つの集団はササンドラ川によって隔てられていて、一方の集団の動物が他方に越境するのが難しい。両方の例から、チンパンジーは木の実割りを頻繁に発見するのでないことがうかがえる。非常にまれなことなので、まったく発見しない集団もあるのだ。おそらくその理由は、木の実割りが簡単なスキルではないことにある。チンパンジーがきちんと学習するには四年かかる[14]。

こうした例から、第1章に出てきた一回しか起こらなかった特異な進化イノベーションが思い起こされる。砂漠の植物サバクオモトの水分を取り込む巨大な葉がそうだ。そしてそのような例と同様、木の実割りは例外的なのかもしれない。なぜなら、ほかの多くの道具スキルは、発見がもっと容易だからだ。そのことを明らかにしているのが、西アフリカのセネガルから東アフリカのタンザニアまで、アフリカの九つのチンパンジー集団で道具のスキルを調べた研究である。この研究では、複数の集団で実践されている一一種類の道具スキル――棍棒（こんぼう）として小枝を使う、巣のなかのシロアリを採取する、葉のついた枝でうるさいハエを追い払う、等々――を調べている。こうしたスキルはどれも、すべてではないがいくつかの集団で実践されていて、さらに――ここが重要――実践されている集団の縄張りはつながっているわけではなく、継ぎはぎになっている。言いかえれば、スキルそれぞれは何百何千キロメートルも離れている複数のチンパンジー集団に広まっていたが、そのあいだには、そのスキルがまったくない集団がひとつ以上あった。

この道具スキルの継ぎはぎはどうして生じたのだろう？　ひとつの可能性は、スキルそれぞれは一回だけ発見されて複数の集団に広まったが、いくつかの集団では再び忘れられたということだ。社会的学習がどれだけ影響力をもつかを考えると、そのスキルが役に立つかぎり、これはほぼありえないだろう。[15]もっと可能性があるのは、スキルそれぞれが何回か、ちがう集団によって発見された。もしそうなら、そのスキルは第1部に出てきた多くの進化イノベーションに似ている。進化によって二回以上発見された、ラテックスや樹脂のようなイノベーションだ。

同じことが、オーストラリアのシャーク湾に生息するバンドウイルカに特有の狩猟道具に言える。シャーク湾は広大な水域で、面積は八〇〇〇平方キロ以上あり、一五〇〇キロメートルにおよぶ海岸線が、湾を複数の入り江に分割している。これらの入り江には深い水道があって、そこに豊富に生息する海綿がイルカにとっての狩猟道具になる。イルカは隠れた獲物を求めて海底を繊細なくちばしを使って掘るのだが、くちばしがこすられるのを防ぐために、まず海綿をくちばしに突き刺して、掘っているあいだの保護道具として使う。[16]奇妙なことに、海綿をこのように使うのはおもにメスである。DNA検査によると、こうしたメスは母から始まり、娘、孫娘、そのまた娘へと続く母系の家系を形成している。要するに、海綿使いは母から娘に伝えられている。

海綿使いは何回か発見されたにちがいない。なぜなら、海綿を使うメスが自分たちの水道の外を遠くまで移動することはめったにないにもかかわらず、三〇キロ以上離れたイルカ集団で観察されているからだ。[17]さらに重要なことに、DNA検査によると、海綿の使い手が形成する母系は複数ある。それぞれが異なるイルカによって創始されたのであり、それはおそらく何世代も前に、この新しい狩猟方法を発見したイノベーターである。[18]

多重発見を示すさらに別の事例は、日本の幸島（こうじま）のニホンザルである。研究者が海岸にサツマイモを置いておくと、一匹のメスが、ただ土を払い落とすのではなく、川の真水でイモを洗えることを発見した。その新しいスキルは急速に集団全体に広まった。特異な発見が社会的学習によって強化されたのだ、と考える人もいるかもしれない。しかし、ほかにも四つのサル集団が別々にイモ洗いを発見している[19]（多くのニホンザルは料理法のもっと細かい点に敏感で、洗ったイモを海の塩水に浸してから食べることも学んでいる）。

このようなイノベーションは、なぜその発見が容易かを理解する助けにもなる。変更をほとんど必要としないほかのスキルを流用しているのだ。ニホンザルはイモの洗い方を発見する前にすでに、食物から砂を払い落としていて、同じことを水中でやるのはそれほど難しいことではない。実際、ニホンザルがイモを洗うときには、たいてい水中で片手にイモをもち、もう一方の手でそれをこすっている。両手を使ってイモから砂を払い落とすのに似ている[20]。

別の種類の流用を実践しているのは、ニューカレドニアに生息するカレドニアガラスだ。硬いパンダンの葉を薄く剝ぎ取り、その細片を、木の洞にいる昆虫を探すときの棒状道具として使う能力が知られている。このスキルは別の、それほど印象的ではないスキルを土台に成り立っている。このカラスはパンダンの葉を引き裂くことができるのだ。おそらく、密集している葉のあいだに隠れている昆虫を捕まえるためだろう[21]。葉を引き裂くところから、その裂いたものを新しい目的に使うところまでは、それほど遠くないかもしれない。

そしてアリジゴクもいる。ウスバカゲロウの幼虫で、砂地にすりばち状の落とし穴を掘り、その底で待ち伏せる。有毒の大きなあごが、通りかかるかもしれない獲物を待ちかまえている。落とし穴の壁はとても急なので、穴の縁をまたぐ無謀なアリは、アリジゴクの待つ底へと滑り落ちる。アリがなんとか壁を這い上がったとしても、アリジゴクにはうまい奥の手がある。頭を振り回して、砂をアリにたたきつけるのだ。それでアリは砂粒攻めにされるだけでなく、その砂粒が地面に落ちたときに起きる小さな雪崩で、斜面を滑り落ちる。巧妙だが、たぶん難しくはない。なぜならアリジゴクは砂を放り投げる同じ動きを、落とし穴を掘るため、あるいはメンテナンスするために使うからだ[22]。

これまでの章で見てきた多くの進化イノベーションと同様、新しい道具スキルの発見は、動物がそのようなスキルを繰り返し発見するときは、それほど難しいことではない。そして前述の例と同じように、既存のスキルの流用によって、多重発見は容易になる可能性がある。しかしとくに重要なこととして、動物はそのような発見をする生得の潜在能力も示す。この潜在能力は、野生動物より観察しやすい人工飼育下の動物で見つけやすい。

この潜在能力が目立つのは、エジプトハゲワシである。東アフリカに広く生息し、ダチョウの巨大な卵が好物だ。観光客に公開されているダチョウ農場のなかには、半分埋められた卵のうえに客を立たせることによって、ダチョウの卵の硬さをアピールするところもある。その程度の仕打ちでは通常、卵はびくともしない。観光客をさらに感心させるために、ツアーガイドは電動ドリルのような乱暴な方法で卵を割ることもある。ハゲワシはすばらしい電動ドリルのことは知らないので、自然界でダチョウの卵に遭遇したとき、もっと単純な道具を用いる。割れるまで卵に石を投げつけるのだ。この石投げスキルは、東アフリカだけでなく南アフリカ、イスラエル、ブルガリアのようなはるか遠くのエジプトハゲワシにも広まっている。この鳥はあちこち遠くまで渡りをするので、たった一回の発見から社会的学習によって広まったのかもしれない。ところが、その可能性が低いことを、二羽のエジプトハゲワシをほかのハゲワシと接触させずに手塩にかけて育てた研究者が明らかにした。ダチョウの卵のなかに食べられるものが入っていることを教えられた若鳥は、すぐさま別々に二羽とも、石投げのスキルを身につけたのだ。若鳥それぞれが、このスキルを発見する生得の才能をもっていた。そしてここでも、もっと単純なスキルの流用がこの発見を容易にした。エジプトハゲワシはよく、もっと小さい鳥の卵を地面に投げつけて割る。卵投げから石投げへの道はそれほど遠くはなく、ハゲワシの行動は実際、石投げが卵投げから生まれたことを示唆している。石を投げるハゲワシは、なめらかで卵形の石を投げたがるのだ。[23]

エジプトハゲワシの道具よりよく研究されているのは、ガラパゴス諸島のキツツキフィンチだ。この鳥は、昆虫を木の穴の隠れ家からほじくり出すための小枝やサボテンのとげを、使う前にきれいに整える。ある実験で、研究者は六羽のキツツキフィンチをほかのフィンチから隔離して育て、おもちゃになる小枝と、おいしいカブトムシの幼虫が入っている木の幹を与えた。六羽の若鳥それぞれが、幼虫を引き出すのに小枝をどう使えばいいかを見つけ出すのに、数週間しかかからなかった。どの鳥もこのスキルを自力で発見したのだ。

研究者は次に、隔離されていた鳥の小枝使いの腕前を、ほかの上手な小枝使いからこのスキルを学ぶ機会のあった七羽の鳥とくらべた。驚いたことに、隔離されていた鳥も同じくらい上手だった。言いかえれば、若いキツツキフィンチはほかの鳥を見習う必要はない。小枝の使い方を発見する潜在能力をもっているのだ。必要なのは適切な機会だけである。[24]

多くの飼育下動物はさらに驚きの才能を見せる。その一例がカレドニアガラス、葉っぱの細片を道具にするのと同じカラスだ。カレドニアガラスは小枝使いのエキスパートでもあり、器用に小枝の道具をつくる。年長のキツツキフィンチのように小枝を使い、手入れすることができるが、フック付きの小枝をつくることもできる。作業するのに器用な手はなく、くちばしと脚だけであることを考えると、それはかなりの偉業だ。[25] しかしその能力が真に輝くのは、もっと困難な問題に直面するとき、すなわち、別の道具を使うことによってひとつの道具の有効性を向上させるときである。これは「メタ道具」とも呼ばれる。

あるメタ道具課題では、七羽のカラスそれぞれが、横に穴のあいた箱のなかから肉片を取り出さなくてはならなかった。箱は奥行きがありすぎて、くちばしが肉には届かなかったので、カラスは肉を箱から引き出すのに長い小枝を使う必要があった。しかし与えられた小枝は短すぎて肉に届かない。この問題は解決できないように思える。しかし抜け目ない実験者は、ちょうどいい長さの小枝を、近くのケージのなかに置いておいた。けれども困ったことに、その小枝まではカラスのくちばしが届かないほどの距離がある。唯一の解決策は、桟のあいだに短い小枝を差し込み、長い小枝を近くに寄せ、長い小枝をケージから取り出し、長い小枝を箱に差し入れ、肉を近くに寄せること。鳥にとっては不自然な課題であり、自然界では直面しないことだった。それでも、七羽すべてがこの問題を解決しただけでなく、そのうち三羽は一回目で成功した。[26] 三つの道具——餌を手に入れるために必要な道具、それを取り出すための道具、さらにそれを取り出すための道具——を必要とするもっと複雑な課題でも、七羽のうち四羽が成功した。[27]

カラスのなかで眠っているこうしたイノベーションの潜在能力を、人工飼育が目覚めさせる。カラスだけではない。この現象は広く見られるので、名前までついている——人工飼育バイアスだ。ゾウ、齧歯類、ハダカデバネズミ、サル、類人猿など、多くの動物が野生のときより人工飼育されているときのほうが、多くの道具、または異なる種類の道具を使う。[28] たとえば人工飼育されているときだけ、オマキザルはレバーを使うことを学び、テナガザルは物を投げることを学び、ボノボは体液を拭うことを学ぶ。人工飼育動物はたいてい、人間を含めてほかの動物と接近して暮らし、観察することによって教育を受けられることについては、すでに述べた。けれども、それが理由のすべてではありえない。たとえば前述の実験で、カラスはそれぞれほかのカラスを観察することなく、自力でうまく新しいスキルを発見した。

人工飼育がなぜ特別なのかを理解するために、人工飼育動物は恵まれた生活を送るのだと知ることが役に立つ。規則正しく餌を与えられ、つねに捕食者にビクビクする必要はない。その結果、エネルギーと時間がたくさんある——おそらくありあまっている——ので、おもちゃや道具が使えるなら、それをいじって新しい用途を発見するだろう。実際、豊かな生活のほうが人工飼育そのものより重要かもしれない。ニホンザルの集団がその好例だ。あのニホンザルは野生だったが、研究者に餌を与えられた。そして無料のランチを手に入れていたあいだ、石で遊んでいた。まさに、新しい道具スキルを発見するのに役立つ可能性のある行動だ。しかし研究者が餌の提供をやめ、サルが自力で生きていかなくてはならなくなると、サルはしだいに遊ぶのをやめた[29]。

野生では道具を使うことさえない種のなかには、人工飼育下ですぐにその有用性を発見する種もいる。その例が、カラスやワタリガラスと近縁のミヤマガラスだ。ある実験でミヤマガラスに、深い円筒のなかの水面を漂う虫を手に入れるという課題を与えた。水位が低すぎてくちばしが虫に届かない。しかし円筒の隣に小石の山がある。鳥はすぐに、小石を円筒のなかに投げ込んで、くちばしが虫に届くまで水位を上げることを学んだ。

このような創意工夫の能力は、二五〇〇年以上前、古代ギリシアの作家イソップによって、寓話「カラスと水差し」に表現されていた。喉の渇いたカラスが水を飲むために水差しに石を投げ入れるのだ。イソップはこの物語をでっち上げたのではない。なぜなら紀元一世紀にローマの博物学者の大プリニウスが、鳥に見られるこの行動を記述しているのだから[30]。しかし現在の科学は、数千年前の寓話に追いつくだけではない。人工飼育下のミヤマガラスが、ほかのスキルも容易に学習することを発見している。餌を動かすために小石を投げたり、獲物を求めて小枝でつついたり、かごを持ち上げるためのフックをつくったりする方法、さらにはほかの道具を手にするために道具を使う方法さえ発見する。結論——この鳥は、道具を使うための生得の神経系プログラムを実行するだけではない。もっと広範の知力と発見の潜在能力を示しているのだ。その能力は野生では眠っているが、適切な状況で開花する。

人工飼育はそのような状況のひとつだが、野生でも比較的適した状況がある。どういうことかわかってもらうために、ガラパゴス諸島のキツツキフィンチにもどろう。自力でたやすく小枝つつきを発見する鳥だ。野生では、海岸近くの乾燥した半ば砂漠の地域に生息するフィンチ集団もいれば、もっと高度が高く、青々として湿潤な雲霧林に生息する集団もいる。海岸近くの集団のほうが森の集団より、小枝の使用が広まっている。その理由は、海岸は乾燥していて食物が少なく、フィンチは食べるために働く必要があるからだ。森ではそうでもない。食物が豊富なので、フィンチは苦労して木の穴から昆虫を引き出す必要がない。[31]

同じように、ラッコは獲物を石の上で割るのに道具を使うが、すべてのラッコ集団が同じ頻度でそうするわけではない。アラスカのアリューシャン列島のラッコは、はるか南のカリフォルニアのモントレーにいるラッコほど、獲物を割る道具を使わない。不可解に思えるかもしれないが、割る必要のある殻の硬い巻き貝やハマグリやイガイやホタテ貝が豊富なのは、南方であることがわかれば事情が変わる。[32]

同じことは、ブラジル全土に散在する集団で生活するオマキザルにも言える。木がまばらに生える開けたサバンナ様の草地に生息する集団もいれば、森に住む集団もいる。草地に住むサルのほうが森林に住むサルより、木の実を割って開けるのに石のハンマーと台を使うことが多い。理由のひとつは、草地のサルのほうが地面の上で過ごす時間がはるかに長く、石を見つけてそれで遊ぶ機会がはるかに多いことだ。こうした機会は重要である。チンパンジーと同様、オマキザルが木の実割りを学ぶのには何年もかかるからだ。さらに一部の集団では、ハンマーになる石が非常に少ないので、サルはもっと大きい台になる石のところまで運ぶ必要がある（そういう集団のサルは、二足歩行しながら、ハンマーになる石と割るべき木の実の両方を、苦労して運んでいるのが見かけられる)[33]。

　こうした例すべてから、道具を使うことによってイノベーションを起こす潜在能力を、多様な動物がもっていることがわかる。さらに、この潜在能力は適切な環境によって目覚めさせられるまで、休眠していることもわかる。この環境について一般的なことを何か言えるだろうか？　鳥とサルほどもちがう動物に共通するものが何かあるのか？

　ひとつの可能性として、この環境では食物が乏しくなければならない。なにしろ世間では、必要が発明の母だと言われている。だから動物は飢えから逃れる方法を革新するのだろう。それが当てはまる種もいるが、ブラジルのオマキザルはそうでない。むしろ逆のものを必要とする。道具を使う機会をたくさん必要とするのだ。草地を走り回ることによって、この機会を提供する石をたくさん発見する。もし必要が発明の母であるなら、果物や昆虫のようなほかの食物が乏しいとき、木の実を割るはずだ。しかしそうではない。むしろ木の実が豊富で、木の実を割る機会が多いときに、たくさんの木の実を割るのだ[34]。

　ギニアのセリンバラに生息するチンパンジー集団にとっても、機会は重要である。チンパンジーは豊富なグンタイアリを捕獲するのに道具を使うが、もっと数の少ないシロアリを捕食するためには道具を使わない。ほかの食物が乏しいときでも、この目的では道具を使わない[35]。同様に、スマトラ島のオランウータンは、木の穴から昆虫を捕まえるのに道具を使うこともあれば、使わないこともある。飢えているかどうかにかかわらず、木の穴がたくさんあるときには、必ず優先的に道具を使うのだ。

　道具を使う種では、機会が発明の母なのかもしれない。新しい道具を発見する潜在能力を目覚めさせる環境は、そのような機会を提供するのだ。こうした機会は、豊富な道具の材料、豊富な獲物、動物園の安全など、さまざまな形をとる可能性がある[36]。

こうした例はすべて、道具のイノベーションと生物進化のイノベーションのさまざまな類似点を明らかに示している。植食性やハイポコーンのようなイノベーションを進化が何回も発見したのと同じように、動物は似たような道具スキルを何回も発見する可能性がある。言いかえれば、種の歴史における多くの道具の発見は、生命の歴史で一回しか起こらなかった革新的なＤＮＡ変異のような特異な出来事ではない。それよりむしろ、種の生得的なイノベーション潜在能力を明らかにしている。この潜在能力は、適切な環境によって目覚めさせられるまで、休眠したままであることが多い。余分な時間とエネルギーがある人工飼育下の生活は、この環境をつくり出す助けになりえる。道具の材料で遊ぶ機会を提供することなら、野生生活でもその可能性はある。しかし最終的には、どんな道具イノベーションも、役立つことを証明してはじめて成功できる。道具イノベーションが成功できるのは、豊富な獲物が狩猟道具を価値あるものにするときだけ、豊富な木の実が木の実割り道具を価値あるものにするときだけ、といった具合だ。適切な場所と適切な時機にあってはじめて、成功できるのだ。

# 第7章　数を数えるニューロン

人類文明の根底にあるあらゆる基本的能力のなかで、際立っているのは数学だ。メソポタミアの交易と課税という卑近なところに端を発し、近代テクノロジーの土台になった。そしてさらに、原子より小さな粒子の構造から宇宙、さらには宇宙が誕生した日まで、広範囲におよぶ自然法則の定式化を助けた。数学はこの地球だけでなく、銀河系どころかどんな星雲にある惑星にも、当てはまる原理を明らかにしている。

そうであれば、科学者が数学の起源はどこなのかを不思議に思うのも意外ではない。そして、数学の土台になっているのが、人類史の大部分にわたって眠っていた古来の才能であることを見いだした。新しい道具を発見する動物の能力と同様、この才能は長期にわたるダーウィン的進化のあいだに形成されてきた。けれども、この才能の起源のほうが動物の道具スキルについてより、わかっていることがはるかに多い。たとえば、その背後にある神経回路がわかっている。そして、私たちの文化の最も革新的なイノベーションでさえ、時機が来るまで何千年も、じっと待たなくてはならない可能性があることもわかっている。

数学スキルの根源を見つけるために、心理学者が赤ん坊を研究したがるのは、赤ん坊がまだ数学教育に触れていないからだ。しかし赤ん坊の実験には難題がある。赤ん坊は考えたり感じたりしていることを話せない。さいわい、この問題についての次善策は存在する。ボールが空中に浮いたり、人形が突然消えたりするような、予想外の出来事に驚くと、赤ん坊がその光景を見る時間が長くなるという事実を利用するのだ。そのような出来事は、赤ん坊でさえ理解している物理の基本法則を破っている。そしてこの理解をもとに、心理学実験を構築することができる。

そのような実験のひとつでは、赤ん坊が人形劇の舞台の前にすわる。横のドアから舞台に手が入ってきて、舞台上におもちゃのネズミを置いて出て行く。次に舞台上に衝立が立てられて、ネズミを隠す。そのあと手が再び別のネズミを持って現われ、衝立の後ろに行って、そのネズミを最初のネズミの隣に置き、再び退出する。これで舞台上には二匹のネズミがいるが、どちらも衝立の背後にいて、赤ん坊からは見えない。

話すことはできないかもしれないが、赤ん坊は賢い。衝立の向こうに二匹のネズミがいるはずだとわかっている。しかし実験者はこっそり二番目のネズミを落とし戸から持ち去る。そのため衝立が取り払われると、ネズミは一匹しか見えない。そうなると赤ん坊は戸惑う――二匹のネズミが見えるときより、はるかに長い時間、舞台を見つめるのだ。一匹のネズミ足す一匹のネズミは二匹のネズミのはずなので、何かがおかしいことを赤ん坊はわかっている。

もっと単純な実験で、心理学者は床にすわっている赤ん坊の近くに、小さい不透明なバケツを二個置く。赤ん坊の手が同時に両方には届かないくらい、二個のバケツは離れている。赤ん坊が見ている前で、実験者は最初のバケツにグラハムクラッカーを一枚落とし、二番目のバケツには二枚のクラッカーを落とす。生後一〇カ月くらいの赤ん坊は、クラッカーが多く入っているバケツに向かって手を伸ばす、またはハイハイをする。二枚のクラッカーは一枚より多いとわかっているのだ。赤ん坊は話ができる前から、すでに基本的な計算ができる。[1]

　赤ん坊、子ども、成人を対象とする実験で、私たちはみな、数のスキルを二つもっていることがわかっており、生まれながらに備えているか、または赤ん坊のときに身につける。両方とも「数量」、すなわち物体の集合中の物体の数を定量化するスキルだ。第一のスキルは、少数の物体の数を、自分が数えていることに気づかずに、瞬時に数えることを可能にする。この瞬間的な個数把握は、ラテン語で突然を意味するサビトゥスから、「サビタイジング」と呼ばれる。サビタイジングでは、訓練なしで三個か四個までの物体を把握できる。[2]

　第二の能力は、もっとたくさんの物体の数を定量化するのだが、およその数だけなので、専門用語で「概数システム」と呼ばれる。点が八〇個の画像と、その隣に点が五〇個の画像を示された場合、コンマ数秒しか見えず、すべての点を数える時間がなくても、人はとっさにどちらのほうが点が多いかを判断できる。それが概数システムの作用である。

　ほとんどの人は一〇個の物体と一三個の物体をすばやく区別できるが、一〇〇個と一〇三個を区別することはできないだろう。概数システムの正確さは、ウェーバーの法則と呼ばれる原理にしたがっている。一九世紀の実験心理学のパイオニアに由来するこの法則は、数だけでなく、二つの音の周波数や、二個の物体の重さ――もともと法則が発見されたきっかけ――や、二枚の画像の明るさを区別する能力にも当てはまる。[3]簡単に言うとウェーバーの法則とは、二つの数を区別する能力は両者の比率で決まる、ということだ。二〇個の物体と一〇個の物体を区別することと、二〇〇個と一〇〇個を区別することが同じくらい容易なのは、その数の比率が同じ二対一だからである。それにひきかえ、一二〇個と一〇〇個を区別するほうが難しいのは、数の比率が一・二対一で、一にはるかに近いからだ。[4]

人はみなこのように数量を比較することができるが、それに長けている人もいれば、そうでもない人もいる。最も優れている人は、差が一〇パーセント以下の個数を区別できるが、二五パーセント以上ちがう個数に苦労する人もいる。そして、当て推量するのがいちばん上手な人は、IQが最も高いとはかぎらないにしても、本物の数学、ただ数えるだけでなく、もっと高度な数学、数学記号を操るような数学――にも長けている傾向がある。たとえば、六〇人の青年を対象として数を見積もる能力をテストしたある研究では、最優秀者ははるか幼稚園までさかのぼって、算数も得意だった。[5] さらに、幼い子どもの個数を見積もる正確さは、成長してからの数学スキルの予測に役立つ可能性がある。[6] 逆も真である。計算力障害――数学特有の学習障害――の子どもは個数の目測も苦手である。[7]

抽象的数学の才能は、数感覚にもとづいている。そしてこの才能は人間に固有のものなので、数感覚もそうにちがいない。この結論は自明に思えるかもしれない。少なくとも、もっともらしく思われる。しかし残念ながら、完全なまちがいである。

反論のひとつは、あなたも聞いたことがあるかもしれないが、サーカスで動物が数を数える出し物だ。おそらく最も有名なのは、二〇世紀初期の賢い(クレバー)ハンスと呼ばれるウマだろう。ハンスは「一二足す一二は？」というような算数の問題に、正しい数をトントンとひづめを鳴らす回数で答えるように見えた。引き算、割り算、かけ算も正しく行なうようだった。

クレバー・ハンスの話はできすぎに思えるし、実際にそのとおりだ。暴露されたことのひとつは、ハンスが正しい答えを出すのは、ひづめを鳴らすあいだ、出題者を見ることができる場合にかぎられる、という話だ。もうひとつは、出題者が答えを知らない場合、ハンスは答えをまちがえる、という話だ。たしかに、調査した心理学者が発見したのは数学の才能ではなく、まったくちがうものだった。ハンスがひづめを鳴らしているあいだ、出題者は姿勢や顔の表情を変え、ハンスのトントンが正しい答えに近づくにつれ、高まる緊張を映す無意識の合図を示す。ハンスはこの合図を読み取った。トントンが正しい答えに達すると、出題者の顔と体の緊張が解消する。ハンスはこの解消がトントンをやめる合図だと気づいたのだ。

ハンスが驚異的だったのは数学スキルではなく、ボディランゲージを読み取れたことだった。実際、このウマのほうが大勢の人間の心理学者より、心理学に大きな影響を与えることになった。今日では、心理学者はクレバー・ハンス効果なるものについて言及し、それを確実に避けようとする。動物や人間を研究するとき、被験者が実験者のボディランゲージを読むことがないようにするのだ。[8] その結果、実験の信頼度が上がった。そして最終的にはこうした実験が、動物の真に深い数学関係の才能を明らかにした。

ヒヒは一〇〇匹もの個体からなる大きな群れで暮らし、食物を求めて長い距離を移動する。そうするとき、群れはときに小集団に分裂し、のちに再び合併する。個体はどうやって、どの集団に加わるかを決めるのだろう？　どちらかのリーダー、つまり集団の上位個体にしたがうのでは？　そうではない。二〇一五年に行なわれたＧＰＳ追跡装置を装備されたヒヒの研究で、個々のヒヒがただリーダーにしたがうのではないことがわかった。個々のヒヒは二つの集団のうち大きいほうに加わるのを好む。その理由は、数が多ければ安全だからかもしれないし、大きな集団での食物探しのほうが効率的だからかもしれない。

しかし、ヒヒはどうやって大きいほうの集団を特定するのだろう？　一瞬で判断する必要がある場合のヒトと同じように、ヒヒはたくさんの数を数えるわけではない。見積もるのだ。そして正しく見積もる可能性はウェーバーの法則にしたがう。つまり集団の大きさの比率で決まる。この比率が一対一の等比から遠ければ遠いほど、見積もりが正しくなる可能性が高い。実際、二つの異なる数を区別するヒヒの能力は、三歳児のそれに似ている。つまり、ヒヒにもヒトと同様に数感覚がある。[9]
自分たちは特別なのだとする人間の鼻をへし折るサルはヒヒだけではない。マカクは人間と同様に少数のものをサビタイジングし、大きい数を見積もることもできる。そして人間と同様、同時に複数の物体を見なくても、個数を見積もることができる。次から次に見るだけでいいのだ。目に見える物体ではなく、一連の音でもうまくいく。さらに、マカクは音と物体の混合配列も数えられる。[10]その能力は「クロスモーダル」なのだ。視覚や聴覚のようなひとつの感覚様相（モダリティ）に依存しない。クロスモーダルであることは、真の数感覚の証明である。
数感覚のある動物はサルだけではない。アメリカクロクマはタッチスクリーン上に示される点の数を見積もることができる。野ネズミは赤アリの大きい群れより小さい群れを捕食するのを好む。ライオンは別のライオン集団の大きさを見積もってから攻撃する。カラスは少ない食物より多い食物を選ぶ。グッピーは二つの群れのうち大きいほうに加わることを好む。オスのモスキートフィッシュ（カダヤシ）は多くのメスがいる群れに加わるのを好む。オスのカエルは近くにいるほかのオスが交尾期に何回鳴き声を出すかを数えて、その数に合わせる――隣が五回鳴いたら、メスを感心させるために六回鳴くのだ。[11]
人間の自尊心にとって最もつらい発見かもしれないのは、脳がとても小さいクモや昆虫にさえ、数感覚があることだ。クモは巣にかかっている獲物の数をわかっているし、マルハナバチは植物一本につく花の数を記憶し、ミツバチは花畑への道で通る目印の数を覚える。[12]ゼロの概念さえ把握している（鳥とサルもそうだ）。これは驚きだ。なにしろゼロは人間の数学では先進の概念である。ゼロを表わす記号がなかった古代文明もある。[13]哲学者のアルフレッド・ノース・ホワイトヘッドの言葉どおり、「魚をゼロ匹買いに行く人はいない」[14]。

お釣りを数える必要がない生物が、どうして数感覚から利益を得られるのかは理解しやすい。植物につく花を数えるマルハナバチは、同じ花を二回訪れるという無駄な努力をする必要がない。たくさん地虫のいる区画を求めて地面を探し回るカラスは、飢える回数が減るだろう。大きい群れに加わる魚は、捕食者の攻撃を生き延びる可能性が高い。動物の小さい群れを攻撃するライオンは、けがをする可能性が低い。

これまで見てきたほかの多くのイノベーションと同様、数感覚は一度ならず発生している。たとえばヒトとカラスに共通の祖先が生きていたのは三億年あまり前で、それ以降、両者の脳は別々の道を進化してきた。そしてヒトとカラスでは数を処理する脳部位は進化的起源が異なるので、数感覚も別々に進化したにちがいない。[15]同じ理由で、ハチもまた独自に数感覚を生み出したと主張できる。このように何度も発見されていることから、数感覚は幅広く生存にとって価値があるにちがいないことがわかる。さらに重要なこととして、それを進化させるのはそれほど難しくないはずだ。

この結論を裏づける別の事実もある。すなわち、数感覚には複雑な脳が必要ない。たとえばヒトのニューロンが数十億あるのにくらべて、ミツバチのニューロンは一〇〇万個にすぎない。そして、それでも必要とされるよりはるかに多い可能性がある。神経生物学者がコンピューターで単純な動物の脳の神経回路網（ニューラルネットワーク）をシミュレーションしたところ、ニューロンがわずか六〇〇個の回路網でも、数感覚をつくり出せることがわかった。[16]

さらに重要なのは、私たちの脳全体の視覚情報の流れを模倣するように設計された、コンピューターシミュレーションによる神経回路網で二〇一八年に得られた知見である。その回路網は人工知能で重要な類いの回路網であり、深層神経回路網（ディープニューラルネットワーク）と呼ばれる。なぜなら、シミュレーションされたニューロンが一層だけでなく複数層になっていて、それらが互いに連絡しているからだ。深層神経回路網は適切に訓練されたあと、たとえば自然の物体を分類するなど、さまざまな課題で優れた成果を出す。訓練中、回路網にはさまざまな物体の画像が示され、その神経連絡は、画像を正しく分類するようになるまで調整される。

研究者がこの特定の回路網を一二〇万枚の画像で訓練すると、最終的に回路網はクモ、イヌ、テニスボール、ネックレスという異なる物体を識別するようになっていた。次に研究者は、単純だが巧妙な疑問を投げかけた。訓練された回路網は物体を数えることもできるのか？　できる。最大三〇個の異なる対象——心理学者が数感覚を試すのに使ったような点——を示されたとき、反応するニューロンは点の数によってちがった。一個の点の画像でとくに活性化したものもあれば、二個の点の画像で活性化したものもあり、といった具合だ。さらに、ヒトやほかの動物の脳と同様、点の数を見積もる回路網の正確さはウェーバーの法則にしたがっていた。こうしたことすべてが驚異的なのは、回路網は数える訓練を受けていなかったからだ。数感覚が自発的に、唐突に、無償で、視覚画像を処理する能力の副産物として、発生する可能性があることを示している。[17]こうした神経回路網の数感覚は、本書で最初に代謝の化学ネットワークで見た潜在的イノベーションのひとつに似ている。

一九一九年、数学者で哲学者のバートランド・ラッセルは、数学の奥深さに驚嘆してこう書いている。「つがいのキジと二日(ふつか)は両方とも二という数の例であることを発見するまで、長い年月が必要だったにちがいない。関与する抽象化の度合いは決して容易ではない」[18]

彼はまちがっていたが、それがわかるには一〇〇年にわたる研究が必要だった。前述のとおり、数感覚は私たちの基本的な生得の知的能力の一部である。その発達に長い年月は必要なかった。少なくとも、人類の歴史で長い年月は必要なかった。なぜなら、それは人類文化のイノベーションではなく、人類そのものよりもっと昔からあったからだ。サルなどの哺乳類にも発生しているからには、人類が進化するうちに最近起こったイノベーションでさえない。それなら、古来の数感覚をもとにしたヒト特有の数学の才能もまた、ダーウィン的進化の産物ではないのだろうか？

この疑いは、人類史において最近の数学がどうやって生まれたかを考えると、いっそう深まる。四万年ほど前までさかのぼる先史時代の骨には、考古学者が数と解釈する規則的な印がついている。[19] しかし、私たちが知っているような数学がようやく生まれたのは、もっとずっとあと、およそ五〇〇〇年前だ。それはシュメールやバビロンやエジプトのような古代文明が、単語だけでなく数字も記録する高度な方法を開発したときだ。[20] 人類はもっとはるかに長いあいだ、約二〇万年前から存在していた。[21] そしてその期間の大半にわたって、数学は存在しなかった。

現在でさえ、西洋では教師が何年もかけて子どもの頭に数学の重要性を教え込む一方、世界中の驚くほど多くの民族が計算なしでうまくやっている。大きなお世話である。いくつかの大陸の先住民族が話す一九三の言語の大多数に、五より上の数詞がない。さらに注目すべきことに、オーストラリアで生まれた一八九の先住民言語のうち、七〇以上の言語に三を超える数詞がない――基本的に「一」、「二」、「三」そして「たくさん」で表現できる。[22] そのような多くの言語には、二と一という数字で構成される二一のような、小さい数字で構成される大きい数もない。[23]

そのような先住民族のなかでよく研究されているのは、ブラジルのアマゾン川流域で暮らすムンドゥルク族である。ムンドゥルク族には五より上の数詞がないだけでなく、数を数えるのに二より上の言葉を使わず、個数を見積もるだけである。たとえば、五を表わす数詞は大ざっぱに「手」や「一握り」と翻訳でき、五個の物体を表わすが、六個、七個、八個、九個の物体も表わすことがある。こうした概算の数学のせいで、ムンドゥルク族は六引く四のような単純で厳密な計算ができない。

注目すべきは、どちらの画像のほうが多くの物を示しているかを判断するように言われると、ムンドゥルク族でもうまくできることだ。示されている物が八〇個までの画像では、成績は西洋人とそれほど変わらない。[24] 彼らの基本的な数感覚は、私たちのものと同じように働く。文化、教育、言語とは無関係なのだ。

文化と無関係でないのは、数学そのものである。その起源が最近であることから、その発達にとって最重要なのは、生物学でなく文化だということがわかる。数学には数学そのものよりずっと古い脳回路を使わなくてはならない。こうした回路は、数学的思考の潜在能力を秘めているはずであり、その能力は適切な文化によって目覚めさせられるまで、何万年も眠ったままだった。

認知科学者のスタニスラス・ドゥアンヌは、この現象をニューロン・リサイクルと呼ぶ。数学のような文化的慣行は、古い脳回路を新しい用途に使うのだ。[25]「リサイクル」という言葉は強すぎるかもしれない──数学が生まれる前、古い回路は捨てられていたわけではなく、ほかの目的に使われていた──が、重要なのは中心となる考えである。数学は既存の脳部位を利用するのであり、その数学能力を目覚めさせるだけでいいのだ。[26]

こうした脳部位がどこにあるかを見つけるためには、思考には酸素が必要であることを知っておくとよい。人が考えているあいだ、どの脳部位が活性化するかを視覚化したいとき、神経生物学者は脳内の血流を──酸素消費量を示すものとして──モニターすればいい。それを可能にするテクノロジーのひとつが、機能的磁気共鳴画像法（ｆＭＲＩ）である。[27]

人が数学について考えるとき、ｆＭＲＩで明るくなる脳部位がいくつかある。そのなかに、脳表面を縦横に走るたくさんの溝のひとつがある。名前は「頭頂間溝（とうちょうかんこう）」、この溝は頭骨後部の下、頭頂から数センチ下がったところ、右側と左側両方に見られる。[28]

頭頂間溝は人が個数を見積もるときに必ず活性化する。成人だけでなく、数学の訓練を受けていない四歳の子どもでも活性化する。言いかえれば、それは生得の数感覚に関与しているのだ。そしてこの感覚を、数字の「1」から「9」までのような記号の意味を理解する必要がある、もっと高度な数学とつなげている。なぜわかるかというと、成人が数を比較したり、加えたり、引いたり、掛けたりするときにも、頭頂間溝は活性化するからだ。書かれた数字を読むか、話される数を聞くかには関係ないので、数学のクロスモーダル性が際立つ。[29] 目の見えない数学者でさえ、数学を処理するのに同じ脳領域を使う。[30]

サルが個数を判断するとき、ヒトの場合と同じ脳部位が活性化する。対象がどうやって示されるかは——たとえば同時でも次々とでも——関係ない。[31] さらに、こうした部位の異なるニューロンは異なる個数を感知する。あるニューロンは五個の物体で強く発火するが、別のニューロンは七個の物体でとくに活性化する。物体が何でも関係ない。ヒトにもそのような数選択性ニューロンがあるかどうかは、長いあいだわかっていなかった。個々のニューロンを記録するために、ヒトの脳に電極を埋め込む必要があるからだ。しかし二〇一八年以降、自発的にそのような埋め込みを受ける神経外科患者による実験から、私たちにも個数選択性ニューロンがあることがわかっている。[32] そしてこのニューロンは、本人が読み書きできて、数詞の意味を学習しているなら、アラビア数字の0から9までのどれかを見るときにも活性化する。これが注目すべきなのは、学習によって本来は意味のない記号が古来の数感覚と結びつけられることを示しているからだ。

サルもそのような結びつきを——限度はあるが——学習できる。二〇〇七年、二人のドイツ人科学者がサルに、繰り返し、数字を見せたあとにその数の点を見せることによって、数字の「1」から「4」を一個から四個の物体と結びつけることを教えた。そのあと訓練されたサルが数字を見せられると、対応する数に反応するニューロンが発火を始めた。[33]

　したがって、サルとヒトは似たような脳回路を、驚くほど似たような方法で、個数という最も基本的な数学の要素を処理するのに使う。実際、数だけでなくほかにも多くの抽象的記号を操る数学の専門家も、数字を操る子どもと同じく、数学で活性化する脳部位を使う。ただし、その部位は数学者では拡大する。[34]

　要するに、数学の起源が最近であることは、その神経回路の起源が大昔であることとともに、この革命的イノベーションを引き起こすカギが、生物進化よりむしろ適切な環境にあったことを示している。この環境とは文化的なものだった。もっと具体的には測地や帳簿や税の支払いが必要な、農業の環境だった。

＊　＊　＊

　数学というイノベーションには、数感覚とは異なる能力も必要だった。その一例が、言語およびそれが記号を操る能力だ。生物進化が言語をつくり出すのに一役買ったのは確かだが、その役割が正確に何だったか、そしてそれが文化の役割より大きかったかどうかは、いまだに熱い議論の的だ。[35]いくつかの情報源から、私たちの言語能力は数学のそれとはっきり異なることがわかっている。第一に、言語は数学とは異なる脳部位を活性化することを、脳画像が示す。さらに、特異的言語障害の子どもはたいてい、数学を問題なくこなす。逆に、数学が苦手な子どもはたいてい、問題なく言語を話し、読み、理解する。加えて、計算不能症の脳卒中患者、すなわち数字を認識したり基本的計算をしたりすることができない症状が出ている人でも、言語をうまく話したり理解したりできることが多い。逆の問題を抱える脳卒中患者もいる。言語スキルは衰えるが、数学スキルは元のままなのだ。[36]

言語の起源は数学の起源より不可解だが、例外となる言語関係スキルがひとつある。それは読字だ。これもまた文化が主役を、生物進化が脇役を演じる、最近のイノベーションである。というのも、読字は数学と同様、一万年あまり前の農業革命後に出現したからだ[37]。そして数学と同様に読字も、長いあいだ眠ったたままだった隠れた才能をもつ古来の神経回路を利用している。

こうした回路に関する最初の見識をもたらしたのは、一九世紀の脳卒中患者である。その一人が、一八八七年にフランス人神経科医のジョゼフ゠ジュール・デジェリンの診察を受けた、いまや有名なC氏と呼ばれる男性だ。読書好きの退職者だったC氏はある朝、本を読んでいて、突然自分がひと言も理解できないことに気づいた。頭がおかしくなった気がした。なにしろページ上の小さなインクの印は完璧に見えていたし、それが文字だとわかっているのに、何という文字なのかをまったく言えなかったのだ。ゆっくり苦労してひとつずつ書き写すことはできたが、それでも文字を認識する助けにはならなかった。文字を指でなぞった場合にのみ、何という文字なのかを言うことができた。

驚いたことに、C氏は口述の書き取りをうまくこなし、同年代の人よりミスが多いこともなかった。ほとんどの人と同様、彼は書き取るあいだ自分が書いたものをチェックしたが、その習慣は役に立たないどころではないとわかった。自分が書いたものを読むことができず、ひどく気が散るようになってしまったので、目を閉じて書くほうがましだった。

同じくらい驚いたことに、C氏ができなくなったのは、文字と単語を読むことだけだった。アラビア数字は問題なく読めるし、複雑な計算もできる。流暢に話す。記憶力はそこなわれていない。自分が見る物の名前を言える。何かのスケッチを見せられたら、それを特定することができる。よく読んでいた《ル・マタン》紙を一語も読めなかったが、それでも新聞を形で識別した。

C氏の症状には名前がある。「失読症（アレクシア）」、読むことができない症状だ（もっと頻繁に起こり、それほど重症でない難読症［ディスレクシア］と同じではない）。具体的に言うと、C氏は純粋失読だった。話す、書く、物の名前を言う、などのほかの言語スキルには影響しない。失読患者のなかには、単一の文字は識別できるので、ゆっくり単語を解釈することができる人もいる。C氏はそれほど幸運ではなかった。初めての脳卒中から四年後に――二回目の卒中で――死亡するまで、彼の読字能力は回復しなかった。[38]

C氏の場合のような脳卒中は、ひとりの人間にとっては悲劇だが、神経科学にとってはありがたい。なぜなら、ひとつのスキルに影響するがほかのスキルには影響しない脳損傷は、そのスキルに、というよりそのスキルだけに、不可欠の脳部位を特定するのに役立つからだ。C氏の脳を解剖してみると、「左後頭側頭溝」と呼ばれる部位の損傷が明らかになった。舌を嚙みそうな名前だ。これもまた、私たちの脳の皮質にある溝のひとつである。名前の由来は葉と呼ばれる二つの主要な脳部位であり、そのひとつが側頭葉で、こめかみ近くから頭の後ろ――後頭――までずっと広がっていて、そこで後頭葉と接する。

C氏の死から一世紀以上たった現在、純粋失読の患者は一般にこの部位に損傷を受けていることがわかっている。本書ではわかりやすくするために、この部位を「読字領域」と呼ぶ。[39] 最新の脳画像解析により、そのニューロンは字を読むときに必ず活性化することがわかる。それだけでなく、本人が読字に堪能である――一秒に読める単語が多い――ほど、領域は強く活性化する。注目すべきは、その領域は読み書きのできない成人が字を見ても活性化しないことだ。ところが、成人になって読むことを学んだ人では活性化する。これは驚異である。脳部位が学習によって、いかにたやすく新しい仕事を引き受けられるようになるかがうかがえる。[40]

読字領域は、日常的な物体を認識するのを助けるほかの脳部位のあいだに押し込まれている。具体的には、隣接する左耳に近い部位には、道具に関係する物体を認識するのを助けるニューロンがある。反対側の頭の正中線に近いほうには、顔や景色や家のような物体を認識する部位がある[41]。とはいえ、読字領域は字によって活性化されればされるほど、顔や家や道具による活性化は少なくなる。読字がほかの物体の認識と競い合っているかのようだ[42]。

この部位のニューロンには、私たちの視覚の顕著な特徴である「不変性」と関係する特殊な力がある。不変性とは、向きや大きさに関係なく物体を認識できることを意味する。網膜に映るワイングラスの像は、グラスを横から見るときと、上からや下から見るときではちがうし、近くから見るときと遠くから見るときでもちがうが、それでも私たちはそれをグラスと認識する。読字領域に近いニューロンは物体を不変に認識する。物体の大きさや向きに関係なく発火するのだ[43]。それが不変性の本質である。

不変性は文字や単語を認識するのにとても重要だ。それがあるからこそ、人は大きさが五〇倍も異なる字を、その像が網膜のどこに映ろうと、認識することができる。不変性は、手書きだろうとタイプされたものだろうと、フォントが何百種類あろうと、字を認識できる理由でもある。そして不変性は、小文字と似ていない大文字が多い――たとえばGはgとはまったくちがうように見える――にもかかわらず、大文字（GEAR）と小文字（gear）どちらで書かれたものでも認識できる理由でもある。

読字領域は多種多様な物体の不変性を実現できる脳部位のなかにある。不変性が文字の認識にとって重要であることを考えると、その位置は偶然ではない。そしてこの部位は、また別の理由でも注目すべきである。人間が言葉を書き記すのに、どのような文字や記号を選んだかに影響しているのだ。その理由を知るために、私たちの脳がどうやって像を処理するかを、ざっと見ておこう。

私たちが見る像はどれも、網膜で始まる複数の連続するニューロン層で処理される。第一層のニューロンは、直線や曲線のような単純な特徴に反応して発火する。その次のニューロン層は線の接合部――二本の線が出合う場所――のような複雑な特徴に反応し、最後のニューロンは複雑な物体全体に反応して発火する。[44]

このプロセスのあいだ、物体の認識のカギを握るのは、その物体の輪郭である。あなたがワイングラスを見るとき、グラスの縁は、さまざまな視野角から見える楕円をつくる。この楕円の形と向きは角度によって変わるが、楕円のままである。グラスの柄と杯のあいだの接合部はＹのような形になっている。そして台と柄の接合部は逆Ｔに似ている。そのような接合部もまたさまざまな角度から見えて、グラスを認識するのに役立つ。ここで重要なポイントは、こうした接合部間の線がすべて消されたグラスの線画でも、人はグラスを認識できる。けれども、接合部そのものが消されるとグラスを認識できない。

線の接合部や交差は身近なあちこちにある。テーブルに着いてテーブル上の花瓶を見ると、花瓶がその後ろにあるテーブルの縁を見えなくする。テーブルの縁が花瓶の背後に消えるところには、Ｔを横にしたような花瓶との接合部ができる。そのような接合部は通常、ひとつの物体が別の物体を見えなくするときに生じる。接合部の線は直線ではなく曲線の場合もあり、どんな向きもありえるし、直角をなすわけではないかもしれないが、根本的な形、すなわちその「トポロジー」は、やはりＴのそれである。

もっと単純な接合部にはＬ字のトポロジーがある。この形は多くの物体のへりで生じる。たとえば、テーブルの二本のへりが合わさって角になっている場所だ。この場合も、あなたの視点から見ると、二本の線は直角で交わらないかもしれないし、長さも向きも異なるかもしれないが、それでもトポロジーはＬに近い。[45]

こうした接合部が文字の形に似ているのは偶然ではない。それどころか、そのおかげで私たちが使う文字と記号の形ができたのだ。書記と周囲の物体とのこの深いつながりを最初に明らかにしたのは、認知科学者のマーク・チャンギージーと共同研究者による二つの研究だった。彼らはラテン語、アラビア語、ヘブライ語、ギリシア語など、さまざまな書記体系を一〇〇以上も分析した。なかにはキリル文字のようなアルファベットを土台にした書記体系、チェロキー語のような音節を土台にした書記体系、多くの文字が語を表わす中国語のような表語文字の書記体系もあった。現在使われている書記体系もあったが、ギリシア語の古代形態である線文字Bやフェニキア語のような、ずっと前に消滅したものもあった。さらに、アラム語のように歴史的に成熟した書記体系と、一八八八年に公表された国際音声記号のような発明されたものの両方があった。

そのような書記体系のいずれにおいても、書くのに必要な字画の数によってさまざまな文字を分別できる。たとえば、英語のアルファベットの大文字では、CやJのような字に必要なのは一画、DやLに必要なのは二画、AやBのような文字は三画、MやWのような文字は四画である。

この画数は単純な普遍的パターンも示していて、世界の書記体系がでたらめな歴史の偶然ではないことの最初の手がかりになる。具体的には、一文字の画数は文字間や書記体系間であまり変わらない。ほとんどの文字は三画で書けるし、一画や二画のものもあるが、五画以上の文字は少ない。

すでに述べたとおり、自然の物体とその接合部にはトポロジー、すなわち本質的形状がある。書かれる記号にも、それをつくる字画の長さや角度や向きでは変わらない本質的形状がある。たとえば、二画はTかLかXしかつくれない。字画は直線である必要はなく、その長さもさまざまな可能性があり、角度や向きもそうだが、そのようなバリエーションを無視すると、二画がつくるのはこの三つの形状だけである。この観点からすると、Lはトポロジー的にギリシア文字のΓとそっくりであり、T

はトポロジー的にアルメニア文字のŀと同じだ。

三画を必要とする記号も形は限られているが、その数は少し多い。正確に言うと、三画で可能なトポロジーは三二、ローマ字のF、ギリシア文字のΔ、キリル文字のЛなどである。

チャンギージーは、さまざまな書記体系でどの形がどれくらい頻出するかを分析したところ、ほかよりはるかに頻繁に生じる形があることを見つけた。たとえばLやTの形は頻出する。注目すべきことに、その形はアルファベットや音節の書記体系だけでなく、中国語のようなまったく異なる書記体系でも頻出する。対照的に、ギリシア文字のΔのような形ははるかにまれであり、これもまた、さまざまな書記体系に当てはまる。形状の頻度は普遍的パターンにしたがうのだ[46]。

この普遍性は驚きだが、もっと驚きなのは別の普遍的パターンだ。それはチャンギージーが書かれる記号を自然の物体とくらべたときに明らかになった。その目的で彼は、人類の祖先の故郷であるアフリカのサバンナのさまざまな風景を含め、自然の風景を表わすたくさんの画像を研究した。こうした画像のなかで、さまざまな線——たいていは物体のへり——が接したり交差したりするときに現われる、さまざまな形を分析したのだ。そして、こうした自然の風景で頻出する形は、書記体系でも頻出することを発見した。たとえば、L字形は書記体系だけでなく自然でも最も頻繁に生じる。T字形は書記体系でも自然でも二番目に頻繁に生じる。書記体系でも自然でも、はるかにまれなのはギリシア文字のΔであり、その理由は、物体のへりの線が接合して完璧な三角形をつくることはほとんどないからである[47]。

こうしたパターンが偶然に生じる可能性があるかどうかを知るために、チャンギージーはふぞろいな線が画面上を縦横に走るCG画をつくり出した——ひと束の小枝を地面に投げ出したような感じだ。そしてチャンギージーは、これらの線がつくる幾何学的形状を調べた。この線画に見られる形は、自然の画像や書記体系に見られるものとはまったく異なることがわかった。同様に、チャンギージーが幼児の落書きの形を研究したところ、その形は自然の画像や文字とまったく異なることがわかっている。

チャンギージーの研究は、自然界と文字を本質的形状によって結びつけている。そのような形は大きさや向きに関係なく、私たちが自然の物体を認識するのを助ける。そしてこうした形は物体を認識するのに非常に重要なので、書かれる記号にも入り込んだのだ[48]。

このことを知ると、たとえ読み書きはダーウィン的進化の直接的な産物ではないにしても、どの子どもも読字を学ぶとき、同じ脳部位がかかわる理由がはっきりしてくる。この子どもが英語、アラビア語、中国語のどれを読むことを学ぶかに関係なく、同じ部位が関与する理由もはっきりしてくる。この部位のニューロンは、子どもがどんな言語を読むにせよ、読字に再利用されるのにぴったりなのだ[49]。スタニスラス・ドゥアンヌの言葉を借りれば、「私たちの大脳皮質はとくに書字のために進化はしなかった――それが起こるのに十分な時間も進化圧もなかった。逆に書字が大脳皮質に合うように進化したのだ」。そして「ほとんどの文字の形は私たちが発明したのではない。何百万年も私たちの脳内で眠っていて、人類が書字とアルファベットを考え出したときに、再発見されたにすぎない[50]」。

ここにもまた眠り姫がいたわけだ。数学の才能と同じように、その才能が役立つ文化的環境を待っていた。動物の道具を使う潜在能力とはちがって、この才能の覚醒は革新的だった。現在のような複雑な人類文化を可能にしたのだ。詩や小説から定理や科学的発見、さらには技術的イノベーションの特許まで、おびただしい数の記録された創造的な仕事が、地球を変容させている。

書字と数学は、爆発的成功が生物学ではなく文化によって推進された無数の人類のイノベーションのうち、よく研究されている二つにすぎない。ピアノを弾く、自転車に乗る、バレエを踊る、飛行機を操縦する、風景画を描く、車を運転する、ビデオゲームで遊ぶ、メロディーを作曲する、じゅうたんを織る、回路基板を配線する、レントゲン写真を解読する、コンピューターをプログラミングする、ガラスを吹いて花瓶をつくる、超高層ビルを設計する、精密な腕時計をつくる。こうした活動はすべて、霊長類の進化史に前例がない。必要なスキルは何であれ、既存の脳回路を使わなくてはならない。その回路は普段はほかのもっと平凡な目的を果たしているが、世界がまだ見たことのない目的に使われる隠れた潜在力をもっている。そしてこの潜在する能力は、文化的イノベーションに必要とされる時機が来るまで、休眠したままである。

これでも、果てしなく思える霊長類の脳の多用途性がわかりにくいのなら、別の多用途の器官、すなわちヒトの手との類推が役に立つだろう。手は四八個の動く部品——二七個の骨と二一個の筋肉——からなる道具だ。チンパンジーの手とはちがうが、それは根本的なちがいというよりむしろ微妙なちがいである[51]。そのひとつは、親指を手のひらと相対するまで回転させる能力だ。そのおかげで私たちの手は物体を包み込むことができる。もうひとつは、チンパンジーとくらべて親指が長いことであり、そのおかげで親指の先とほかの指の先でペンチのように正確にしっかりつまむことができる。さらに末節骨——各指の先の骨——の幅が広く、そのおかげで容易につまむことができる[52]。

これらの微妙な特徴のおかげで、私たちの手は器用になった。外科医が腫瘍を取り除くのに必要とし、金属加工職人が旋盤を扱うのに必要とし、時計職人が複雑な時計の部品を組み立てるのに必要とし、大工が精緻なキャビネットをつくるのに必要とし、名人がバイオリンを弾くのに必要とする器用さだ。ほかにも無数のこうしたスキルは、霊長類史によって前もって決められていたわけではない。人類文化が生まれる前からある器官に依存しているにしても、その文化によって出現したのだ。部品が五〇より少ない道具がこれほど多用途になりえるなら、一〇〇〇億近いニューロンがある脳はどうだろう？　ほかのどんなスキルが、私たちが夢にも思っていないスキルが、そこに眠っているのだろう？

# 第8章　隠れた関係

アルベルト・アインシュタインは量子理論を「思考の領域で最も高度な形の音楽性」だと表現したが、量子理論を音楽と結びつけたのは彼だけではない。[1] 彼の前にも、物理学に多大な影響を与える両者の深い結びつきを発見した人がいた。エルヴィン・シュレーディンガー、ルイ・ド・ブロイ、その他量子理論の父たちは、原子と電子の特性を説明するのに、音楽との類推（アナロジー）を使った。この類推では、物質の最小構成要素は振動する弦であるかのように振る舞う。原子は特定の「量子化」エネルギーでのみ光を発する。弦が特定の振動数でのみ振動するのに似ている。原子が安定しているのは、核の周囲を回る電子が定在波のように振る舞うからだ。電磁波エネルギーの猛攻を受ける原子は、特定の波長で共鳴する。弦楽器の一本の弦をつま弾くと、ほかの弦も振動し始めるのに少し似ている。[2]

このような科学的類推は、言葉のあやをはるかに超えている。それ自体が重要な発見であり、自然の基本法則を定式化するのに役立つ可能性がある。類推とそれに近い文学の隠喩は、抽象的思考プロセスから生み出される。このプロセスは人間の頭脳にとって数学の才能と同じくらい基本的なものであり、本章のテーマでもある。

前章の眠り姫は、数学その他さまざまな才能を作動させる神経回路だった。私たちの文明と文化がさらに複雑になるにつれ、その神経回路が新しい役割を引き受けた。本章の眠り姫はもっと抽象的な、物体間の隠れた関係である。そのような関係は、それを知らせる類推や隠喩が発見されるまで休眠している。類推と隠喩は私たちの言語に浸透しているので、そのような関係はどこにでもある。詩人から科学者まで人間の創造者はたえまなく新しい関係を発見し、それを目覚めさせる私たちの心の才能はほとんど底なしである。最近の実験は、その才能がどこから来るのかを示唆している。これもまた、古来の神経回路を流用する脳の能力の例だが、数学の原動力になるものとは異なる。

うまい類推は遠く古代までさかのぼる。ローマの技師ウィトルウィウスはすでに、雄弁家が舞台で演説するときに広がる音声を、石が水に落ちたときに広がる波にたとえた。音の波は水の波と同じように、障害物に当たると向きを変え、その偏向が反響その他の干渉によって、音の質を下げる可能性がある。この類推には実用的な価値があった。なぜならウィトルウィウスが劇場の音響を改善するのに役立ったからだ。[3]

一七世紀のイギリス人医師ウィリアム・ハーヴィは、血液が全身を循環するという考えを思いついたとき、心臓をポンプにたとえたが、当時は異端の考えだった。一九世紀のフランス人科学者サディ・カルノーは、熱を動きに変える機関を想像したとき、熱は液体のように振る舞い、滝を水が流れ落ちるように熱い物体から冷たい物体へと流れるのだと主張した。そしてチャールズ・ダーウィンは自然淘汰説を展開したとき、農作物や畜牛を改良する育種家の類推を利用した。

効果的な類推は表面的な類似点――「卵のようにつるつるの頭」、「ルビーのように赤い唇」――を述べるのではなく、たとえ物体そのものはまったく異なる場合でも、物体間のより深い関係を説明する。たとえ雄弁家は石に似ていなくても、石が水の波を起こすように音の波を起こす。防波堤が波を跳ね返すように、劇場の壁は音を跳ね返す。水の波がするように、跳ね返された音の波は発生源のほうにもどる。船などの障害物が水を波立たせるように、劇場内の障害物は干渉を生んで音質を下げる。

心理言語学——心理学と言語学の学際的研究分野——の専門用語で言うと、類推はひとつの関係を別の関係にマッピングする。第一の関係は、波と水のような「ソースドメイン」と呼ばれるものの概念間の関係である。第二の関係は、音と空気のような「ターゲットドメイン」の概念間の関係である。こうした概念の性質は重要でない——水は空気とちがい、弦は原子とちがう。重要なのは、二つのドメインにあるそうした概念間の関係だ。

最も効果的な類推は、ソースからターゲットへ、ひとつだけでなく複数の関係をマッピングする。物理学者が原子の発光を説明するのに一役買った弦のように、ターゲットドメインにおける発見を可能にする類推だ。そのような類推を特定することは最高に熟練を要する技である。というのも、類推は人をたやすく誤った方向にも導くおそれがあるからだ。たとえば、錬金術師はどちらも黄色だからという理由で、太陽を金にたとえた。さらに土星を鉛にもたとえたが、それは土星が空をゆっくり移動するのが、重い鉛製の物体のようだからである。そのような表面的な類推が、近代化学の発展を抑えてしまった。それらが捨て去られてようやく、近代化学は錬金術の繭から生まれ出ることができたのだ。[4]

最も有益な類推は、新しい未知の抽象的なものの理解を助けるためにも、古くてなじみのある具体的なものを利用する。科学的類推のなかには、原子スペクトルのような新しい現象を、発振器の仕組みのような古い物理学の用語で説明するものもある。重力を説明するのに石を投げるというような原始的な動作まで、あるいは熱を理解するのに落ちる水のような基本的現象まで、直接的に立ち返るものもある。[5]

隠喩は類推が科学に行なうことを文学に対して行ない、目的は同じだ。「煮えたぎる罵倒」のような隠喩は、「熱湯のように感じられる罵倒」という類推よりも簡潔な表現だが、どちらもソースドメイン（ここでは言葉）とターゲットドメイン（ここでは流体）の概念間の関係を表わしている。この目的は隠喩、すなわち metaphor という言葉の意味に要約されている――「移す」を意味するラテン語に由来するのだ。

類推と同様、隠喩はただ読者を喜ばせるための作家の道具ではない。抽象的概念の土台である。それはジョージ・レイコフのような言語学者が、日常的な言葉のなかにある何千という隠喩を特定して分析したときに発見したことである。私たちの心はさまざまな隠喩のおかげで、抽象的な考えを具体的概念へとマッピングすることによって理解できる。そのような隠喩は「概念隠喩」とも呼ばれ、私たちの言語に浸透している。たとえば、一〇〇〇語の典型的な口頭文には、約一〇〇の隠喩が使われる可能性がある。[6] つまり話された一〇個の語につき一個の隠喩だ。私たちはこうした隠喩を、息をするように、知らず知らずのうちに使うのだ。

言語学者は隠喩を分類し、その分類は隠喩がどれだけ浸透しているかを強調する。例を用いて説明するとわかりやすい。その多くがジョージ・レイコフと心理言語学者のスティーヴン・ピンカーの研究から引いている。[7]

「煮えたぎる罵倒」、「ペンから流れ出す言葉」、「称賛を浴びる」という隠喩すべてに、共通のテーマがある。第一に、ソースドメインが共通だ。つまり「罵倒」「言葉」「称賛」のような概念は言語というドメインに属している。第二に、ターゲットドメインが共通だ。これは流体というドメインである――流体は煮えたぎり、流れ、浴びせられる可能性がある。言いかえれば、この隠喩はすべて同じテンプレートにあてはまるのであり、それを言語と流体をつなげる原型に要約できる。〈言語は流体〉だ。[8]

　これは、私たちが隠喩を組み立てるのに使う何百という原型のひとつにすぎない。ほかには〈考えは食べ物〉（「本の肉厚な［内容の充実した］部分」）、〈心は容器〉（「心の奥にしまっておく」）、〈思考は動き〉（「私たちは解決策に近づいている」）、〈多いほうが上〉（「株価が上昇している」）、〈目標は目的地〉（「勝利は近い」）などがある。[9] ほかにもたくさんのそのような原型が知られていて、それぞれの原型にしたがう隠喩が無数にある。その膨大な数から、私たちの心がたえずまったく異なる種類の物体に、似たような関係を見つけていることがよくわかる。しかし、なぜだろう？　それは私たちの心についての教訓なのか、それとも周囲の世界についての教訓なのか？　おそらく両方だろう。〈言語は流体〉のような隠喩は、私たちの心がもつ楽しい新たな関係をつくる能力を示していて、まさにこの能力があるからこそ私たちは、音波が水の波のように振る舞い、変化する熱が落ちていく水のように振る舞う、複雑で有益な科学的類推を発見できるのだろう。

　こうした隠喩と原型すべてのなかで、際立つのは最も基本的なものである。なかでもその中心となるのは、私たちの社会生活にとって基本的な感情、すなわち愛情だ。その原型である〈恋愛は旅〉は、「私たちの関係は行き止まりにぶつかった」のような表現に具体化される。[10] この隠喩において恋人たちは旅人であり、その関係は乗り物である。隠喩は恋人たちの共通の人生目標を一般的な目的地にマッピングし（「私たちはともに遠くまで来た」）、関係の難しさを減速にマッピングする（「私たちは空回りしている」）。旅のあいだには岐路に出る可能性もあり（「私たちは別々の道を行った」）、関係が終わるときには乗り物が捨てられるかもしれない（「私は関係から降りる」）。〈恋愛は旅〉は「生成」隠喩とも呼ばれる。なぜなら、人は新しい型破りな例を簡単につくることができるからだ。たとえば「ジョンが三年たってもプロポーズしなかったので、メアリーは沈みかけた船から逃げた」。巧みな文学作品では、そのような新しい例が偉大な詩に見られる歓喜のきらめきを生み出す。とはいえ、新しい隠喩も広く使われるようになれば、その斬新さは薄れていく。最終的にはきわめて平凡なものになるので、その隠喩性が認識されなくなることもある。そのような隠喩（「行き止まりだ」）は言語の進化における生きた化石であり、何千という文章を生み出す[11]。

人間の生命をはるかに超える基礎的隠喩もある。関与するのは、森羅万象を理解するのに役立つ最も基本的な概念だ。そのひとつが因果であり、哲学者のデイヴィッド・ヒュームが「宇宙の接着剤」と表現したほど、根本的な概念である[12]。因果は根本的であるばかりか抽象的でもあり、隠喩はそれを具体的にすることができる。隠喩は因果を私たちの経験に近い概念へとマッピングするのだ。これは力の概念であり、たとえば、私たちがボールを蹴るときに発揮する力や、風が吹くときに私たちが経験する力である。そのような隠喩の原型は〈因果は力〉。たとえば「ボールが窓を壊した」や「警官が子どもの横断を助けた[13]」。

もうひとつ深遠な部類の隠喩は、時間と空間を結びつける。「彼らは冷蔵庫を一メートル前に動かした」という文と「彼らは結婚式を一週間前に動かした」という文をくらべてみよう。後者の文は結婚式が物理的な物であるかのように言及している。この隠喩の原型は〈時間は空間〉。この部類のなかには、「クリスマスが近づいている」のように、将来の出来事を動く物体であるかのように扱う隠喩もあれば、「クリスマスが見えてくる」のように、人が通り抜けている風景のなかの物体であるかのように扱う隠喩もある[14]。

〈時間は空間〉は、私たちが意識せずに使う完全に浸透している隠喩のひとつである。「電話は短かった」や「講演は長かった」を私たちは隠喩と考えないが、実際は隠喩である。二文字の前置詞でさえ、隠喩を例示する。「集合は二時（at two o'clock）だった」の場合、「at」は二時が空間内の位置であるかのような表現だ。〈時間は空間〉が隠喩としてとても効果的なのは、時間のほうが空間より抽象的だからである。私たちは現在に生きているが、過去を記憶し、将来を想像しなくてはならない。それにひきかえ、空間はもっと直接的に知覚できる。空間内の自分の位置がわかるし、空間内での自分の動きを経験する。であれば、空間の観点から時間を表現することのほうが、逆よりはるかに多いのも意外ではない[15]。

〈時間は空間〉のような隠喩は言語に存在するが、その根は言語より深い。私たちが世界をどう知覚するかを反映しているのだ。このことは、先述の同等でない関係――時間は空間だが空間は時間ではない――を研究する心理学実験からわかる。

そのような実験のひとつで、被験者は横一線に並ぶピクセルがコンピューター画面に現われ、左から右へと伸びていったあと、再び消えるのを観察するように言われた。新しい線が現われ、伸びて、消える。新しい線は現われるたびに、ちがうスピードで、ちがう長さまで伸びる。伸びるスピードはゆっくりだが時間が長ければ、長くなってから消える。スピードがゆっくりで時間が短ければ、中間の長さまでしか伸びずに消える。スピードが速ければほんの一瞬だけでも、やはり長く伸びる可能性がある、という具合だ。

実験で被験者は線が現われ、伸び、消えるのを見たあと、線がどれだけ伸びたか、あるいは線がどれだけの時間見えていたかを、推定しなくてはならなかった。ただし、この推定を言葉で表現するのではない。たとえば、線がどれだけ伸びたかを推定するためには、コンピューターのマウスを使って画面上のカーソルを動かし、消える前の線の長さを示さなくてはならなかった。

結果としての推定は不完全だったが、不完全だったからこそ、人の心が時間と空間をどう結びつけるかを、よく理解することができる。線が長く伸びたときはつねに、被験者はそれが長い時間見えていたと推定した。けれども、それが真実とは限らない。なぜなら速く伸びる線は、見えている時間は短くても長く伸びる可能性があるからだ。逆に、線が長く伸びなかった場合、被験者は線が短時間しか見えなかったと推定した。これも真実とは限らない。要するに被験者の心は、線が画面上で伸びていた時間の代わりに空間――伸びた長さ――を用いたのだ。

注目すべきは、逆は真でなかったことだ。線がどれくらいの時間見えていたかは、その推定された長さに影響しなかった。つまり、被験者による空間と時間の推定は、言語の場合と同じように非対称だったのだ。彼らは空間の観点から時間を推定したが、逆はそれほどでもなかった[16]。この類似点は、隠喩と類推からわかるのは言語についてだけでないことを示唆する。物理的世界について、あるいは少なくとも私たちの脳がこの世界をどう知覚するかについて、基本的な事実を反映している可能性がある。実際にこの可能性は、非常に興味深い神経生物学実験で裏づけられている。

私たちの知能は最終的にニューロンの発火パターンに反映されるはずだが、悲しいことに、隠喩と類推の神経生物学についてはほとんどわかっていない。たとえば、神経回路がどうやって概念を異なる経験のドメイン間で移しかえるのか、すなわち隠喩と類推を生み出す中心的な能力について、私たちにはわかっていない。しかしながら、とても興味深い実験が、この才能は数学や読字に必要なものと同じくらい古い回路に依存していることを示唆している。それは私たちが世界のなかをうまく移動するのを助ける回路だ。

こうした実験を理解するために、まず、私たち人間は世界のなかをうまく移動するのに二種類の特化したニューロンに依存していること、そして両者はほかの哺乳類にもあることを、知っておかなくてはならない。第一のニューロンは海馬と呼ばれる脳部位に位置する。そのニューロンは「場所細胞」と呼ばれ、その名前がすべてを物語る。場所細胞は動物が特定の場所に自分がいるときに発火する。異なる場所では異なる場所細胞が発火する。

第二のニューロンは嗅内皮質と呼ばれる部位に存在する。そのニューロンは「格子細胞」と呼ばれ、その発火パターンはさらに奇妙である。ラットが地上を歩いてある区域を探検するとき、格子細胞はどれも、その区域がいくつもの六角形に区分けされているかのように振る舞い、ラットが六角形のひとつの角——どの角でも——を通るたびに、格子細胞が発火する。まるで格子細胞それぞれが、ラットの環境内の六角タイルをコード化しているかのようだ。面に六角形のタイルを張る方法はいろいろあって、どのタイル張り——六角形の角の位置が異なる——をコード化するかは格子細胞によって異なる。どの格子細胞も、「担当する」タイルの角のひとつにラットがいるときに発火する。[17]

総合すると、場所細胞と格子細胞はラットやヒトなどの哺乳類が周囲の空間をうまく移動するのを助ける。しかし才能はそれだけではない。本書の前半に出てきたムーンライティング（副業）酵素と同様、ほかの課題、本業とは無関係の抽象的な課題にも参加できる。このことを明らかにした心理学実験では、被験者は鳥の漫画のＣＧ画像を見せられた。被験者はそのあと、鳥の体形のうち二つの特徴、すなわち首の長さと脚の長さを操作できるコンピュータープログラムを使う訓練を受けた。この操作によって、被験者は鳥をさまざまな形に変えることができる。

被験者は訓練を終えると、鳥の体形が変わる映像を見せられた。同時に、彼らの脳活動が記録される。被験者は映像を見ているあいだ動かないにもかかわらず、まるで空間を歩き回っているかのように、その格子細胞が活性化したのだ。この不可解なパターンを説明するために、研究者は脳の記録を分析した。すると被験者の脳は、人が動く場である物理的空間とはちがう空間を発見——または創造？——していたことがわかった。それは抽象的空間、二つの概念の空間、つまり脚の長さと首の長さの空間だった。周囲の空間の南北軸と東西軸のように、この空間には二次元に相当する首の長さと脚の長さという二つの次元があった。それはまさに被験者が操作できた数量である。被験者はそのような概念空間について事前に教えられていなかったし、ましてそこに二つの次元があることなど、まったく知らされていなかった。彼らの脳がこの空間を自然に発見したのであり、その概念次元を空間の次元であるかのように扱ったのだ。そしてこの概念空間を、哺乳類が何百万年にもわたって世界をうまく移動するのに使ってきたものと同じ神経装置を使って、うまく移動した。[18]

抽象的な概念空間をつくり出すこの能力は、ヒト特有のものではない。ほかの動物にもある。古いスキルと表面的にはちがうが深いところでは似ている新しいスキルに、古い回路を使うことを学習できるのだ。ラットの実験がこのことを証明している。この実験では、科学者はラットに野生ではまったく役に立たないスキルを教え込んだ。漫画の鳥を操作することがヒトにとって無用であるのと同じくらい役に立たない。この目的で、彼らはラットがレバーを押すと音が鳴る装置を設計した。ラットがレバーを離すと音は止まる。ラットがレバーを押し続けると、音が続くだけでなく、時間とともにその周波数が増えていく。ラットがレバーを押し続ける時間が長ければ長いほど、音の高さが上がっていく。ラットにとって役に立たない課題は、音の高さが特定の周波数に達したときだけレバーを離すことである。ラットがこの課題に成功すると、水をひと口与えられる。[19]

実験者はこの課題を達成するのに必要なニューロンを特定したかった。すると驚くなかれ、それは先ほど話したものと同じ、格子細胞と場所細胞だったのだ。ラットが課題を行なっているあいだ、高さが上がっていく音を聞くことで、特定の格子細胞と場所細胞が発火した。どの細胞が発火するかは、音の周波数が増えるにつれて変化した。低い周波数で発火するものもあれば、高い周波数で発火するものもある。そしてこうした周波数に反応することを学習したのと同じニューロンが、ラットが歩き回って食べものを探すことを許されたときに活性化し、ラットが空間をうまく移動するのを助けた。ラットの脳は周波数の段階的変化を、空間をうまく移動するのに必要なニューロンの発火パターンの変化にマッピングしていた。言いかえれば、周波数という一次元で変化する音と、空間の一次元で位置を変える体のあいだに、類推に相当する神経系を発見した。空間における変化が、音の周波数の変化の代わりとして役立つことを発見したのだ。

こうした実験から、ラットやヒトの脳はひとつの仕事をするニューロンを別の仕事にすぐに使えることがわかる。両課題は表面的には関係ないが、深いところで、〈時間は空間〉などの何百という概念隠喩を可能にするのと同じ類似性によって、つながっていた。私たちの周囲の空間と二次元の概念空間との類似性のようなものだ。野生では役に立たないにもかかわらず、必要なスキルをたやすく学習できるということは、この能力は生存のための適応ではないと思われる。むしろ、異なるドメインの知覚間で関係を移しかえる、哺乳類の脳の能力から生まれるのだ。残念ながら、この能力の進化的起源についてはほとんどわかっていない。

ここで述べたのは二つの実験と二つの課題にすぎないが、その源泉は眠っている潜在能力の深い井戸であり、膨大な量のヒトの脳の画像データによって実証されている。このデータは、さまざまな課題を行なっているあいだのヒトの脳の一〇〇を超える部位の活動を測定した、一〇〇〇以上の脳画像化実験から集められたものだ。データからわかるのは、ひとつの部位は平均八つ以上の課題に関与することであり、課題は見る、聞く、覚える、推理するなどのように、まったくちがうものがありえる。[20]言いかえれば、脳の神経系という土地は、コンピューターの交換可能な回路基板のように特定の課題を専門とする区画に、きっちり分割されているわけではない。さまざまな区画が重複する課題をこなすのであり、だからこそ、表面的には無関係だが深いところで似ている複数の課題を、ひとつの部位が解決できる可能性がある。

こうした実験で明らかにされた回路は、神経回路網の力を浮き彫りにする。すなわち、古い回路の潜在的な能力が、意外な新しい目的にかなう可能性があるのだ。しかし、私がここでそのことに言及するのは、それがおもな理由ではない。新しい隠喩や類推を発見するときのように、私たちの脳が空間と音のような異なるドメイン間の新しい関係を明らかにできる仕組みも、実験で見つかった回路によって垣間見ることができるからだ。脳回路が明らかにするまで、こうした関係は隠されていて理解されないままである。その発見の結果は、しゃれた言い回しのように短命なものかもしれないし、新しい自然法則のように深遠なものかもしれない。

新しい概念を古い概念にマッピングするニーズは、さまざまな状況で生じうる。心理学実験、大学の科学の問題、または世界というものを理解しようとする探究で、生じるかもしれない。そうした状況では、類推によって人は未知のものを理解することができる。状況に共通項はほとんどないかもしれない。例外はひとつの中心テーマである――周囲の世界は、課題を突きつけることによってそれまで眠っていた関係を目覚めさせる、決定的な刺激なのだ。

# 第9章　車輪の再発明

人類が生み出した無数のイノベーションのうち、真に人間の生活を変えるものは別格だ。ただし、私が考えているのはトランジスタやインターネットのような最近の破壊的イノベーションではなく、手斧や車輪のような古代のイノベーションである。最近のイノベーションと同様、古代のイノベーションも即座に広まり、その影響を受ける社会はすぐに変化したにちがいない。

いや、人はそう考えるだろう。確かにもっともらしい。しかし、もっともらしさは見かけ倒しかもしれない。車輪つき輸送手段の歴史について考えてみよう。[1]

車輪は紀元前三五〇〇年ごろに中東と東ヨーロッパで別々に初めて現われたが、すぐにあらゆる場所に広まったわけではない。たとえば、古代エジプト人は車輪について知っていた。ろくろを使っていたし、交易相手のメソポタミアでは紀元前三〇〇〇年より前から、牛車や二輪戦車が使われていたからだ。ところが、彼らが車輪つき輸送手段を採用するには一〇〇〇年を要した。

オルメカ文明はどうだろう。メキシコ南部で紀元前四〇〇年まで栄えた古代文明だ。エジプト人と同様にオルメカ人も、車で荷物を運ぶことはなかったが、車輪のことはよく知っていた。なぜそれがわかるかというと、オルメカの職人は車輪のついた手工品をいろいろとつくっていたからだが、その手工品は荷車や荷馬車や手押し車ではなかった。小さな動物の像、具体的にはイヌやネコやサルのような動物をかたどった陶器で、脚に車輪が取りつけられている。おもちゃのように見えるし、実際そうだったかもしれないが、宗教的な象徴や儀式用のものだった可能性もある——確かなことはわからない。

理由に関しても、確かなことはわからない。オルメカ人には車輪つきの荷車を引けるほど強い荷役用動物がいなかった、と主張する歴史家もいる。しかしこの説は、少なくとも紀元一二〇〇年以降、中国で手押し車を押して荷物を運搬していた人間のことを無視している。車輪が能力を発揮できる舗装道路網がなかったのだ、と主張する歴史家もいる。しかしローマ人が紀元前三〇〇年ごろに帝国の道路を舗装し始めるずっと前から、ヨーロッパでは荷車が使われていた。おそらく事実は単純に、車輪が折れたり荷車がひっくり返ったり、深い溝や穴にはまったりなど、荷車や馬車を使う生活にわずらわされるより、荷役用動物や荷物運搬人のほうが安上がりなうえに面倒がなかったのだろう。

車輪つき輸送手段が定着していた場所でも、急に忘れ去られることもある。それはまさに発祥の地である中東で起こったことで、車輪つき輸送手段は紀元一世紀には消滅したも同然だった。サハラ砂漠では、数世紀のあいだ普及していた牛車が、紀元第一千年紀に使われなくなった[2]。そして中国では、紀元前一二〇〇年にはユーラシアの他民族が使っていた二輪戦車を採用していたのに、紀元一二〇〇年までに二輪戦車は再び消えていた。文化が忘れるのには、もっともな理由がある場合もあった。たとえば、結局は騎兵のほうが馬の引く戦車より効率的だったし、サハラ砂漠ではラクダのほうが牛車より役に立った。

こうしたことすべてが、車輪は技術として必然ではなかったことを証明している。一九世紀に鉄道と自動車産業が現われてはじめて、完全に開花したと言っていい。そのときようやく、鉄道網と道路網が世界の風景を変え始めたのだ。車輪が初めて発見されてから数千年後のことである。

　車輪の発明は、前章の抽象的思考を必要としたのかもしれないし、技術の歴史に無数に刻まれている偶然の発見のひとつだったのかもしれない。私たちにはわからないだろう。しかし、もっと単純な動物のテクノロジーと同様、車輪はいくつかの点で生物進化のイノベーションと異なることはわかっている――生み出したのはＤＮＡではなく誰かの脳であり、広めたのは自然淘汰ではなく社会的学習である。こうしたちがいは重要だが、遠くダーウィンの時代までさかのぼって多くの研究者の目から見れば、進化イノベーションと文化イノベーションの類似点ほど重要ではない。彼らの視点からすると、進化のイノベーションと人類のイノベーションはダーウィン説の過程によって生じる。その過程では、突然変異――新しい種類の生物や新しいアイデア――がたいていランダムに生じ、有用な変異は、何も考えのない自然淘汰によって、あるいは思慮深い頭脳によって、保存されるのだ。

　この見解を裏づける証拠は何十年にもわたって増え続けていて、心理学者、歴史学者、そして科学出版物の失敗と成功のパターンを研究する書誌計量学者から提示されている。本書は生物進化の創造性を詳しく述べる場ではない。その主張は、たとえば前著『生命が道を見つける（*Life Finds a Way*）』など、ほかの場所で行なっている。[3] 本書では、眠り姫の普遍性と関連がある技術イノベーションと進化イノベーションのひとつの類似点を強調する。それはすなわち、多重発見である。

　進化にとってイノベーションはたやすいことだ、と本書ですでに述べた。文化にとっても同じように容易であり、多重発見はこの主張の有力な証拠である。新世界でも旧世界でも発見された車輪は、何百とある例のひとつにすぎない。もっと古いのは農業だ。中東、中国、アフリカ、ニューギニアなど少なくとも一一の無関係な発祥地があり、作物はコムギ、コメ、トウモロコシとさまざまである（前に述べたとおり、農業のイノベーションも自然界に類似の事例がある。アリとシロアリも生物進化をとげるあいだに、ヒトとも互いとも無関係に農業を発見していて、両方とも手の込んだ菌の菜園を育てる[4]。

進化がラテックスを異なる種で何回も発見したことについても、本書で前に触れた。この多重性も人類の歴史に類似したものがある。商業的に有用な形のラテックス、すなわち天然ゴムである。

傷ついたゴムの木からしたたる乳状の白いラテックスは、化学的に不安定である。それから有用な（安定した）天然ゴムをつくるためには、加硫と呼ばれる処理が必要だ。一八三九年に発明家のチャールズ・グッドイヤーがたまたまこの処理法を発見して、彼は天然ゴム製品の商業革命を引き起こした。ゴムは産業革命にとって欠かせないものになり、一世紀後、グッドイヤー・タイヤ・アンド・ラバー社の社長は、ゴムは産業化社会の「柔軟な筋肉であり腱（けん）である」と述べるにいたった[5]。第二次世界大戦時には、戦車一台に三六〇キロ、戦艦には何百トンものゴムが必要だった。ゴムはアメリカに輸入される最も貴重な一次産品となっていた。

ゴムの爆発的成功は、並はずれた発見さえ待てばよかったことを示す、すてきな物語だ。しかし残念ながら、その発見はそれほど並はずれてはいなかった。アメリカ先住民はほぼ三五〇〇年も、チャールズ・グッドイヤーに先行していた。加硫を実現するために、生のラテックスにアサガオのつるの絞り汁を混ぜて熱する方法を発見していたのだ。彼らがつくったゴム製品には、置物、輪ゴム、創世神話を演じる儀式的球技のためのゴムボールなどがあった[6]。しかし彼らのイノベーションは生まれたのが早すぎたせいで、人類への影響は無視できるほど小さかった。

多重発見の例は、現在に近づくにつれてさらに増えていく。その理由は、歴史記録の質が向上するからかもしれないし、イノベーションのテンポが加速しているからかもしれない。振り子時計は少なくとも三回、温度計は七回、電報は四回、レーダーは六回発明された[7]。このような例は、多重発見に魅了された二〇世紀の社会学者ロバート・K・マートンに結びつく。そのため「マートンの多重発見」とも呼ばれる。妙なことに、彼は多重発見の重要性に気づいた最初の人物でもなければ、そう主張することもなかった。多重発見がどれだけ頻繁に起こるかを強調する既存の報告を一八件も、マートン自身が発見していた。そのひとつは、一四八もの例を列挙した一九二二年の論文だった。マートンの多重発見自体も何回も発見されている。[8]

多重発見がきわめて頻繁なので、単一のもの――一回だけの発見――のほうが説明を必要とする例外だ、とマートンは主張した。実際、注意深く歴史を調べると、一見したところ単一に思えるものが、実は多重であるとわかることが多い。そのような調査からは、発明者の競争相手が似たような発見について知って落胆し、自分のものを公表する前に脱落したというだけの理由で、一回だけになる発明もあることがわかる。

ここで、イノベーションはたやすく生まれる、とまとめることに、個人的に反対する発明家も多いだろう。なんだかんだ言って、最も多産な発明家にとってさえ、イノベーションを生むのは難しく思える。トマス・エジソンが六〇〇〇種類の材料を試したあげくにようやく、電球の安定したフィラメントとして竹を見つけたことは有名だ。[9] そして、コンピューターのプログラミング言語フォートランを考案したジョン・バッカスは、自分の創作過程をこう表現している。「ひっきりなしに失敗する覚悟が必要だ。たくさんのアイデアを生み出さなくてはならず、そのあと一生懸命努力したあげくに、結局はそれがうまくいかないことを知る。それを何度も何度も繰り返して、ようやくうまくいくものが見つかる」[10]

しかし、個々のイノベーターにとってとても大変に感じられることが、もっと高い見晴らしのいい地点からでは、すなわち歴史上の時代全体を研究する歴史家の観点からでは、まったくちがうように見えるかもしれない。その観点からすると、たいていの発明と発見は、苦労して達成された一回きりの歴史上の出来事ではなく、ほぼ必然的な時代の産物であることを、マートンの多重発見が示すのだ。二〇〇近い多重発見の例のうち約三分の一は、二つの無関係な発見のあいだに一〇年以上が経過していることにも、マートンは気づいた。そのことから、初期の発見はよく無視されるか忘れられる――眠り姫である――ことがうかがえる。ここで浮かぶ当然の疑問は、なぜか、である。さいわい、不完全な化石記録よりむしろ詳細な歴史記録があるほうが、この疑問に答えるのは容易だ。

その一例が壊血病の治療法である。壊血病は命にかかわる病気であり、何カ月も外洋で過ごす船乗りが大勢命を落としたため、一八世紀には「海のペスト」と呼ばれていた。[11] その症状は気力の低下や歯茎の痛みといった、軽いものから始まる。だんだんに悪化して、筋肉痛が起こり、歯が抜ける。最終的には傷の化膿、出血、痙攣（けいれん）など、さまざまな症状のオンパレードで、確実に死で終わる。

壊血病の死者数は海軍記録が詳しくなった時代に歴然とするようになり、とくに急増したのは、植民地宗主国が新しい領地を求めて、自国からどんどん遠くへと海を探検するようになり、船が陸を離れて過ごす時間がどんどん増えたときである。探検家のマゼランは一五二〇年に世界一周したとき、二三〇人の部下のうち二〇八人を失った。二世紀後の一七四〇年、イギリス海軍司令官ジョージ・アンソンは大西洋でスペイン軍を攻撃するための遠征で、約二〇〇〇人の部下のうち一三〇〇人を失った。どちらの遠征でも、ほとんどの死因は壊血病だった。[12]

壊血病に効く治療法――柑橘（かんきつ）類と生野菜――は、ただ発見されて忘れられただけでなく、一度ならず再発見されて再び忘れられている。一四九七年にバスコ・ダ・ガマがオレンジの効用を――インド航路とともに――発見したが、その知識は広まらなかった。[13] 一六一四年にはイギリス海軍のハンドブック『船医の友』もそれを支持していたが、その言葉に誰も耳を貸さなかったにちがいない。なぜな

図8　ジェームズ・リンド

ら一八世紀になっても、イギリス海軍は戦闘より病気で多くの水兵を失っていて、そのおもな原因は相変わらず壊血病だったからだ。

　三回目の発見は、決定的な医学実験という形で実現し、それは医学史における画期的出来事だった。だが悲しいことに、これもまた事態を変えることはなかった。この実験は初めての対照臨床試験であり、一七四六年に海軍医のジェームズ・リンドが行なった、壊血病に効く治療法の試験だ[14]。当時、リンドが乗艦していたイギリス戦艦では、三五〇人の兵士のうち八〇人が壊血病でハンモックに寝たきりになっていた。彼は壊血病で死にかけている一二人の水兵を隔離し、基本的な食事に六種類の抗壊血病薬――壊血病の治療法になる可能性があるもの――のどれかを補って与えた。二人の水兵にはオレンジとレモン、別の二人には酢、別の二人にはリンゴ酒、四番目の二人には海水、といった具合だ。二週間後、最初のペアはほぼ完全に回復した。ほかのペアのうち、リンゴ酒を与えられた二人だけが少し改善した。明快な結果として、柑橘類は壊血病を治すことができるのだ。

　リンドは自分の研究を一七五三年の『壊血病論（*Treatise of the Scurvy*）』に要約した。彼は海軍本部とつながりが深く、艦隊の健康対策に影響を与えることができたが、それでも海軍本部はさらに五

○年のあいだ、柑橘類と壊血病のつながりを無視した[15]。歴史家のなかには、リンドはほかの抗壊血病薬を支持する競争相手に、間接的に攻撃されたのだと主張する者もいる。リンドが時代の先を行きすぎたのであり、彼の才能を快く思わない大勢の保守派によって、知的革命は抑えられてしまったのだと考えた人もいる。事実はもっと複雑だ。

長い船旅が水兵から奪うのは新鮮な食物だけではない。船室はジメジメしていて汚く、空気はよどみ、飲料水も新鮮ではない。そのため、水兵たちが陸に上がって健康が改善したとき、それが良質の食物のおかげなのか、新鮮な空気のおかげなのか、それともきれいな水のおかげなのか、誰にもわからなかった。問題の複雑さには、一八世紀の医学に深く根づいていた信念も一役買った。現在、多くの病気にはウイルス感染なり、遺伝子変異なり、ビタミン不足なり、特定の原因があると考えられているが、当時の考えは正反対だった。どんな病気にも複数の原因がありえる、と医師は信じていた。不潔な水、よどんだ空気、または汚い船室によっても壊血病にかかることはあり、実際の原因は本人の体質によるというのだ。そして病気に複数の原因があるのなら、治療法も複数あるはずだ、という考えになる。そのため医療機関は「特効薬」――ひとつの病気に対して万人に効く治療薬――と呼ばれるものに難色を示した。医師がそれを発見したと主張すると、すぐにいんちき療法と非難されたのだ。

この根深い信念は、リンドの対照試験が話題を呼ばなかった理由でもある。そのような試験は壊血病の特効薬を見つけるには理想的だが、それは医師が探していたものではなかった。そしてこの点で、リンドはそれほど先を行ってはいなかった。それどころか、まさにど真ん中にいた。なぜなら、彼も壊血病の特効薬があるとは考えていなかったからだ。彼は『壊血病論』に「自然下ではどんな病気にも万能薬は見つからない」と書いている[16]。そしてこの凝り固まった信念のせいで、リンド自身も自分の試験の重要性を完全には理解していなかったため、『壊血病論』ではほんの少ししか取り上げなかった。

最終的には常識が医学の先入観に勝ったが、それにはさらに五〇年を要した。柑橘類を支持する転機が訪れたのは、一七九三年にイギリス艦隊で壊血病が大流行したときだ。港から運ばれたレモン果汁のおかげで患者の水兵が回復すると、大流行は治まった。このようなことが何回か発生して、古い信念に固執していた医師が大勢いたにもかかわらず、海軍本部は柑橘類が特効薬だと納得した。一八〇〇年までに、艦隊のあらゆる船にレモン果汁を供給することが公式の方針になり、一八六七年には民間の船にも義務づけられた。アメリカ人がイギリス人を「ライミー」と呼ぶのは、このことに由来する。

ライム果汁で壊血病を治せたが、さらに数十年間、その理由は誰にもわからなかった。ようやく最終的な答えが出たのは、一九二七年、すでに究極の壊血病特効薬だと明らかにされていた分子を、ハンガリーの生化学者セント＝ジェルジ・アルベルトが単離して、「抗壊血病（アスコルビン）」酸と名づけたときのことだ。現在、それはビタミンCと呼ばれる。

効果的な抗壊血病薬は、蔓延していた科学的信念によって足止めされていた。決定的なイノベーションが過小評価される、まさに人間的な理由である。そしてこの人的要因が邪魔するのは、医学のイノベーションだけではない。次の例――冷蔵――は、イノベーションを休眠させるどころか昏睡させかねない、別の人的要因を浮き彫りにしている。[17]

ほとんどの冷蔵庫は液体冷媒に頼っている。それが気化するときに熱を吸収し、凝結するときにその熱を放出する能力を利用するのだ。現在の家庭用冷蔵庫は、気化した冷媒を凝結させるのに電動圧縮器（コンプレッサー）を使う。この圧縮は、冷媒が冷蔵庫内から吸収した熱を放出するのも助ける。そのような冷蔵庫は、圧縮器の電動モーターが動いているときはつねに、ブーンという音を立てる。

まったく異なる――おそらく圧縮式より優れた――冷蔵の原理を具体化するのが、吸収式冷蔵庫だ。この機械は冷媒の圧力を直接操作するのではなく、その温度を操作する。冷媒を熱して気化させると、のちに冷媒は蓄えた熱を凝結によって環境に放出できる。

吸収式冷蔵庫は現在、ニッチ市場を占めている。たとえばＲＶ車や送電線網のない地域など、電気が使えない場所で、冷媒を熱するのにガスの炎が使われる。しかし二〇世紀初頭には、ガス駆動の吸収式冷蔵庫が人気で、電動圧縮モデルと競合していた。それも意外ではない。なぜなら、圧縮器とその動く部品がないので、メンテナンスが楽だったからだ。しかも圧縮器がうるさいのに対して、吸収式は音を立てない。そして一九一〇年代半ば、最初の家庭用冷蔵庫が開発されていたとき、圧縮器モデルに必要な電気が供給される家庭より、ガスが供給される家庭のほうが多かった。当時、吸収式冷蔵庫は「常識的機械」とさえ呼ばれていた。[18] それでも圧縮器モデルが優位に立った。その理由は、エネルギー効率が高いというようなメリットとはほとんど関係なく、大企業とそのマーケティング力がすべてだった。

一九一八年に市場に出た初の家庭用冷蔵庫は、ケルビネーターと呼ばれる圧縮器モデルで、その名を冠した会社によって製造され、資金の十分なゼネラル・モーターズの支援を受けた。そのあとすぐ、何十という会社が冷蔵庫の流行に飛びついた。とくに注目すべきはゼネラル・エレクトリック（ＧＥ）だ。電気産業の中心であり、あらゆる電気テクノロジーに既得権をもつＧＥが飛びつくのも無理はない。電気に対する需要が増えれば、発電装置を売ることができるのだ。そのためＧＥは圧縮式冷蔵庫を改善しただけでなく、巨大な広告キャンペーンで後押しした。五キロ先からでも見えるネオンサインや、北極に向かう潜水艦に積み込まれた冷蔵庫、そしてハリウッドスターによる一時間のインフォマーシャル、といった具合だ。

一方、吸収式冷蔵庫を開発した会社は弱小で資金源も小さかったので、ガス事業会社と提携する必要があったが、ガス会社は成長中の電気産業との競争で財政が逼迫（ひっぱく）していた。一九四〇年までに、GEおよび電気産業と関係の深い数社の企業――ウェスチングハウス、ケルビネーター、フリジデア――が市場を支配した。歴史家のルース・シュウォーツ・コーワンはこう書いている。「現在、アメリカで吸収式でなく圧縮式の冷蔵庫が使われているのは、技術的に優れているからではなく……ゼネラル・エレクトリック、ゼネラル・モーターズ、ケルビネーター、そしてウェスチングハウスが、非常に大きく非常に有力で非常に攻撃的で非常に資金豊富な会社だったからで……」

マーケティングはほかの多くのイノベーションの運命も左右した。掃除機もその一例である。一九世紀末、集中方式の家庭用掃除機が開発された。各部屋の掃除機用差し込み口につなぐ掃除機ホースを一台の動力装置が駆動するものだ。ところが現在おもに使われているのは、集中方式の掃除機ではなく可搬型のものである。なぜなら、フーバーのような成功している企業がそちらに味方したからだ。同様に、回転ドラム式の洗濯機が使われているのは、メイタッグがそのデザインを積極的に宣伝したからだ。

イノベーションを休眠させるのがマーケティング力であれ一般的な意見であれ、最大の原因は社会的学習――またはその欠如――である。動物の集団全体に道具イノベーションを広めるものと同じ力が、人類のイノベーションを広めるのにも欠かせない。そして社会的学習がなんらかの理由で妨げられる、または遅れると、イノベーションの成功もそうなる。しかしだからと言って、この成功にとって重要なのは社会的学習だけだということではない。進化イノベーションと同じような理由で休眠状態のままのイノベーションもあり、その理由は人間的な弱さとはほとんど関係ない。アルネ・ラーシヨンという名のスウェーデン人の驚くべき事例について考えよう。画期的なイノベーションが、きわめて困難とされていたにもかかわらず、彼が長生きするのを助けたのだ。

一九五八年、ラーションは三三歳、絶望的な状況だった。ウイルス感染によって心臓が損傷し、そのせいで心拍が異常に遅くなっている。結果的にラーションは毎日、最大三〇回ものアダムス・ストークス発作と呼ばれる危険な失神発作を起こす。発作が起こるたびに、間に合うように蘇生されなければ、命を落とすおそれがあった。

ラーションの心臓の鼓動のタイミングは明らかにずれていたが、ほかの点では彼は申し分のないタイミングに恵まれていた。すでに半年も入院していたスウェーデンの病院では、外科医のオーケ・セニングと技師のルネ・エルムクヴィストが、心臓ペースメーカーの実験を行なっていたのだ。彼らは患者の体内に移植して、心臓が拍動し続けるために必要な小さな電気パルスを不整脈の心臓に送ることができるペースメーカーを、初めて開発したいと考えていた。ラーションには勇敢な妻からのすばらしい協力もあった。彼女は彼をたびたび蘇生させなくてはならなかったので、ラーション自身とほとんど同じくらい必死だった。彼女はセニングとエルムクヴィストにしつこく助けを求め、移植可能なペースメーカーはまだないのだと言われると、とにかくつくってくれと懇願した。

心臓ペースメーカーの歴史が始まったのは、おそらくもっとはるかに早く、一八世紀末にフランス人解剖学者のマリー＝フランソワ＝グザヴィエ・ビシャが、死亡した人の心臓を電流によって復活させたときである。それはすばらしい医学の進歩であり、多くの患者の命を救っただろうが、ひとつ問題があった。ビシャの患者には頭がなかったのだ。彼らは進行中のフランス革命で首をはねられた人びとだった。[19]

このような概念実証から、心臓ペースメーカーへの最初の取り組みが成功するまで、さらに一〇〇年以上かかった。この遅れた成功物語の節目となった年は一九三二年で、アメリカ人心臓医のアルバート・ハイマンが関係している。ハイマンは慢性心臓病を管理することより、一生に一度の深刻な問題に対処することに興味をもっていた。たとえば、彼は死産の赤ん坊の休止している心臓を復活させたいと考えた。ハイマンはいまも使われているような人工ペースメーカーに功績があると思われているが、彼が発明した仕掛けは現在のペースメーカーとは似ても似つかない。ミシンほどの大きさで、手回し式のモーターが起こす直流電流が、針を通じて患者の心臓に伝えられるものだった。

医療機関はハイマンと彼の革命的発明をおおいに歓迎しただろう、とあなたは思うかもしれない。しかしちがう。医学界はハイマンのペースメーカーを単なる無用の長物として却下し、彼は神の仕事に干渉していると非難さえされた。言いかえれば、ハイマンのペースメーカーはヒットしなかったのであり、それは努力が足りなかったからでないことは確かだ。最初の発明から一〇年以上がたち、第二次世界大戦が始まって、ハイマンは自分の装置を使うようアメリカ海軍を説得したが、うまくいかなかった。結局、ペースメーカー研究の畑ではさらに二〇年にわたって休閑が続き、ようやく豊富な作物を産出するようになったのは、一九五〇年代末のことである。

その一〇年で、二つの突破口が開かれた。まずは、アルネ・ラーションがスウェーデンで長期入院するわずか一年前、ミネアポリスの心臓外科医C・ウォールトン・リレハイが、元テレビ修理工で、ガレージで発明をしていた技術者のアール・E・バッケンと組んだときである。リレハイは子どもの先天性心臓欠陥を治療するための開心術を開発していた。完治するまで心拍リズムに異常をきたす患者もいたので、彼は患者の心臓を一時的に人工のペースメーカーで補助したいと考えた。ここでバッケンの出番だ。彼はメトロノームとペースメーカーが同じ問題――どうやって拍を維持するか――を解決することに気づいた。そこで彼は電子工学の雑誌から小さなメトロノームの設計図を拝借し、そ

図9　ペースメーカーの初期の例

れを使ってペースメーカーを組み立てた。九ボルトのバッテリーを動力源とする彼の装置はとても小さかったので、患者にくくりつけることが可能で、胸壁を通って心臓まで達するワイヤがついていた。

しかしリレハイとバッケンはひとつ決定的な問題を解決できていなかった。皮膚に恒久的にワイヤの太さの穴が開けば、細菌とそれによる命にかかわる感染症に、大きく門を開くことになってしまう。あとから考えればわかりきった解決策は、ペースメーカーとワイヤの仕掛け全体を患者の体内に移植することだ。しかしそれには非常に小さい装置が必要であり、それと同じくらい重要なこととして、何年も体内でもつくらい安定した無害の材料も必要だ。この問題を解決するために、スウェーデン人チームはシリコン製のトランジスタを使った。当時最新だっただけでなく、きわめて小さく、小型の再充電可能なバッテリーを装備している。さらに、化学会社のチバガイギーが、アラルダイトと呼ばれるまったく新種の生体適合性エポキシ樹脂を開発したばかりだったこともさいわいした。それがパッケージ全体を密封するのに使われた。最終的にできあがったのは、ホッケーのパックほどの大きさの円筒型の装置で、彼らはそれをラーションの腹部に移植した。

残念ながら、このペースメーカー第一号は八時間しかもたなかった。けれどもセニングはそれを第二号と交換し、そちらはまる一週間もった。ラーションは装置を何度も交換されることになり、何年も生き延びた。二〇〇二年、八六歳のときに心臓病ではなく悪性黒色腫で亡くなるまでに、機能しなくなったペースメーカーをさらに小さくて改良された安全なものに交換する手術を、二五回も受けていた。[20]さらに彼はセニングよりもエルムクヴィストよりも長生きした。

妙なことに、最初の発明者たちはペースメーカーが成功するとは考えていなかった。エルムクヴィストいわく、「私はペースメーカーをおおよそ珍奇な技術と考えていたと認めざるをえない」[21]。しかしアルネ・ラーションが死亡したころには、およそ三〇〇万人がペースメーカーを胸に入れて歩き回っていて、現在、アメリカの医師は毎年一〇万個以上のペースメーカーを移植している。[22]

ハイマンのばかでかい怪物から一九五〇年代半ばまで続いたペースメーカー技術の休眠状態に関与していたのは、社会的学習の支障より技術発達のスピードだ。完全に移植可能なペースメーカーは、かさばる真空管には無理で、小さくて電力効率のいいトランジスタにしか実現できない小型化が必要であり、それはハイマンの発明の一六年後、一九四八年まで発明されなかった。さらに移植には、小型かつ長寿のバッテリーと、アラルダイトのような生体適合性の材料も必要だった。つまり、移植可能なペースメーカーに時間がかかったのは、必要なテクノロジーがひとつだけでなくいくつも、先に発明されなくてはならなかったからだ。

いくつかのイノベーションの合流が成功に不可欠だったテクノロジーはほかにもある。石油や天然ガスを岩から採取するのに役立つ水圧破砕、またの名を「フラッキング」だ。フラッキングは化石燃料への依存を長引かせ、化学廃棄物を生み出し、飲料水を汚染し、小規模な地震の原因にまでなるせいで、環境保護主義者に嫌われているが、天然ガスと石油の宝庫の扉を開くことによって、化石燃料産業の革命に一役買った[23]。そのルーツは一九世紀半ばまでさかのぼる。当時、掘削業者は生産性の悪い油井を、内側の深いところで火薬に点火することによって「破壊」していた。結果的に起こる爆発は、掘削孔から石油と水の見事な間欠泉を噴出させ、作業員の心を燃え立たせただけでなく、その圧力が近くの岩を破砕して亀裂を生じさせ、石油やガスが油井に染み出て採取できるようになった。

しかし、その激しい火炎の初期状態からフラッキングそのものが誕生するには、さらに一〇〇年を要した。一九四七年、スタノリンド・オイル社のフロイド・ファリスが、油井に高圧で送り込まれる液体は、爆発と同じ結果を出せることに気づいた[24]。フラッキングはすぐに、ごく普通に使われるようになったが、画期的な成功を収めたのは数十年後、水平掘削と呼ばれる別の技術的プロセスが成熟したときだった。水平掘削が驚異的な理由は、地下一キロメートル以上の岩を砕きながら、ドリルビットの方向を変えられることにある。ドリルビットは垂直から水平に九〇度の弧を描き、地表と平行の油井をつくる。水平掘削が重要なのは、ガスや石油の埋蔵量の大半は、厚みよりも幅のほうがはるかに大きい岩床にあるからだ。そのような岩床の内部に伸びる油井が長ければ長いほど、たくさんの石油とガスを採取できる。

一九八〇年代、フラッキングと水平掘削のイノベーションが合流した。そのおかげで、一〇〇〇万リットル超の水に一〇万リットル超の化学物質を混ぜたものが、油井をものすごい勢いで流れるいわゆる「大規模水圧破砕」が可能になった。結果として生じる圧力が地中深くの岩を割り、大量のガスと石油を放出させる。

ここで壊血病からフラッキングまで、いくつかの例をある程度詳しく説明しているのは、簡単なことを明らかにするためだ。すなわち、イノベーションの成功に時間がかかる理由はきわめて多様であり、そのためどんな共通点があるかを知るのは容易でない、ということ。しかし事例でわかるのはそこまでだ。残念ながら、人類のイノベーション史におけるもっと広範なパターンを明らかにすることはできない。結局のところ、事例はこの歴史における特異で唯一のエピソードにすぎない。とくに重要なこととして、そもそも休眠状態のイノベーションや発見が、どれだけの頻度で発生するかはわからない。なんらかの原則に対するまれな例外にすぎないのでは？

さいわい、少なくとも科学史に関しては、貴重なデータソースがこの疑問に答えるのに役立つ可能性がある。このソースは科学出版物の記録、つまり何世紀にもわたる消去できないタイムスタンプつきの発見記録である。人はこの記録を使って、科学分野における認知と成功の度合いを示す世界共通の通貨を調べることができる。それは科学者による引用回数だ。

科学者が別の科学者の著作を引用するとき、その過去の研究に対する知的な借りを返す。引用される回数が多ければ多いほど、その研究の貸しは大きかったのだ。言いかえれば、引用される回数は研究の影響力を数値化してくれる。どの科学者がノーベル賞のような誰もが欲しがる賞を受けるか、予測するのに役立つ。[25]大学が最も有望な求職者を特定するのに役立つ。そして、科学の科学とも呼ばれる、いわゆる科学計量学という専門分野の研究対象である。

科学者の価値を決めるのに科学計量学を使うのは、問題があるかもしれない。とくに、研究が認知されるのに時間が必要と思われる、傑出した若い科学者にとってはそうだろう。とはいえ、個々人ではなく研究分野全体に応用されるのであれば、科学計量学は過去を鋭く洞察し、影響力ある研究の広範な歴史的パターンを特定するのに役立つ。そしてとくに、休眠中の発見を求めて、何百万という論文が収録されている電子データベースをふるいにかけるのに役立つ可能性がある。そうした発見は、何年も何十年も引用されることなく埋もれていたあと、引用が爆発的に増えて引っ張りだこになった論文に包含されている。科学計量学は「眠り姫」を、なかなか認知されない論文を表わす用語として使う。そして、そのような論文が「目覚めさせられる」と、その「心拍」――年間の引用回数――が速まる経緯を研究する。[26]

まさにそれをしているのが、二〇一五年に行なわれた二二〇〇万もの科学論文の研究である。その研究では、「眠り姫係数$B$」なるものを定義し、数値化している。そのひとつの数字に、発見がどれだけの期間認知されないままか、この期間にその発見が引用された回数がどれだけ少ないか、ひとたび目覚めさせられると、その引用数がどれだけ急激に増えるか、その遅れてきた引用の爆発的増加でどれだけ多く引用されているか、要約しているのだ。一方の極端は、$B$が最高値になる出版物である。その数値が表わすのは、何十年も無視されたが結局、時機が来たときには人気が急上昇することになった発見である。[27] 逆に、この係数$B$がゼロの出版物は眠り姫ではない。その引用数は発表直後に上昇し――即座に認知され――て、そのあとは減っていくだけである。多くの出版物にとって典型的なパターンだ。

この研究の著者は、眠り姫はほかの出版物とかなりちがっていて、容易に区別できて数えられるくらいの数の出版物が、（おそらく小さい）塊にまとまっているのだろうか、と考えた。しかしそうではない。眠り姫係数は広範囲にわたって連続的に変化する。$B$が小さい出版物は多く、$B$が中くらいのものはちょっと少なく、そして$B$が大きいものはもっと少ない。しかし注目すべきは、$B$の分布はなじみのある釣り鐘曲線の正規分布とは似ても似つかないことだ。いわゆるファット・テール分布である。その「尻尾」――長いあいだ無視されていた$B$が大きい出版物――は、釣り鐘曲線の尻尾よりはるかに厚みがある。言いかえれば、長いあいだ休眠していて突然目覚める発見は、釣り鐘曲線による予想よりはるかに多い。眠り姫は科学においてまれな例外ではないのだ。[28]

修道士グレゴール・メンデルの研究のような有名なものもある。彼はオーストリアのブリュンの修道院で、エンドウを使って遺伝的交雑についてコツコツ研究した。それとだいたい同じころ、チャールズ・ダーウィンは『種の起源』に取り組んでいた。ダーウィンの説には大きな穴があった。なぜならダーウィンには遺伝がどう働くかも、なぜ子どもが親に似るかもわかっていなかったからだ[29]。ダーウィンは知らなかったが、メンデルはこの穴を埋めようと取り組み、種子と花の形、色、質感が異なるエンドウを何千と交雑させていた。メンデルは子孫のこうした形質をコツコツと記録し、妙なことに気づいた。こうした形質の一部は、親から子孫へと何世代にもわたって、そっくりそのまま伝わるのだ。まるで情報の原子が世代から世代へと手渡されているかのようだ。メンデルがこの発見を記述した一八六五年の論文を、ダーウィンは入手できただろう。ダーウィンが読んでいた本にも言及があり、メンデル自身がダーウィンに写しを送った可能性もある。けれども、ダーウィンが気づいていたという証拠はない。そしてメンデルの洞察を見過ごしたのはダーウィンだけではなかった。ほかの誰もがそうだった[30]。その状況が三〇年以上続いたあと、一九〇〇年にようやく、オランダ人植物学者のユーゴー・ド・フリースがメンデルの論文を再発見したのだ。ド・フリースが引き起こした遺伝学革命は、ついには遺伝子工学のような応用分野を生んだ[31]。

メンデルの場合のような有名な再発見がひとつあれば、そこにはほかに、覚醒したあとでさえ世間一般に気づかれない再発見がたくさんある。その一例が、神経伝達物質にさらされると、ホスホイノシチドという脂肪に似た分子――脳細胞が情報伝達するのを助ける分子――を合成する細胞があることを報告した、一九五三年の研究である。世間はこの発見をどうすればいいのかわからなかったようだ。この研究は二〇年も目立たないままだったあと、ようやく目覚めたのだ。そのころには、この分子の放出は、カルシウムシグナル伝達と呼ばれる複雑な分子リレー鎖の一部であることが明らかになっていた[32]。そしてカルシウムシグナル伝達は、細胞が情報伝達する必要があるときに必ず中心になる。

そして細胞が分裂し、筋肉が収縮し、胚が成長し、ニューロンが発火するのを助ける。

　同じように目立たなかったのは、日本のチームが網膜の新しい疾患を記述した一九七一年の論文で、結果的に一〇年以上無視されることになった。それが目覚めたのは、ほかの研究者がその疾患を再発見しただけでなく、原因がヘルペスウイルス感染であることを発見したときである[33]。

　こうした多くの不可解な発見が時期尚早だった共通の理由は、本書ですでに取り上げた。成功するには、ほかの発展を待たなくてはならなかったのだ。科学計量学の用語ではこうした発展を「王子」と呼ぶ。王子が眠っている出版物を目覚めさせ、それがその後、新たな引用を爆発的に増やす[34]。ホスホイノシチドにとっての王子は、細胞の情報伝達についての発見だった。網膜疾患にとっては原因の発見であり、それは診断と治療にとって重要である。言いかえれば、科学的発見の成功は、技術的イノベーションのそれと同じように、複数の構成要素を必要とする可能性がある。キットから組み立てる模型飛行機の部品と考えよう――部品すべてが所定の位置に収まってはじめて、飛行機は飛ぶことができる。

　こうした構成要素はほかの分野から来ることも多い。実際、眠り姫の四分の三は、別の分野の発展によって目覚めさせられる[35]。主要な科学的進歩はたいてい、異分野間の相互交流から生まれることを思い出させる事実だ[36]。

　こうした構成要素のなかには、科学的発見でさえないものもある。科学界の外から来る場合もあるのだ。アレクサンダー・フレミングが一九二八年にペニシリンを発見したとき、一〇年以上にわたって実験室の珍奇なもののままだった。その理由は、抗生物質を生成するカビの発見と、その発見を有益な薬に変えることとは別だということにある。当時、誰もたいして興味を示さなかったので、フレミング自身も一九二九年にペニシリン研究を断念した。やがてペニシリンに対する関心が高まったとき、

図10　ペニシリンの到来を称賛するポスター

その理由のひとつは科学とはまったく関係なかった。第二次世界大戦が激化し、大勢の兵士が細菌に感染した傷のせいで死亡していたのだ[37]。しかしそういう動機があっても、ペニシリンの分離、臨床試験、そして大量生産には数年の努力と、イギリスおよびアメリカからの学際チームが必要だった。一九四二年三月にようやく、初めてアメリカ人患者がペニシリンでの治療を受けた。

このようなパターンは、最初は無用に思えるが、十分な時間があれば意外な応用分野が発展する発見にも存在する。そうした発見がとくに数学に多いのは、おそらく、数学者は多くの芸術家と同様、直接的な実用性のない仕事でも、誇りをもって追究するからだろう。優れたイギリス人数論学者G・H・ハーディは、輝かしい経歴が終盤に近づくころの一九四〇年、次のように書いている。「私は有益なことを何もしていない。私の発見はどれも、直接的にも間接的にも、良くも悪くも、世界の快適さを少しも変えていない。……あらゆる実用性の基準から判断すると、私の数学人生の価値はゼロである[38]」。彼の同僚の数論学者レオナルド・ディクソンは、この感情をもっと簡潔に述べたと伝えられる。「数論学がいかなる応用にも汚されていないのはありがたい[39]」。実際、数世紀にわたって、数論学は数学のとりわけ純粋な分野と考えられてきた。なにしろその応用分野は極端に少なかった。しかしハーディもディクソンも、彼らの大切な象牙の塔にぶつかろうとしているものを知らなかった。コンピューターの台頭によって、数論学の応用分野は爆発的に増え、二〇世紀末までに、物理学、財政学、バイオテクノロジー、そして何よりコンピューター科学の問題を解決するのに役立ってきた。現在、インターネット全体の安全な情報伝達を確保する、暗号アルゴリズムにとって欠かせない[40]。

群論と呼ばれる数学の分野も純粋数学として始まったが、一九二〇年代からは素粒子物理学と結晶化学で重要になった。物理学の数学的基礎にとっても同様で、光と電気と磁気を結びつけるジェームズ・クラーク・マクスウェルによる一八六五年の複雑な方程式も含まれる。マクスウェルはどんな応用にも関心がなかったし、ハインリヒ・ヘルツも同様だった。ヘルツは一八八七年に電磁波を生成し検出したとき、マクスウェルの方程式が数学の真理以上のものを明かすことを初めて証明した。マクスウェルから三〇年後、一八九〇年代になってようやく、初の非常に重要な応用分野が出現する。グリエルモ・マルコーニが無線電信と無線通信を開発し始めたときだ[41]。

こうした事例よりさらに注目に値するのは、一八九三年に早くも出現し、データを分析する統計手法を説明した複数の出版物だ。二〇世紀にはほとんど注目されなかった——最初期のもののなかには二〇世紀中ずっと眠ったままのものもあった——のに、二一世紀初めにいきなり知名度が急上昇した。その理由は、そうした手法を輝かせることができる「ビッグデータ」と強力なコンピューターだ[42]。深層学習と同じように、ニューラルネットワークを使って話を理解し、画像を分類し、人を顔で確認する人工知能の大成功した分野である。その背後にある考えの源は一九六〇年代までさかのぼり、一九八〇年代までに首尾よく発展したが、その力を明らかにするために必要な大規模データは、二一世紀まで現われなかったのだ[43]。

　生物進化のイノベーションと同じように、人類の発明と発見の多くは休眠状態だが、優れた歴史記録のおかげで、私たちはその休眠状態の理由を突き止められる。そして理由は非常に多様である。教育機関から孤立して暮らしていたメンデルのように、ただの不運の域を出ないようなものもある。凝り固まった先入観、変化に対する無気力、そしてマーケティング力もある。さらに、まだ生まれていない科学的発見や技術的発展もある。どれもが独特なので、共通点はほとんどないように思える。しかし深いところに共通の何かがあるのは確かで、その何かはきわめて重要である――創造者(クリエイター)にはコントロールできないのだ。そしてこの共通性は、赤い糸のようにはるばる生命の起源までさかのぼるが、現代の人間のクリエイターにとっても、いくつか学ぶべき教訓があるかもしれない。

# 第10章　眠り姫

クリエイター、とくに売れていないクリエイターは、本書のテーマに慰めを見いだせるのだろうか？　答えを提案する前に、本書の主要なテーマから私たち自身の成功と失敗についてわかることを検討するべく、ざっと復習しよう。

第一のテーマである多重発見について、一九世紀のイギリスの歴史家で政治家のトマス・マコーリーは次のように述べている。「太陽はまだ水平線の下にあっても丘を照らす。最高の知性が真実を発見するのは、群衆に明らかになる少し前である。その知性の優位性はその程度である」

このくだりは、天才が科学技術に果たす役割に対する懐疑的な見解を反映している。天才は集団より数歩先を行っているにすぎない。その見解を裏づけるのは、多重発見がとにかくたくさんあることだ。実際はマコーリーが書いているよりさらに悪い。その天才の仕事は、世間が追いつくまで認知されないままであることが多いのだ。

これまでいくつかの例に触れたが、言及しなかったものがほかにもたくさんある。たとえば、化学や物理学における初期の珍しい発見は、ヘンリー・キャヴェンディッシュの未発表の研究記録が一八一〇年の彼の死後に明らかにされたとき、それほど珍しくないことがわかった。例として、電流と電圧を関連づけるオームの法則や、水素を燃やすと水ができることの発見が挙げられる。そこにはキャヴェンディッシュが最初にたどり着いていたのだ。同様に、単一に思えたさまざまな数学者による発見は、一八世紀の数学者カール・フリードリヒ・ガウスの個人的なノートで見つかった。[1]

多重発見が原則で、単一の発見は例外であり、孤高の天才の役割もそうである。一般通念がそうでないとするなら、それは歴史が勝者によって（そして自己宣伝に長けた者によって）書かれるからである。

孤高の天才は、ほかの種にもほとんど存在しないようだ。チンパンジーのシロアリ釣り、イルカの海綿を使った漁、ニホンザルのイモ洗いのようなイノベーションはすべて、何回も発見されている。

意図のない生物進化の過程についても、同じことが当てはまる。最も有名な例は眼のような複雑な器官であり、進化はそれを何回も、しかも軟体動物やハエやクラゲのような私たちとまったく異なる生物でも発見している。[2] しかしそれほど知られていなくても、同様に印象的な例もたくさんある。そのひとつがイボウミヘビだ。英語で beaked sea snake（くちばしのあるウミヘビ）と呼ばれるのは、頭のうろこがくちばし状になっていて、とげのある魚を捕食するのに役立つからだ。攻撃的なことで知られ、致死毒を産生する。アジアやオーストラリアの海でウミヘビに咬まれて死亡する人のほとんどが、イボウミヘビに咬まれている。他に類を見ないほど危険に思える。ところが、その遺伝子から進化の過去を再構築した研究者が、イボウミヘビは一種ではなく、アジアの種とオーストラリアの種がいることを発見した。二つの種がそれぞれ無関係に、くちばし、攻撃行動、そして危険な毒の化学成分まで、不可解なほど似たものを進化させたのだ。[3]

そのような収斂進化は、顕微鏡でも見えないほど微小なレベルにまで、植物が天敵を追い払うのを助けるカフェインのような分子にまで達する。進化はカフェイン――まったく同じ二四個の原子がま

図11　イボウミヘビ

ったく同じ配列をしているまったく同じ分子——を少なくとも三回、コーヒーの木、茶の木、カカオの木で発見してきた。[4]

マートンの多重発見は自然界ではあまりに頻繁に起こるので、ケンブリッジ大学の古生物学者サイモン・コンウェイ・モリスは、生命のイノベーションに唯一無二のものはないと主張する。[5] 彼は「私はいつでも立ち上がり、『一回しか進化しなかったものを見せてくれ』と言い、『いや、私は別の例を示せる』と反論するつもりだ」と、二〇一五年に《インディペンデント》紙のインタビューで述べている。地球外生命体でさえ、私たちとかなり似ているだろう、とも主張する。[6] ちょっと待て、と言う科学者もいる。単一の進化を見つけるのにほかの惑星に目を向ける必要はない、と指摘するのだ——この地球にも、カメレオンやサバクオモトやカモノハシのような、奇妙な種が生息する、と。[7]

しかしここでもまた、珍しさは見かけ倒しかもしれない。気が遠くなるような進化の時間尺度のせいで、生命の歴史に関する私たちの知識は穴だらけだ。新しい生活様式、体形、または分子が、ひょっとすると何百万年も前に一度ならず進化したことを、誰がきっぱり否定できるだろう？　唯一のものが今日まで生き延び、成功せずに絶滅した試行の痕跡を長い年月がすべて消し去ったのだと、誰が断言できるだろう？　第2章で取り上げた、ツパイやビーバーやモモンガに似た最古の哺乳類について考えてみてほしい。その生活様式は進化によって発見され、絶滅し、再発見されて——場合によっては二回以上——ようやく、数百万年後に最終的に成功した。

自然またはテクノロジーのいかなるイノベーションも、真に単一かどうかについての議論は続くだろう。しかしそれがどう決着するにしても、多重発見の多さだけで、一般にイノベーションは自然にも文化にもたやすく生まれることがわかる。すべての理由はわからないが、重要な理由は両方に共通する特徴、具体的には多くのイノベーションがゼロからつくられるわけではないことに由来する。イノベーションは古いものを流用して新しいものをつくるのだ。

一五世紀、ヨハネス・グーテンベルクが印刷機を発明することによって情報伝達テクノロジーに革命を起こしたとき、彼はネジプレスと組み換え可能な活字を組み合わせた。両方とも何世紀も前から周囲にあったものだ。ネジプレスはローマ時代からワイン造りに使われていたし、組み換え可能な活字は、起源は中国だが、グーテンベルクの時代のずっと前にヨーロッパの記録で言及されていた。同様に、ヨーロッパで一二世紀に生まれた手押し車は、レバーと車輪を組み合わせているが、どちらのテクノロジーもギリシア・ローマ時代に端を発する。[8]

そのような流用の特殊な例は、既存のテクノロジーではなく既存の知識を使う。たとえばレーダーのイノベーションは、鏡が光を反射できるのと同じように、金属の物体が電波を反射できるという知識にもとづいている。自然をヒントに類推から生まれたイノベーションもたくさんある。ジンバブエのハラレにある店舗とオフィスの複合施設、イーストゲート・センターの設計を考えよう。その冷房システムはシロアリ塚から着想したものである。暖かい空気が上昇して塚の上部から抜け、その裏で冷たい空気を引き込むとき、塚が受動的に冷えるのだ。同様に、ベルクロ（マジックテープ）の発見は、スイスの発明家ジョルジュ・デ・メストラルが飼い犬と森で散歩中にくっついたいがからヒントを得たものだ。

そのような流用と組み合わせの真の名人は、実のところ、文化ではなく自然である。細菌が――抗生物質のような人工の毒を含めて――新しい分子からエネルギーを獲得したり材料を取り出したりするために代謝を変更するとき、自分のゲノムの断片を交換し、遺伝子と酵素のまったく新しい組み合わせを試して、最終的に新しい栄養源を消化できるものを見つける。そしてＤＮＡ自体が、究極の組み合わせイノベーションの原動力である。その四文字は、組み換えられてまったく新しい遺伝子とゲノムに変異することができる。その過程こそが、現生の何百万という種を生み出したのだ。

流用が頻繁に起こることから、古いものには新しい目的の役に立つ潜在能力があることもうかがえる。それは別の主要テーマにつながる。すなわち、多くのイノベーションが表に出ない休眠状態で生まれる、ということだ。このテーマがとくにはっきりするのは、新しい課題に対処するために古いものを変える必要さえないときだ。代謝とその分子道路網の場合がそれである。前に遭遇したことのない分子でも、その分子がたくさんある化学経路のどれかをたどれるかぎり、代謝はそれを消化できる。道路が建設された目的の地域ではなくても、道路が近辺を通るのであれば、そこに住む人たちも道路を使えるのと似ている。

単一の化学兵器をつくるなど、ひとつの仕事だけのために進化したにもかかわらず、いくつもの仕事ができるゆるい酵素にも、このようなイノベーションは眠っている。イノベーションは科学とテクノロジーを可能にする私たちの脳の回路にも存在する。読字を可能にする回路は、文字や言葉ではなく物体や風景を認識するために進化したのだ。しかし文字や言葉にはほかの物体との共通点がたくさんあり、そのため人類そのものより古いこの回路は、必要になったときに読字を引き受ける準備ができていた。

このようなイノベーションが開花するためには、古い回路、分子、またはテクノロジーの変化は必要ないかもしれないが、環境の変化は必要である。そのようなイノベーションは最も純粋な形で、本書の最後にして最重要のテーマを具体化している。すなわち、イノベーションの成功は周囲の世界によって決まるのだ。

だからこそ、イノベーションを成功させるには忍耐が求められることがある。本書で取り上げた眠り姫はすべて、世界がそのための準備を整えるまで、数年から数百万年も待つ必要があった。そしてその待機にはさまざまな形がありえる。文化や自然の端っこで小さな隙間を埋めて生き延びるイノベーションもある。たとえば、時機が来て爆発的成功を経験するまで、何百万年もかろうじて生きていた草、アリ、鳥がいる。そのように待っていた人類のイノベーションもたくさんあり、いまだに待っているものもある。たとえばガスを動力源とする吸収式冷蔵庫は、いつの日か大成功するかもしれないし、かろうじて存続するだけかもしれないし、最終的に絶滅するかもしれない。

古い仕事の副産物として新しい仕事が生まれたために、生き残るイノベーションもある。その例がクリスタリンで、化学反応を加速するかたわら、高濃度で凝集しないので、眼のなかで光を回折するのも助けることができる。

とはいえ、使われないまま存続する創造物もある。文化には、忘れ去られた小説、黙殺された交響曲、見落とされた特許などがある。自然には、大きなゲノムに最近生まれた何百という遺伝子がある。[9]

そのような遺伝子はどれも、現時点では何の役に立つかわからない。問題が起こらなければ、それを解決する遺伝子はやがて消える。変異がゆっくりとそのDNAを意味のないものに変えるか、またはゲノムから消去するのだ。忘れ去られた原稿が、火に投げ込まれるにせよ、リサイクル用回収箱に放り込まれるにせよ、最終的に消えるようなものである。

そして、初期哺乳類の生活様式や、初期の壊血病治療法のように、実際に消滅するイノベーションもある。そうしたイノベーションはのちに再発見されなくてはならない。もしイノベーションがもっと生まれにくいものだったら、永遠に消えていただろう。

さらに多様なのが、眠り姫が眠る理由だ。ヘルマン・グラスマンの線形代数のような数学の創造物が何十年も無視されると、とらえどころのない時代精神のせいにされることがある。この時代精神というものは、美や真実よりむしろ実用性を目的とする発見を邪魔するおそれもある。たとえば、ドイツ人のクリスティアン・ヒュルスマイヤーによる初めてのレーダーの発見がそうだ。彼は戦時にも平時にも命を救えるテクノロジーとして、レーダーを思い描いた。しかしほかの人びとは彼の思いを共有しなかった。レーダーはドイツ海軍に不要だと却下され、二〇年後にドイツ人とイギリス人に再発見される必要があった。[10]

政治はこの時代精神のひとつだ。韓国のハングルは一五世紀に発明され、少人数の中国語を読み書きできる上流階級から一般人へと、書字の世界を広げた。しかしこの普及には思いがけない結果がともなった。この新しいテクノロジーのおかげで一般大衆が自己表現できるようになったことで、支配階級が脅威を感じたのだ。実際にハングルが王の批判に使われると、このイノベーションは五〇年も禁止された。[11]

本書で取り上げた技術イノベーションのいくつかが実証するように、成否にとって重要なのは人間的な弱さだけとはかぎらない。水平掘削テクノロジーが成熟してはじめて、フラッキングが石油産業に革命を起こすことができた。心臓ペースメーカーがようやく実用的になったのは、トランジスタ駆動の電子機器、小型バッテリー、無毒の材料が開発されたおかげで、患者に移植できるようになってからだ。ペニシリンが医学を革新できたのは、大量生産のテクノロジーがあってこそであり、その開発には一〇年以上を要した。

生物進化のイノベーションにも似たようなことが言える。適切な時期に適切な場所で生まれることは、ヒトのいない世界でも重要であることがわかる。アリが一万以上の種に多様化できるようになるまで、顕花植物が広がって大きくて多様な森をつくり上げるまで、数千万年も待たなくてはならなかった。哺乳類はほとんどの恐竜が——つまり初期鳥類を除いて——絶滅するまで待たなくてはならなかったし、初期鳥類もまた、自分たちの仲間の恐竜が消えるまで待たなくてはならなかった。そして草とサボテンは乾燥した惑星でしか成功できなかったので、気候が変化するのを待たなくてはならなかった。

成功が遅れたこれらの理由——気候変動、現役のテクノロジー、小惑星の衝突、武力外交、大気中の酸素、個人的な先入観、植物の多様性、政変——すべてに共通するものがほとんどないので、「歴史は忌まわしいことの連続だ」という古い格言が思い出される。しかし実は共通点がひとつある。これらの理由はイノベーションそのものではなく、外の世界に由来するものなのだ。

これがやっかいな結論につながる——イノベーションそのものの真価で成功するイノベーションはない。創造性の成功は固有の天分から生まれるのだと信じる人たちにとって、この結論は受け入れがたいかもしれない。小説はとても感動的だから即座にベストセラーになるはずであり、科学的発見は明らかに革新的だから広く称賛されるはずであり、新しい薬はとても役に立つので人類はそれなしではやっていけないだろう、と私たちは考えるかもしれない。しかしそのようなイノベーションにとって、どんな内なる特徴、つまり「質」があっても、成功に十分ではない。小説が感動させるのは限られた読者かもしれず、科学的発見は浸透している意見を打ち負かす必要があるかもしれず、新しい薬は大量生産の手法を待ち望んでいるかもしれない。

おまけに、内的な質という概念そのものがたいてい、定義しにくくてあいまいだ。この点をうまく説明する自然のイノベーションもある。その一例が、アフリカのマラリアがはびこる地域で暮らす多くの人びとの命を救う、古代の分子イノベーションだ。それは血液が酸素を運ぶのを助けるヘモグロビンのタンパク質に含まれるアミノ酸のひとつを変化させる。この単一の変異――巨大なタンパク質内の数個の微小な原子の変化――が、とてつもない成果をもたらす。マラリアを引き起こす小さな原生動物が、人の体内に広がるのを防ぐのだ。マラリアが蔓延する地域でこの変異をもつ人は、ほかの人より健康でいられる。自然淘汰のおかげで、何世代ものあいだにその子孫は数を増やした。現在、アフリカの一部の集団では、二〇パーセント以上の人がこの変異をもつ[12]。

明快な事実として、それは病気に対抗して体を守る変異であり、全面的によいことだ。しかしこの変異は、大半の生物学科の学生に――多くの中等学校の生徒にさえ――イノベーションとは思われていない。マラリアと同じくらい恐ろしい病気の原因として知られている。その名も鎌状赤血球貧血症、赤血球細胞が異常な鎌形になることに由来する。この細胞は、マラリアを防ぐのとまさに同じ変異のせいで、酸素を運ぶことができない。私たちは遺伝子それぞれのコピーを二つもっているので、ヘモグロビンをコードする遺伝子のコピーも二つもっている。コピーの片方だけが変異しているなら、軽い貧血を起こすだけでマラリアから守られる。両方が変異している場合、命にかかわる貧血に苦しむ[13]。

そのような両刃(もろは)の遺伝子イノベーションは、鎌状赤血球の変異だけでない。別の例は結核を防ぐ変異だ。結核は一万五〇〇〇年以上流行していて、一六世紀から二〇世紀までのヨーロッパ人の全死者数の二〇パーセントを占めていた。残念ながら、この変異にも両面がある。囊胞性線維症を引き起こすものがあるのだ。これはヨーロッパ人に最もよくある遺伝病で、鎌状赤血球貧血症と同じくらい致命的だ。[14]

もっと一般的に言って、いつどこで生じるかによって、有用にも有害にもなりえるＤＮＡ変異はたくさんある。遺伝学者はこの頻出する現象を、遺伝子型と環境の相互作用と呼ぶ。[15]少なくとも生物学の領域では、それで良いことと悪いことの区別があいまいになる。美が見る人の基準によって異なるのであれば、有用性もそうなのだ。

＊＊＊

オランダ人画家のヨハネス・フェルメールは、前の千年紀で最も長く忘れられていたクリエイターの一人であるという、好ましくない栄誉に浴している。一六三二年に生まれ、画家としての創造物――生涯でわずか五〇点ほどの絵画――は多くなかった。養わなくてはならない子どもが一一人もいたことを考えると、かなり控えめな数である。フェルメールは仲間たちから尊敬されていたが、その敬意は販売に結びつかず、一六七五年、戦争と経済危機の時代に死亡したとき、残された妻と子どもは借金まみれだった。彼の作品はすぐに忘れ去られ、二世紀近くそのままだった。それほど長いあいだ、美術の歴史家と評論家は彼をかえりみなかったのだ。

転機が訪れたのは一八六六年、美術評論家のテオフィル・トレ＝ビュルガーがフェルメールの作品の目録を発行したときで、それが今風にいうならバズったのだ。失われた時間を取りもどすかのように、フェルメールの技法は広く人気になり、広く模倣されただけでなく、あっという間に崇拝されるまでになった。現在、ベストセラー小説やヒット映画となった『真珠の耳飾りの少女』を通じて、彼の作品は大衆文化にまで浸透している。

フェルメールは、なかなか認知されなかったが最終的にブレークしたクリエイターの一人であり、そういうクリエイターは大勢いる。もう一人挙げるとしたら、アメリカの博物学者で一時期世捨て人となったヘンリー・デイヴィッド・ソローである。一八五四年の著書『ウォールデン　森の生活』(今泉吉晴訳、小学館文庫など)は、ウォールデン池近くの森での二年にわたる隠遁生活を語っている。[16]出版してもあまり成功せず、六年後に絶版になったこの本は、長いあいだ休眠状態に入ることになるが、二〇世紀の環境保護主義によって目覚めさせられ、アメリカでとくに有名な文学作品になった。

もう一人の例は、すでに言及したジョン・キーツである。彼の時代は詩人にとって悪い時期ではなかった。バイロン卿の『海賊』のような人気の物語詩が一日に一万部も売れることもあり、流行の詩人による詩集が三〇〇〇ポンド――現在の価値でおよそ二五万米ドル――以上で売れることもあった。しかしその手の成功はキーツには無縁だった。彼の最初の詩集はあまりに安く売られたので、親しい友人は「地の果てで出版されたほうがましだったかもしれない」と言った。ある批評家は彼の物語詩『エンディミオン』を「愚かなたわごと」と評した。彼の作品が認められるまで、彼の死後数十年を要した。

ヨハン・ゼバスティアン・バッハでさえ、そうしたクリエイターの一人だったかもしれない。生前は鍵盤楽器演奏家や作曲家として評判が高かったが、意外にも、現在の神々しいほどの地位を考えると、合唱作品では愛されていなかった。その時代の人びとは、歌に関してはもっと単純なものが好みだった。一七五〇年にバッハが亡くなって半世紀後の一八〇〇年になっても、ある評論家はバッハの合唱音楽の複雑さを「ばかげている」と述べている。さらに、バッハの音楽は古めかしいとされ、彼の死後には流行遅れになった。大バッハの作曲作品は何十年にもわたって、和音の組み合わせと対位法を教えるための単なる道具として使われた。一八〇二年のバッハの伝記が世間に彼の作品をあらためて知らしめることがなかったら、彼の作品はやがてすっかり忘れられていたかもしれない。もうひとつの転機は、有名な一八二九年の「マタイ受難曲」上演だった。これをきっかけに人気の波が起こって一般大衆を飲み込み、いまもとらえて離さない。[17]

ほかにもたくさんいるこのようなクリエイター――エル・グレコ、エミリー・ディキンソン、ハーマン・メルヴィル、ヴィンセント・ヴァン・ゴッホ――は、何百万もの人びとに情報を広めるラジオやテレビの放送から恩恵を受けなかった。何十億人に情報を広めるインターネットの恩恵も受けなかった。彼らの認知が遅れた原因は、それで説明がつくのかもしれない。私たちはみな、ただ知りさえすれば、次のキーツを即座に認知するだろう。たぶん。しかし無名だったわけではない忘れられたクリエイターも大勢いるのだから、それだけですべての説明はつかない。彼らにはたいてい少数の献身的な友人がいて、忘れられる前に作品を宣伝していたのだ。

そして、情報が世界中にあっという間に広まり、インターネットにより電子的不滅が可能な現代世界でも、忘却が流行遅れになったとは思えない。逆にブームになっているように思える。これについては、毎日私たちを押し流し、私たちの感覚を圧倒する、没入できる情報の大波に感謝できる。

このブームの兆候のひとつは、「忘れられた古典」や「注目されなかった本」という急成長中の文学分野である。「ニューヨーク・レビュー・ブックス・クラシックス」は、そのすばらしさを優れた文筆家が必ずといっていいほど保証する、絶版になった本を再発行することに特化した出版社である。以前は忘れられていたタイトルを何百冊も再発行している。注目されなかったが、「セカンド・チャンス・プレス」や「ロスト・アメリカン・フィクション」というような社名の出版社で出版されているタイトルもある。さらに、「アンノウン・マスターピース」や「ゼイ・ダイド・イン・ヴェイン」のような、ウェブベースのコレクションや選集もたくさん出現している。[18] そういうわけで、忘れられていたが記憶に残る作家の数は何千にものぼるはずだ。現代作家のスティーヴン・マルシェは賛同し、こう述べている。「私たちの小さな流れはすべて、まったく気にかけない人たちの海へと注ぎ込む。……粘り強さこそがひとつの真に作家的な美徳、愚かさと区別のつかない救いなのかもしれない。何があっても進み続けること。壮大な的外れへ突き進み続けること。失敗し続けること[19]」

芸術家の資質が、そしてそう、天分が、すぐに広く認知されるとは限らないのはなぜかという疑問は、無数の売れないクリエイターの頭にある。哲学者のハンナ・アーレントのように、「真価を認められない天才」は、ただの「天才でない人びとの夢想」ではないのかと問いかけた者もいる。しかしこれがすべて真実ではないことを、フェルメールやソローやキーツなど、大勢の人生が証明している。

真実を握るカギは、眠り姫は芸術界だけでなく、人類のあらゆる領域――テクノロジー、科学、数学――から、はるばる生命の起源までさかのぼっても存在することだ。眠り姫がいたるところに存在するということは、イノベーションがそれ自体だけでは成功しないということである。それぞれに合う世界に生まれ落ちなくてはならないのだ。

この基本的だが普遍的な事実はすぐさま、クリエイターが成功するのを助ける処方箋を二つ提示する。第一に、世間に耳を傾け、それが欲しているものを見つけること。それこそまさに、何千人という著者、脚本家、出版者、映画プロデューサー、発明家、作曲家、監督、その他多くのプロが、次の大ヒットを勝ち取ろうと奮闘するときに行なうことだ。ジャーナリストのデレク・トンプソンは、成功と失敗について丹念に調査した著書『ヒットの設計図』（高橋由紀子訳、早川書房）で、ヒット作と失敗作を分けるものを調べた。そしてMAYA――most advanced yet acceptable（非常に先進的だが受け入れられる）――ルールを特定している。ベストセラー本から耳について離れない音楽まで、成功する作品は新しさとなじみ深さのバランスをとる必要があるという考えだ[20]。こうした原則は、あとから考えるときに役立つかもしれないが、将来の展望については彼はもっと憂鬱な結論を下している。「将来を予測するということになると、無知同好会が結成され、誰もがメンバーになる」。あるいはもっと端的に、ある脚本家の言葉を借りれば「誰にも何もわからない」。レッド・ツェッペリンのような人気グループ、『ハリー・ポッター』シリーズのような本、『アメリカン・アイドル』のようなテレビ番組、ｉＰｈｏｎｅのような象徴的製品は、彼が正しいことを証明している。すべてデッド・オン・アライバル、すなわち発売時にすでに終わっているものと予測されていた[21]。

世間が欲しているものを見つけることがうまくいかない場合、別の進路はどうだろう？　世間を変えて、イノベーションが成功できる環境をつくるのはどうだろう？

それは大がかりな話だ。ただの可能性に賭けることができるのは、ほかの種にはない人類の特権ではある。とはいえこんな小さな哺乳類が、巨大な恐竜が行く手に立ちはだかっていると知っていたとしても、それについてほとんど何もできなかっただろう。そして結局のところ、どんな一個人にとっても、たいてい大がかりすぎる。私の言いたいことを示す例を二つ紹介しよう。

トマス・エジソンの時代、家庭や会社や公共スペースにきれいで安全な照明をつけるために、熾烈な競争が進行していた。ガス灯は人気だったが、すすを出し、空気を汚染し、致命的な爆発を起こしかねない。白熱電球を開発していたエジソンらは、電灯のほうが汚れを出さないと知っていた。しかし適切な環境でしか成功する可能性がない。つまり、電気を大量に生成して、大勢の顧客に分配できる環境だ。そこで彼らはその環境をつくり出すことにした。

その時代、たくさんの企業がエジソンに、自社が使うための発電所を設置してほしいと懇願していたが、エジソンにはもっと大きな目標があった。彼は都市全体に電力を供給したかったのだ。[22]そこで彼はマンハッタンのパール・ストリートに、中核となる巨大な石炭火力発電所の建設を始める。そのような事業はアメリカ初だった。不動産にかかる巨額のコストは別にして、この事業はさまざまな技術的難題にも直面した。電気を発生させる巨大な発電機をつくること、人口密度の高い都市に何キロメートルにもおよぶ電線を引くこと。ガス供給会社は誰かが感電死するたびに電気の危険を嬉々として指摘するので、エジソンはすべての電線を地中に引くことに決めたが、それがまた独自の問題を生んだ。数年を要したが、一八八二年、発電所は稼働した。当初、マンハッタンの四〇〇個の電球に送電しただけだったが、この数字は二年以内に一万個に増加した。[23]

こうしてアメリカの電力供給レースが始まったが、それは短距離走というよりマラソンだった。エジソンが公共発電所を開発するのに二、三年しかかからなかったが、電気が成功できる環境をつくるのには五〇年――そして大勢の技術者、実業家、政治家――が必要だった。[24]一九三九年になってもなお、のちの大統領で当時議員だったリンドン・B・ジョンソンは、テキサス州の田舎に電力供給するために有力な電力会社と闘っていた。[25]

同様の苦労は輸送にも見られた。本書で前に述べたとおり、エジプトとメソアメリカで車輪の使用は始まってすぐに失速し、オルメカ人のような古代の人びとは、車輪を輸送のためには使わなかった。車輪つき輸送手段が成功するには、適切な環境が必要であり、それはすなわち、鉄道や道路のような滑らかな表面のある環境だ。一九世紀初期にアメリカの鉄道会社が出現したとき、この環境をゼロからつくり出さなくてはならなかった。線路を一メートルずつコツコツと、最初は東部に、そのあと大陸全土に引かなくてはならず、それにはおよそ半世紀を要した。

自動車には自動車の環境が必要であり、その環境をつくり出すのにもやはり時間がかかった。二〇世紀初期になって、ヘンリー・フォードが手頃なT型フォード車を何百万台も売っていたときでさえ、都市から離れると「道路もオフロードだった」と記録されている。[26] 助けになったのは、議会が鉄道より高速道路に補助金を出したことだ。というのも、鉄道会社は顧客、とくに産品を市場に届ける必要のある多くの農家を完全に支配し、輸送業を独占していたせいで、ひどく嫌われていたのだ。援護射撃を行なったのは軍部である。戦争になった場合、軍隊と装備を動かすために道路の整備が不可欠だと主張したのだ。それに加えて、地元の路面電車路線を買収してバスに置き換えるという、自動車産業の怪しげな陰謀もあって、自動車はただ列車と競合できただけでない。最終的に鉄道産業をつぶした。

それでも、一八三〇年にボルチモア・アンド・オハイオ鉄道が開業してから、州間高速道路網の建設が一九五六年に始まって一九九二年にようやく完了するまで、一世紀以上が経過した。この過程に膨大な数の人びとが関与した。一人のクリエイターはもちろん、ヘンリー・フォードのような有力な大物でさえ、この規模で歴史を変えることはできないだろう。

世界を変えることも、その欲求を予測することも、一人の人間にとって現実的に可能性はない。では、ほかにどうすれば売れないクリエイターは、眠り姫はごく当たり前に存在し、自分の創造の成功は自分の力ではどうにもならないという知識から、何かを得ることができるのか？　この疑問で古いジョークが思い出される。男が友人に何年も受けている精神分析セラピーについて話す。友人は「役に立ったか？」と尋ねる。「いいや」と男は答える。「だが少なくともいまは、なぜ自分がノイローゼなのかわかる」。イノベーションの深い歴史を知っても、世界における自分の場所を変えることはできないかもしれないが、それを最大限に活用することはできる。たとえ永遠に「壮大な的外れへ突き進み続け」ているのかもしれなくても、創造的な仕事から満足を得ることができる。
ひとつに、あらゆる創造物は人生の壮大な宝くじのチケットにすぎないことを、認めなくてはならない。生物学者は驚かないだろう。なぜなら、進化の産物に当てはめると、この見解は一世紀にわたって正統派ダーウィン説だったからだ。生物学者がＤＮＡの変異を「ランダム」と呼ぶとき、そういうことを意味している——変異は新しい役立つものを生み出す可能性があるのと同じくらい、新しい有害なものを生み出す可能性もある。[27]
そして同じ原則が人類の創造に当てはまることを受け入れがたいなら、反論の余地のない科学の記録と、何百万というその論文を参考にするのが役に立つ。この記録は、成功の一般的パターンを明らかにすることによって、明確なメッセージを伝える。このパターンは一九世紀までさかのぼっても存在するだけでなく、歴史と地質学と数学ほど大きく異なる分野にも当てはまる。それが明らかにするのは、最も大きな成功を収める科学者は、生涯にわたって最も多く成果を発表する人である傾向があることだ。たとえばノーベル賞受賞者は、ほかの科学者の倍の論文を書いている。さらに、一般の科学者が最も重要な研究を生み出すのは、最も多く研究発表する期間である。数学者と物理学者は若いときがベストで、生物学者は年をとったときがベストだという都市伝説も、科学計量学が打ち消す。代わりに、全体の生産性を除けば、成功の可能性は生涯にわたって体系的に変化しないことを証明している。心理学者で創造性研究者のディーン・サイモントンはこのパターンを「一定した失敗の可能性」と呼ぶ。[28]
宝くじと同じだ。
そしてこの宝くじには——どんな宝くじにも言えるが——買う人のための単純な処方箋がある。買えるだけたくさんくじを買う——できるだけたくさん創造する——と、成功する可能性が最大になるのだ。

しかし宝くじと同様、ほとんどの創造活動が失敗する。

それは問題だが、あなたが成功にこだわる場合だけである。妙なことに、多くの優秀なクリエイターはそうではない。これは心理学者で創造性研究者のミハイ・チクセントミハイが、芸術家、作家、科学者、俳優、音楽家、建築家、技術者など、九一人の優れたクリエイターを取材したときに知ったことである。

小説家のナギーブ・マフフーズは「私は自分の仕事が生み出すものより、自分の仕事を愛している」と言い、作家のリチャード・スターンは「絶好調のときには考えてなどいない。考えることでは創造の世界を先へと進んでいけない」と言う。心理学者のドナルド・キャンベルは若い人と話すとき、こう助言する。「たとえ有名にならなくても楽しいと思わないのなら、科学の分野に進んではいけない」

優秀なクリエイターは、成功についても独自の見解をもっている。神経心理学者のブレンダ・ミルナーは「新しい小さな発見は、ほんの小さなものでもワクワクする」と宣言し、発明家のフランク・オフナーは「私は問題を解決するのが大好きだ。なぜ食器洗い機が動かないのか、……神経はどう働くのか、あるいはどんなことでも……とにかくとてもおもしろい」と言う。ノーベル賞を受賞したスブラマニアン・チャンドラセカールは「華やかな場で仕事をしたことはまったくない。……たいていの場合、外面的な成功は無関係で、まちがっていて、見当ちがいだ」と述べている。[29]

このようなクリエイターが楽しむのは、完成された成果ではなく過程そのものである。心理学用語では、彼らがしているのは自己目的的なことである。彼らの仕事はそれ自体が目的なのだ。彼らにはまちがいなく、心理学者が内因性動機づけと呼ぶものもある。仕事自体が満足できるものだから、その喜びのために創作活動をしているのだ。心理学者によると、内因性動機づけのほうが、称賛、名声、お金といった外因性動機づけよりも、はるかに強力になりえるという。[30]

そしてこの種の動機づけは、一握りの優秀者の特権ではない。その他大勢も共有できる。チクセントミハイは、ある活動に完全に没頭することで生まれる、快い心の状態を指す「フロー」の概念で知られるが、彼の言葉を借りれば、「［創造性に］関与するとき、私たちはほかのときよりも充実して生きていると感じる」。[31] そして、好きなことをするときは何がいちばん楽しいかと訊かれて、人は「新しいものを考案したり発見したりすること」と答える。[32]

そしておそらくこれが、眠り姫と忘れ去られる名前に満ちた世界からクリエイターへの、最も重要なメッセージだろう。認知されない珠玉をつくり出す時間は、つくり出すことそのものの理由が喜びと楽しさと愛であるなら、費やす価値のある時間なのだ。

成功しないことに絶望するクリエイターでさえ、この真実を垣間見ることがあるかもしれない。ジョン・キーツもその一人で、彼は自然のなかを長い時間散歩することによって、この絶望から逃れた。そこではあちらこちらに、名声や富のことなど何も考えずに繁栄している生命が見られたのだ。こうした散歩のおかげで、彼の心は自分の悩みの原因など取るに足らない世界を受け入れることができた。その世界に彼は深く感動したのだ。そして彼の詩のいくつかにはその痕跡が残っていて、彼は「静寂のなかで熟していく果実」や「見えざる花の誕生、生、死」を賛美している。[33]

# 謝辞

私の共同研究者や教え子のうち、本文で名前を出しているのは数人にすぎないが、本書はそれ以外の大勢がいなければ実現しなかっただろう。過去一〇年のあいだに、私の研究室で過ごした多くの若い研究者との数え切れない会話のおかげで、本書のテーマに関する私の考えの方向性が決まった。同僚のマー・アルバ、マン・ビルンド、ジェシカ・カントロン、ペーテル・ヤーデンフォシュ、ジーン・ハント、エリック・リビー、マルセロ・サンチェス＝ビジャグラ、カレル・ヴァン・シャイクに、各章に関する貴重なフィードバックを感謝したい。彼らの助言にしたがわなかったら、本書はもっとひどいものだっただろう。本書の初稿を仕上げたのは、南アフリカのステレンボッシュ高等研究所（STIAS）での研究課程中だった。STIASは、すばらしく支えになり知性を刺激する研究環境を提供してくれた。同研究所とその献身的なスタッフの助けがなかったら、本書を仕上げるのに、もっとずっと長い時間が必要だっただろう。サンタフェ研究所で出会った大勢の同僚や同業のビジターにも感謝する。できればもっと多くの時間を過ごしたかったが、それでも同研究所は本書のための刺激と発想と事例の泉だった。チューリッヒ大学とそこの同僚たちには、このようなプロジェクトを成功させられる環境整備に協力してくれた功績に感謝したい。

私のエージェントのリサ・アダムズは、私が出版業界の危険な海域を航行するのを助け、契約の問題すべてを冷静にさばいてくれた。さらに、ワンワールドのサム・カーターによる、原稿についての鋭い意見、数多くの有益な提案、そして編集者としてのプロ意識はとてもありがたいと思っている。トム・フェルサム、ホリー・ノックス、ポール・ナッシュ、リダ・ヴァカスなどワンワールドの編集チームにも、この原稿を出版できる形に整えるうえでのプロ意識、迅速さ、そして徹底ぶりに感謝する。最後に、私の家族にありがとうと言いたい。このような難しいプロジェクトを仕上げるあいだ、上の空で、怒りっぽくて、イライラしている私に耐えてくれたことを。

# 解説

文筆家・編集者
吉川浩満

本書のテーマは自然と文化におけるイノベーションである。多数の興味深い事例と最先端の理論によってわれわれの通念を揺さぶり、世界を新たな視点から見つめなおすきっかけを与えてくれる知的冒険の書だ。

著者のアンドレアス・ワグナー（一九六七-）は、生命システムにおける頑強性（ロバストネス）と革新性（イノベーション）の研究で知られる進化生物学者である。チューリッヒ大学の教授であり、サンタフェ研究所などでも研究を行う。

既刊の邦訳書には『進化の謎を数学で解く』（垂水雄二訳、文藝春秋、二〇一五年）がある。生物の遺伝子ネットワークにはイノベーションを生み出す無限の可能性が秘められていることをコンピュータと数学を駆使して示した快作だが、そのアイデアを新知見を盛り込みつつ全面的に再展開したのが本書『眠れる進化――世界は革新（イノベーション）に満ちている』である。生物の進化だけでなく、われわれ人間の社会において生じるイノベーションについて知るうえで必読の一冊といえるだろう。

以下、本書の魅力と活用法について私見を述べてみたい。

本書の魅力は、まず第一に、本書のメイントピックであり原題（*Sleeping Beauties*）にも記載されている「眠り姫」そのものにある。多くの生命形態が爆発的な成功を収める前にはきわめて長い休眠状態を経るという現象である。

冒頭の「草」の事例からして興味深い。草の繁栄ぶりは、いちどでも庭や空き地の管理をしたことのある人ならだれでも痛いほど知っていることだろう。その草が、六五〇〇万年以上前に誕生してから何千万年もの間、とうてい繁茂していたとは考えられない状態が続いたというのだ。草が現在のような成功を収めたのは、つい最近のこと（約二五〇〇万年前）なのである。そのような眠り姫がこの世界では決して珍しくないことを、本書は豊富な事例を挙げて論じていく。

この眠り姫現象がわれわれに迫るのは、イノベーションに対する見方の転換である。そしてこれが本書の二つめの魅力だ。

草がつい最近になって成功を収めたといっても、それは草が最近になって急にイノベーティブになったからではない。草は生き残る確率を高めるためのイノベーションを最初期からいくつも進化させていた。繁栄まで何千万年もかかったのは、周囲の環境とのマッチングによる。そのころになってようやく、世界が草に追いついたというわけである。

草の成功（の遅れ）という事例には、新しい生命形態についての深遠な真実が隠されていると著者はいう。それは、イノベーションは決して実力で成功するのではないということだ。新しい生命形態の価値は、それに固有の内的な質から生まれるのではない。成否の鍵を握るのは、その生命形態が生まれ落ちた世界なのである。

そしてその裏面にはもうひとつの真実がある。それは、成功とは創造者がコントロールできないものだということだ。本書が示すように、イノベーションは、われわれがそう思い込んでいるような稀有で貴重なものではない。実際にはイノベーションはきわめて容易で頻発する。眠り姫について知れば知るほど、難しいのは創造することではなく、創造してなおかつ成功することだということがわかってくるのである。

眠り姫が教えてくれる真実は、われわれがふだん当然のように用いているイノベーションという概念の再考を迫るものではないだろうか。見てみれば・考えてみれば確かにそうだ、と読者の多くは納得させられるのではないかと思う。

本書の三つめの、そして最大の魅力は、著者が自然界におけるイノベーションと人間の文化・技術におけるイノベーションを一貫した視点から考察する点にある。

著者は、コンピューターによるゲノム分析など最新の研究手法を駆使しながら、生物進化はいつでもどこでも起きていること、しかしその大半は眠り姫のように日の目を見ることなく休眠しつづけていることを示す。しかし、それだけではない。人間社会において車輪が何度も発明されたすえにようやく広まったように、人類が生み出した多くのイノベーションにも同様の法則が当てはまるという。大胆きわまりない主張であるが、自然と文化を一貫した視座のもとで考察する「新結合」が、本書最大の魅力といいえよう。

以上のように本書は知的刺激あふれる一冊であり、それだけですでに十分なのだが、われわれの生活や仕事、社会にも活かすことのできそうな教訓を多く含んでいる。最後にこの点について触れたい。

まず、本書は現代のビジネスや技術開発にも応用可能な視点を提供してくれるだろう。たとえば、新しいテクノロジーやビジネスモデルが登場する際、その成功にはタイミングが鍵になると著者は強調する。多くの革新が適切なタイミングを逃したために成功しなかった事例を見ると、市場の状況やニーズを的確に把握することの重要性をあらためて思い知らされる。他方で、過去に失敗したアイデアや技術が、再び注目され成功する可能性もある。企業や組織が長期的な視点を持つことができれば、過去の失敗を新たな成功の種とすることができるかもしれない。

なお、この視点はビジネスにとどまらず、研究や教育、政策立案の場面でも有益であろう。本書から得られる教訓は、新しいアイデアだけでなく、過去の失敗や埋もれたアイデアに再び光を当てるための支援や助成を行うこともまた重要だということである。

本書はまた、個人の研究や創作、キャリア形成について考えるうえでもヒントを与えてくれる。本書を読んだ読者は、自分の中にある「眠り姫」を見つけ出し、それを育てていく気になるだろう。人には、過去に試みたが失敗したアイデアやプロジェクトが多かれ少なかれあるものである。それらを再評価し、新しい環境や状況に適応させることで、眠り姫がついに目覚めることだっておおいにありうるのだ。

さらには、本書が紹介する数々の眠り姫に触れることで、読者は次のような当たり前のことを真に受けてみようと思うのではないだろうか。つまり、いまは成果が見えなくても、将来的に成功する可能性があることを念頭に置いて地道に活動を継続することの重要性である。そのような視点を持つことができれば、キャリアの中で遭遇するさまざまな挑戦や困難に対しても柔軟に対応することが可能になる。

本書は、すぐれた科学読み物であると同時に刺激的な文化論・社会論であり、さらには読者をエンパワーしてくれる自己啓発書でもあるという稀有な一冊である。

二〇二四年八月

# 原　注

## 題　辞

1　Dillon and Millay (1936)

## 序　章

1　シロアリもアリとは無関係にこの種の農業を発明した。このような進化における多重発見の例についてはLosos (2017) も参照。

2　Arnold (2018) も参照。

3　Tyndall (1863)、Blüh (1952) およびMerton (1961) のp. 318を参照。

## 第1章

1　Agrawal and Konno (2009)

2　Farrell et al. (1991)

3　20世紀半ばに考案されたとき、キーイノベーションの概念は、生物が環境とまったく新しい方法で相互作用できるようにする形質を指していたが、現在、この言葉は適応放散を促す形質を指すようになってきている。もっと言うと、キーイノベーションは適応放散にとって必要十分でなくてはならない。Heard and Hauser (1995) およびErwin (1992) を参照。この定義は実際に有用である。なぜならそのおかげで、イノベーションを起こしたクレード（単一の共通の祖先をもつ生物の集団）と起こしていないクレードとで種の数をくらべることによって、キーイノベーションを特定できるからだ。本章の例はこの基準を満たしている。しかし、この定義には限界もある。第一に、ほとんどのクレードには異なる形質が複数あり、（もしあるとしても）どれがキーイノベーションかを特定するのは難しいかもしれない。第二に、生物にとって有益なイノベーションもあるかもしれないが、それが適応放散につながらない場合もある。第三に、キーイノベーションにもとづく異なる生活様式を示す生態的多様性が限定的な、互いにとてもよく似た種をつくり出す放散もあるかもしれない（多くの研究者はクレード内の種の数と、その形態的または生態的多様性——しばしば相違と呼ばれる——を区別する）。

4　Farrell et al. (1991) を参照。厳密に言うと、この研究ではラテックスと樹脂の生成の代わりにラテックスと樹脂の導管を使った。さらにつけ加えておくと、ここだけでなくほかの箇所でも、私は話を簡潔にするために「family」という言葉を、分類学上の意味ではなく日常

的な意味で使っている。分類学上の科の場合もあるが、属、目、綱その他の標準的な分類学上の区分の場合もある。

5　Agrawal and Konno (2009)

6　Mitter et al. (1988)。研究論文の著者にしたがって、私はより高度な（維管束の）植物の生きた組織または樹液を常食とする昆虫に言及するが、プランクトン様の藻や花蜜を常食とする昆虫には触れていない。

7　厳密に言うと、これはすべて上側の大臼歯の構造を示している。Hunter and Jernvall (1995) を参照。

8　Uauy et al. (1995)

9　Hughes and Eastwood (2006)

10　同様の放散はタンガニーカ湖とヴィクトリア湖でも起こった。Genner et al. (2007)、Kocher (2004) およびBrawand et al. (2014) を参照。咽頭顎——咽頭または咽喉にある第二の顎——と呼ばれるシクリッド固有の形質はキーイノベーションだと提唱する科学者もいる。Liem (1973) を参照。この形質はシクリッドの放散に必要かもしれないが十分ではない。つまり、すべてのシクリッドに咽頭顎は共通するが、湖にコロニーをつくったときにすべてが放散したわけではない。Seehausen (2006) を参照。さらに、咽頭顎は種の絶滅を加速する可能性さえある。McGee et al. (2015) を参照。

11　Kocher (2004)

12　Maan and Sefc (2013)

13　MacFadden (2005)

14　Geist et al. (2014) および関連する年代決定の情報についてはWhittaker and Fernandez-Palacios (2007) p. 220を参照。群島のほうが、そのうちの現在最古の島より古い場合もある。なぜなら、海から隆起したあと、再び沈没する島もありえるからだ。しかし分子時計の年代決定で、ハワイでは1000万年前より古い生物系統がほとんどないことがわかっている。

15　McKinnon and Rundle (2002) およびBell and Aguirre (2013) を参照。

16　Gibson (2005) とColosimo et al. (2005) を参照。

17　Bell et al. (2006) とHunt et al. (2008) を参照。これらの研究が焦点を合わせたのは湖での最初のコロニーづくりではなく、装甲の弱い種が装甲の強い侵入種に取って代わられ、後者がのちに装甲を失った現象である。

18　Giles (1983) を参照。

19　Bell et al. (2006) とHunt et al. (2008) を参照。トゲウオの進化は同時代の湖で、この古生物学研究が実証したよりもっと速く、すなわち数十年の時間尺度で、進行する可能性がある。Bell and Aguirre (2013) およびBell et al. (2004) を参照。

20　私が引用しているデータはHunt (2007) のもの。もっと近年のデータはHunt et al. (2015) およびVoje et al. (2018) で見つけられる。Estes and Arnold (2007) も参照。長期の均衡状態には実際のところ区別しにくいいくつかの原因がありえる。Hunt and Rabosky (2014) およ

びHansen and Houle (2004)を参照。均衡状態が続くなかで、たまに短期間で急速に変化する現象は、古生物学者のスティーヴン・ジェイ・グールドが断続平衡と呼ぶ進化モードを連想させる（Gould and Eldredge, 1977を参照）。実際にこの現象は、大半の進化的変化は急速で、ゆっくりした漸進的変化は比較的まれであるという、グールドの仮定と一致する。とはいえ、断続平衡の第二のきわめて重要な考え、具体的には、急速な変化は一般に種形成と関連しているという考えについては、意見が述べられていない。

21　Seehausen (2006)を参照。ひとつの可能性として、遺伝的に多様なシクリッドでの組み換えは、シクリッドの放散を促したような変異を生むのに必要だったのかもしれない。Meier et al. (2017)を参照。

22　Losos and Mahler (2010)およびStroud and Losos (2016)が関連文献を批評している。ひとつの一般的なパターンは、繰り返された放散の結果全体がとくによく似ているのは、放散が類似の種から始まったときであることだ。

23　Bornman et al. (1973)を参照。

24　Blount et al. (2018)を参照。

25　生命のビデオテープを再生しても、私たちが知っているものに似た動植物は生まれない、とグールドが主張したことは有名だ（Gould, 1990）。グールドの推論を反証するのは難しいが、それに不利な証拠はさまざまな形で集まりつつある。たとえば、ハイポコーンやラテックス、その他このあと本文に出てくるさまざまなイノベーションの起源はいくつもある。この問題についての最近の調査はLosos (2017)を参照。

26　私がここで記述する種類の実験的進化は、遺伝的に同一の個体の集団から始まる。遺伝的に同一でない個体から始まる種類もあり、そちらには、自然淘汰が必要とする遺伝的変異は実験中に生み出されるのではなく、最初からすでに存在するというメリットがある。その結果、進化はさらに速く展開する可能性がある。けれども、遺伝的に可変の開始集団にもデメリットがある。すなわち、確認が難しい進化的変化を引き起こすDNA変異をつくることがあるのだ。

27　Graves Jr et al. (2017)、Phillips et al. (2016)

28　Lenski (2017)、'Miniature Worlds' Anonymous (2020)

29　Dhar et al. (2013)、Dhar et al. (2011)、Sprouffske et al. (2018)、Karve and Wagner (2021)およびKarve and Wagner (2022)

30　実例はTenaillon et al. (2012)を、目立つ例外を含めた論評はBlount et al. (2018)を参照。後者の論文が注目しているのは偶然の役割、すなわち、遺伝的に異なる進化の出発点が進化の結果におよぼしうる影響である。関連する興味深い話題だ。

31　Blount et al. (2008)

32　Blount et al. (2018)、Blount et al. (2008)およびLeon et al. (2018)。クエン酸塩の利用には実際、複数回の変異が必要であり、あとの変異は前の変異に左右される。

33　Hall (1982)

34　複数の抗生物質耐性機構に関する調査は、Blair et al. (2015) を参照。もっと一般的に進化実験の終了時に、さまざまな複製集団内の個体は同じ遺伝子にいくつかの変異を生じていることが多いが、異なる遺伝子に複数の変異も生じている。こうした変異のなかには、単一複製に特有のものもありえる。実例は Lang et al. (2013)、Tenaillon et al. (2012) および Sprouffske et al. (2018) を参照。実験にとっての難題のひとつは、有用な変異を、集団全体に広がるためにほかの変異に「ヒッチハイク」するだけの変異と区別することである。

## 第2章

1　Turnbull (2003) および Frazier (2005) を参照。

2　Frank et al. (1998)

3　Chernykh (2008)

4　Piperno and Sues (2005) および Prasad et al. (2005) を参照。

5　Stromberg (2005)

6　実例は Ossowski et al. (2010) を参照。一般原則に影響しないので、本文ではいくつかの細かい点に触れていない。第一に、自然淘汰は変異の排除について完璧ではないので、中立変異だけでなく、多少有害な変異も受け継がれる可能性がある。第二に、すべての生体は集団内で生まれ、どの変異も集団内のたったひとつの生体内で起こる。これはつまり一方では、変異が集団全体に広がって、種の遺伝的遺産になるとは限らないということだ。その一方で、時計がカチリと鳴るチャンスがより多く生まれる。とはいえ中立変異に関して、結果的には集団内の個体数は時計が進むペースにとって重要ではない（Lynch, 2007 を参照）。第三に、どの時計も時とともにカチリとなるペースは異なる可能性がある。第四に、分子時計がカチリと鳴る絶対的時間尺度を推測するには、時計を調節する必要がある。そのような調節のためには、生命の樹形図上の位置がよくわかっていて、その年代が放射年代測定法で特定されている化石種が重要である（Ho and Duchêne, 2014 を参照）。

7　厳密に言うと、どちらのタンパク質もひとつだけでなく複数のアミノ酸鎖を含んでいて、それぞれがひとつの遺伝子にコードされる。遺伝子 atpB は ATP 合成酵素の複数のアミノ酸鎖のひとつをコードし、遺伝子 rbcL は RuBisCO の 2 つのアミノ酸鎖のひとつをコードする。どちらも草を含めた植物の進化的関係を再現するのに広く使われる。Bremer (2002) 参照。

8　Bar-On et al. (2018)

9　ひとつややこしいのは、生命の樹形図の枝によって時計のスピードがちがう可能性があることで、そのような差異を考慮する必要がある。さらに、1 本の枝で時計が何回もカチリと鳴った場合、同じ文字が 2 回以上変異に襲われたかもしれない。そのようないわゆる多重置換は補正することができる。Felsenstein (2004) を参照。

10　厳密に言うと、1 本の枝についている葉はすべて、生物学の系統分類学が種の単系統群と呼ぶものに相当する。そこには共通の祖先から派生した現存の子孫の（一部だけでなく）すべてが包含される。この定義には、すべての生きている種も単系統群として含まれる。な

ぜなら、現存する生命の原点で同じ祖先を共有しているからだ――そのすべてをかくまう「枝」は生命の系統樹全体である。

11　Bremer (2002)

12　Stromberg (2005)

13　こうしたイノベーションのすべてが同時に生まれたわけではなく、草が生態学的に優勢になるずっと前に起こったものもある。さらに、すべてが草に特有なわけではなく、すべてがすべての草に共通なわけでもない。たとえば、$C_4$光合成を行なうのはすべての草のおよそ半分にすぎない。Sage (2004) を参照。

14　こうした草の形質については、Coughenour (1985) で論じられている。

15　Sage (2004)

16　この斬新な生化学に加えて、多くの$C_4$植物は、RuBisCO周辺の二酸化炭素を濃縮するのを助ける、独特の葉の組織も進化させている。$C_4$植物の長所は万能ではなく、$C_3$植物のほうが成功する環境もある。たとえば寒冷な環境や、大気中の二酸化炭素濃度が高い場合である。$C_4$の草は全体のおよそ50パーセントだ。Edwards and Smith (2010) を参照。

17　Christin et al. (2008) およびEdwards and Smith (2010) を参照。

18　すべての$C_4$植物が草ではないし、すべての草が$C_4$植物でもない。イネのように、$C_3$光合成を行なう草もある。$C_4$光合成は植物全体でそれぞれ無関係に45回も生じている。独立したイノベーションから予想されるとおり、$C_4$植物は細部すべてがそっくりなわけではなく、生化学や葉の組織が異なる。Sage (2004) を参照。

19　Christin et al. (2008)

20　Arakaki et al. (2011)

21　Nishiwaki (1950)

22　Pickrell (2019)。哺乳類の最も近い共通の祖先の形質を再現する試みについては、Werneburg et al. (2016) を参照。

23　Luo (2007)。厳密に言うと、ここで言っているのは真獣類哺乳類である。すなわち、私たちのような有胎盤哺乳類と近縁の現生または絶滅哺乳類であり、カンガルーのような有袋類やカモノハシのような単孔類ではない。

24　Ji et al. (2002)

25　Luo (2007)

26　Ji et al. (2002)

27　Luo et al. (2011)

28　Ji et al. (2006)、Luo (2007)

29　Meng et al. (2006)

30　Luo and Wible (2005)

31　Grossnickle et al. (2019) を参照。ただし別の要因がBrocklehurst et al. (2021) で提案されている。

32　Xu et al. (2014)

33　Xu and Norell (2004) を参照。鳥の進化のさまざまなほかの細部と同じように、始祖鳥そのものが温血だったかどうかは議論の的だが、骨の成長パターンはそれに反論している。Erickson et al. (2009) を参照。

34　Norell et al. (1995)

35　Xu et al. (2014)

36　ミクロラプトルは小型の捕食者だったが、ほかの新興集団、すなわち哺乳類のメンバーを捕食するには十分大きかった。なぜわかるかというと、ミクロラプトルの化石の消化管には、エオマイアに似た樹上生活生物が含まれているからだ。恐竜は哺乳類と競合していただけでなく、哺乳類を捕食していたことの証拠である。Larsson et al. (2010) を参照。

37　Field et al. (2018)。鳥の中空の骨が一般にうまく化石化しないことを考慮に入れても、そう言える。

38　Field et al. (2018)、Claramunt and Cracraft (2015) およびFeduccia (2003) を参照。

39　Field et al. (2018)

40　Heard and Hauser (1995)

41　Jablonski (2017) およびKröger and Penny (2020) を参照。

42　そのようなイノベーションは、少なくとも化石として保存されるくらい長いあいだ生き残るはずである。なぜなら、そうしたイノベーションが狭い生態的地位での生存を確保したからだ。それほど長続きしなかったほかのものも無数にあるかもしれない。

43　Moreau et al. (2006)

44　Grimaldi and Agosti (2000)

45　Thatje et al. (2008)、Near et al. (2012)。ノトセニアの祖先は深海魚だった——海底で暮らしていた——が、その後放散して、ほかの海洋生息地を占有した。凍結防止タンパク質に加えて、ノトセニアはほかの適応も示している。たとえば、骨格の密度の低下は浮き袋の欠如を補う。こうした適応もまた、ノトセニアが最終的に放散するずっと前に始まった。Daane et al. (2019) を参照。

46　Stanley (2014)、van der Heide et al. (2012)

47　植物も成功の遅れを経験したが、関連する環境のきっかけについてはあまりわかっていない。Knoll (2011) を参照。

48　Erwin et al. (2011) を参照。

49　Erwin and Valentine (2013) の第 4 章を参照。

50　Erwin and Valentine (2013) のp. 80およびSrivastava et al. (2008) を参照。

51　カンブリア爆発の始まりは一般に5億4100万年前とされるが、議論の的である。さらに、それ以前と比較して爆発であるにすぎない。何千万年にわたって展開していて、2 回以上のイノベーションの波が関与している可能性がある。Wood et al. (2019) を参照。

52　奇妙なカンブリア爆発の動物相について、私の挙げたものをはじめいくつかの例に関す

る議論は、Erwin and Valentine (2013) の第6章を参照。

53　Erwin and Valentine (2013) p. 208

54　同上pp. 194-5

55　Whittington (1975)

56　Paterson et al. (2011) を参照。

57　Cole et al. (2020)、Gramling (2014)、Wood and Erwin (2018)、Fox (2016)、Judson (2017)、Reinhard et al. (2016)、Wood et al. (2015)、Sahoo et al. (2016)、Sperling et al. (2015)、Zhang et al. (2016) およびMills and Canfield (2014) を参照。論争の原因のひとつは、地球への酸素供給は、黄鉄鉱のような酸化しやすい鉱物が少ないことなど、間接的な証拠から推測するしかないことである。もうひとつは、酸素供給は持続的ではなく断続的に進行していて、酸素濃度は時とともに変動することだ。というのも、光合成だけでなく、ほかの地球化学的な過程も酸素供給に貢献する。第三に、酸素供給は場所によっても均一ではなかった。たとえば、深海への酸素供給は、光合成をする藻のほとんどが生息する表層水ほど容易ではない。

58　Judson (2017)。厳密に言うと、酸素分子はすばらしい最終電子受容体であり、好気呼吸の過程中、電子がそこに運ばれる。

59　Fenchel and Finlay (1995) およびCatling et al. (2005)

60　Catling et al. (2005)

61　実を言うと、古生物学者はカンブリア紀そのものの開始を、動物の体の化石ではなく、トレプティクヌス・ペダム（*Treptichnus pedum*）と呼ばれる生痕化石によって定義している。この化石は初めて知られた縦型の巣穴のひとつである。Erwin and Valentine (2013) のp. 16を参照。

62　Fenchel and Finlay (1995) の第6章を参照。

63　殻のついた化石はもっと古い時代のものが知られているが、それは単細胞生物の微化石であり、殻はもっと単純な単細胞の捕食者から生物を守っていた。Porter (2011) を参照。

64　酸素や別の候補についての議論はCole et al. (2020) を参照。

65　Bourke (2014) を参照。

66　Knoll (2011)。私が言及しているのは真核生物の多細胞性である。多細胞性は原核生物でもさらに複数回生じていて、生物膜のような単純な形の多細胞性を示している。Lyons and Kolter (2015) を参照。

67　Boraas et al. (1998)

68　実験のサイクル後半では、沈降を加速するために遠心分離機が使われた。Ratcliff et al. (2012) を参照。

69　同様の実験はKoschwanez et al. (2013)、Ratcliff et al. (2013) およびRatcliff et al. (2015) で報告されている。

70　Powner et al. (2009)、Xu et al. (2020)、Miller (1953) およびMiller (1998)

71　Schmitt-Kopplin et al. (2010)。彗星の衝撃に関する参考文献はhttp://www.lpi.usra.edu/meteor/metbull.php?code=16875を参照。

72　Deamer (1998)

73　Blain and Szostak (2014) および Szostak (2017) を参照。脂肪酸は最も単純な膜の構成要素にすぎない。現在の細胞はもっと複雑なリン脂質を使う。

74　Sleep et al. (2001) およびChang (2008)

75　Rosing (1999)、Pecoits et al. (2015)、Bell et al. (2015)、Nutman et al. (2016) およびDodd et al. (2017)

## 第3章

1　Copley et al. (2012)、Nohynek et al. (1996)、Dai and Copley (2004) およびChang and Su (2003) を参照。

2　Bushman (2002)

3　Archer et al. (2011)

4　Dai and Copley (2004) およびHlouchova et al. (2012) を参照。

5　遺伝子水平伝播の広がりを考えると、細菌の「核」となるゲノム、すなわちゲノムのなかで水平伝播されたことのない部分を特定するのは難しいかもしれない。

6　Boyle et al. (1992)

7　Grunwald (2002) およびNeslen (2017)

8　Boyle et al. (1992)

9　Bedard et al. (1987)、Denef et al. (2004)、Leigh et al. (2006) およびBoyle et al. (1992) を参照。

10　Muller et al. (2003)

11　Stokstad (2007) およびPurnomo et al. (2011)

12　Martin and Drijfhout (2009)

13　Regnier and Law (1968)

14　Scholz et al. (2015)

15　私たちの体の真核細胞内でミトコンドリアは呼吸を担っているが、呼吸はミトコンドリアよりはるか昔からあり、ミトコンドリアは呼吸する原核生物の祖先から進化した。Wang et al. (2011) およびKim et al. (2012) を参照。ミトコンドリアは真核生物の成功に中心的役割を果たしたのか、真核生物の進化における初期段階の典型なのか、それとも後期段階の典型なのか、という疑問は論争の的になっている。Lane and Martin (2010)、Lynch and Marinov (2015) およびZachar and Szathmary (2017) を参照。ミトコンドリアが最終的に真核生物のエネルギー代謝の中心になったことは議論の余地がない。

16　私が炭素を強調するのは中心的な化学元素だからだが、大腸菌には窒素のようなほかの化学元素も必要であり、それについても同じことが言える。すなわち、大腸菌は複数の異な

る窒素源で生き延びることができる。さらに注目すべきは、たくさんの化学元素 1 種類につきひとつずつというわずかな分子と、いくつかの微量元素しかない、最低限の化学的環境で大腸菌が生き延びられることだ。

17 私たちの代謝が触媒する反応が少ないという意味ではない。Duarte et al. (2007) を参照。たとえば、私たちの体は多細胞生物における細胞の情報伝達の中心をなすさまざまな複雑な分子をつくり出す。ステロールやステロイドホルモンがそれだが、細菌ではあまり重要でない、または欠如している。Desmond and Gribaldo (2009) を参照。

18 異なる大腸菌株の比較など、詳しい説明はArcher et al. (2011) のTable S9を参照。

19 Feist et al. (2007) を参照。反応と遺伝子間の関係は1対1とは限らない。複数のタンパク質から生成される酵素に触媒される反応もあり、第4章で見ていくように、複数の反応を触媒する酵素もある。

20 Feist et al. (2007)、Segre et al. (2002) およびHartleb et al. (2016) を参照。

21 Kanehisa et al. (2016)

22 Rodrigues and Wagner (2009) およびSamal et al. (2010) を参照。アルゴリズムが使っているのはマルコフ連鎖モンテカルロ・サンプリングと呼ばれる手法で、大腸菌のもののような既存の代謝を、反応を加えたり除いたりすることによって修正し、最終的に、代謝能力は変化しないようにしながら、その反応の補完が効果的にランダム化されるようにする。この手法が人気の理由は、手ごろな計算時間のコストで複雑な代謝系を効果的にランダム化できることにある。

23 Samal et al. (2010)

24 実例はKoehn et al. (2009)、Olszewski et al. (2010)、Berg et al. (2007) およびHiratsuka et al. (2008) を参照。

25 Barve and Wagner (2013)

26 ブドウ糖とは異なる主要な炭素源で実行可能な代謝にも同じことが言える。そのような代謝もさまざまな形があり、無償で、さらに複数の炭素源で実行可能である。

27 Meijnen et al. (2008) を参照。著者は説明を報告していないが、第4章で論じる無償イノベーションの別の原因である酵素のゆるさのせいかもしれないと考察している。こうした実験は一般に代謝を劇的には変えず、酵素とその調節を修正するので、それが説得力のある説明だ。私がここで例を挙げているのは、代謝イノベーションが実験室での進化の短い時間尺度でさえ、しかも直接的なメリットがなくても生じる可能性があることを実証するためだ。

28 残念ながら、道路の類推は完璧ではない。なぜなら、出現する新しい栄養物分子が新しく加えられた経路の一部ではなく、遠く離れている場合もあるからだ。ある地域を通る新しい道路が、ほかの遠く離れた地域まで直接つながる可能性があるようなものだ。日常生活でそれを見ることはないが、代謝ではありふれたことである。なぜなら、化学ネットワークはどんな道路網よりも相互接続されているからで、単一の新しい反応が以前は遠かった代謝の部分をつなげることができる。数学的に言うと、代謝ネットワークは道路網のような二次元

の表面ではなく、もっと高次元の空間に存在する。

29　Barve and Wagner (2013)

30　ちがう種類の複雑さが、似たようなイノベーション利益をもたらす。その源は、ひとつだけではなく複数の栄養物で生命を維持するために設計された代謝である。そうした代謝はさらに多くの栄養物で盛んに成功するのだ。ひとつの栄養源を使うよう設計された平均的な代謝が実際に5つの栄養源で実行可能であれば、10の栄養物を使うよう設計された代謝は実際には25のほかの栄養物で実行可能である――つまり無償で15のイノベーションを獲得できるのだ。Barve and Wagner (2013) を参照。

31　共同体とその成員が積極的にその目標を追求するのだと示唆するつもりはない。むしろそのような効率性は、効率の悪い共同体が既存の共同体成員の消滅と新しい共同体の侵入成功によって効率の良い共同体に取って代わられる、生態学的過程の結果なのだ。Wagner (2002) を参照。

32　共同体はリレーの類推に示されるとおりに、栄養物を処理するとは限らない。たとえば、ある生物が複数の副産物を生み出し、それぞれが別の共同体成員にとっての栄養物として、他者の役に立つかもしれない。エネルギー代謝の熱力学も重要だ。所与の栄養物だけでは、ひとつの生物に十分なエネルギーを生み出さないかもしれないが、その老廃物が、それを代謝する二番目の生物によって取り除かれると、この産生は建設的になりえる。Morris et al. (2013) を参照。

33　細菌の多細胞性はさまざまな形をとる可能性があり、分業はそのメリットのひとつにすぎない。Lyons and Kolter (2015) を参照。藍色細菌の多細胞性の起源は、Schirrmeister et al. (2011) およびSchirrmeister et al. (2013) を参照。

34　Stal (2015)。厳密に言うと、ニトロゲナーゼを処理する細胞はやはり光を取り入れるが、光合成のうち酸素をつくり出す部分を放棄する。そのせいでこれらの細胞は、本来なら光合成によって産生されるため、光合成をしている細胞から運び込む必要のある電子、いわゆる還元当量に依存することになる。

35　Libby et al. (2019)

## 第4章

1　Clemente et al. (2015)

2　非政府組織のサバイバル・インターナショナルは、これらの先住民族の自立を守るために尽力している。https://www.survivalinternational.org/tribes/yanomami. を参照。

3　http://www.proyanomami.org.br/frame1/ingles/saude.htm. を参照。

4　Sender et al. (2016)。非常に多いとはいえ、よく引用される私たちのマイクロバイオームの細胞は私たち自身の細胞より10倍も多いという推定値は、誤りかもしれない。

5　Crofts et al. (2017) and Robinson et al. (2005)。ペニシリンに先行していた合成物質、スルホンアミドについても同じことが言える。すなわち、それに対する耐性も急速に進化した。

Davies and Davies (2010) を参照。

6　Murray et al. (2022)

7　こうした遺伝子の多くは、実験室内で過剰発現されたときに、抗生物質耐性をもたらす。それが本章の中心テーマであるゆるさの特質である。

8　Clemente et al. (2015)

9　Yamaguchi et al. (2012)

10　Brown and Balkwill (2009)

11　Toth et al. (2010)

12　D'Costa et al. (2011)。こうした細菌群の子孫は現在も生きているかもしれないが、その環境の細菌はほとんどが実験室内では培養できないので、実験室内のほかの生体にあるこのDNAにコードされたタンパク質を発現させることによって、抵抗する形質をDNAから特定するほうが容易である。

13　Bhullar et al. (2012)

14　合成薬のスルホンアミドは、ペニシリンの前に広く使われていたことは特筆に値する。

15　抗生物質の自然な役割はほかにも提示されている。たとえば、環境内に致死未満の低濃度で発生する傾向があるので、細胞の情報伝達を助けることがある。けれども、致死未満濃度でも競争相手を抑止することができる。Yim (2007) およびAbrudan (2015) を参照。

16　Carroll (1871)

17　Taylor and Radic (1994) およびQuinn (1987)

18　Thatcher et al. (1998) を参照。

19　基質特異性のゆるさ、すなわち同じ種類だが異なる分子（基質）の反応を触媒する能力と、触媒特異性のゆるさ、すなわち異なる種類の化学反応を触媒できる能力は区別される。Copley (2017) を参照。

20　生化学者は、生物学的機能が広範囲の化学反応を触媒することである酵素と、触媒する反応の少なくとも一部に生理学的役割がない酵素も区別する。Khersonsky and Tawfik (2010) を参照。実際、ひとつの反応が生物学的目的を果たさないかどうかを判断するのは難しいかもしれないが、いくつかの基準が役立つ可能性がある。すなわち、酵素はその反応をほかの反応よりはるかに低速で触媒するか、同じ生体内のほかの酵素が同じ反応をはるかに高速で触媒するか、合成抗生物質のような生体が自然界で遭遇しそうもない合成分子がその反応にかかわっているか。

21　Bush and Jacoby (2010)、Weikert and Wagner (2012) およびBaier and Tokuriki (2014)

22　私が言及しているのは、RNDファミリーと呼ばれるファミリーの排出ポンプの一種である。Murakami et al. (2002) を参照。その動きは、私たちの腸の動きとの類推で、蠕動運動とも呼ばれる。ほかにもゆるい排出ポンプはいくつかあり、主要な機能と進化の起源が異なる。Du et al. (2018) を参照。加えて、私がまったく論じていないさらなる抗生物質耐性機構がある。たとえば、細胞を抗生物質が浸透しないようにする、あるいは抗生物質がねらうタ

ンパク質を修正して、抗生物質の活動に対する免疫をつくる。

23　こうしたポンプのいくつかは、複数のポリペプチドで形成され、複数のポンプを合成するには、各ポリペプチドのコピーを複数つくる必要がある。Du et al. (2018) を参照。

24　Soo et al. (2011) を参照。細菌内ではこうした酵素——炭酸脱水酵素——に、細胞のpHを安定させるなど、いくつかの役割がある。スルホンアミドなど、いくつかの薬剤のターゲットでもある。Supuran and Capasso (2017) を参照。

25　Karve (2021)、Karve and Wagner (2022a)、およびKarve and Wagner (2022b)

26　Blount (2015)

27　Nam et al. (2012)

28　Notebaart et al. (2014)

29　Toll-Riera et al. (2016) を参照。厳密に言うと、彼女はもっとたくさんの実験を行なった。各環境で 4 つの再現実験を行なったからだ。彼女が取り組んだ生物は大腸菌ではなく緑膿菌だった。これも実験室での進化実験に人気の生物だ。

30　平均の値。実際の実験はひどく骨が折れるものだったので、マカレナはDNA変異とそれが引き起こす酵素の変化を、あまり詳しく調べなかった。

31　Huang et al. (2015)。厳密に言うと、問題の酵素はハロアルカン酸塩デハロゲナーゼ・スーパーファミリーに属していて、そのほとんどがリン酸塩を運ぶ。

32　Dantas et al. (2008)

33　細菌がもつ遺伝子水平伝播の能力の結果は、第3章に示したペンタクロロフェノールの例に示されている。人工の毒だが、抗生物質とはちがって、細菌を殺すために考案されたのではない。

34　活性化因子と呼ばれる調節因子は遺伝子のスイッチをオンにするのだから、この表現はぴったりだ。抑制因子と呼ばれる調節因子もある。こちらは転写を阻むことによって遺伝子のスイッチをオフにする。

35　Hall et al. (2004) およびGancedo and Flores (2008)

36　Wistow and Piatigorsky (1988)、Piatigorsky and Wistow (1989) およびPiatigorsky (1998)

37　防熱など、ほかの機能をもつタンパク質に由来するクリスタリンもある。Wistow and Piatigorsky (1988) を参照。

38　Mithofer and Boland (2012)

39　Dinan (2001) およびMithofer and Boland (2012)

40　Mithofer and Boland (2012)、Huang et al. (2016) およびSteppuhn et al. (2004)

41　Mithofer and Boland (2012)

42　Weng and Noel (2012) の図4を参照。植物の特異性のゆるさについては、Westfall et al. (2012)、O'Maille et al. (2008)、Schuler and Werck-Reichhart (2003) およびWeng et al. (2012) を参照。

43　Gibbs and Hosea (2003) およびRendic and DiCarlo (1997) を参照。

44　Schuler and Werck-Reichhart (2003) および Grebenok et al. (1996) を参照。シトクロムP450はヒトを含めて多くの動物で生じ、ホルモンのような生合成分子を助けるが、薬物その他の毒の解毒もする。基質特異性がゆるいのではなく広い酵素だと考えられることが多い。なぜなら、その広い特異性がその作用にとって重要かもしれないからだ。しかしそれでも、その分子産物の多くは、あらゆる環境で生物学的に重要ではないかもしれない。

45　Richardson and Pyšek (2006) は、種の侵入性と生息地の侵入可能性に影響する、さまざまな要因を論じている。

46　Finch (2015)

47　ホテイアオイが生態および経済におよぼす影響は、ホテイアオイを管理しようとする取り組みとともに、Theuri (2013) できちんと説明されている。新しい生息地で天敵から解放される結果として、侵入植物は防御化学物質にそれほど多くのエネルギーを費やす必要がなくなる可能性がある。その場合、もっと速く繁殖できる。Inderjit (2012) を参照。

48　Pinzone et al. (2018) および Raguso (2008)

49　Richardson et al. (1994)

50　Kimura et al. (2015)

51　Chen et al. (2017)

52　Chen et al. (2017)

53　Darwin (1872) の p. 175 を参照。

54　ただし、魚は浮き袋に気体を排出してその容積を変えることによって浮力をコントロールするが、潜水艦はバラストタンクをさまざまな程度に海水で満たす。

55　Luo (2007)

56　Futuyma (1998) の p. 454 を参照。

57　Gould and Vrba (1982)

58　Weaver et al. (1985)、Gould and Vrba (1982) および Gerhart and Kirschner (1998)

59　True and Carroll (2002)

60　Gould and Vrba (1982) では、そのような役に立たない形質を非適合（non-aptation）と呼んでいるが、この用語は採用されなかった。

61　D'Ari and Casadesus (1998)

## 第5章

1　Hoyle (1950), p. 19

2　Jacob (1977)

3　Lynch and Conery (2000) を参照。

4　実際には、さらなる要因が役割を果たすことが多い。たとえば、翻訳されるタンパク質の量を減らす変異は有害になるおそれがある。Cook et al. (1998) を参照。

5　このことはとくに、ゲノム内の全遺伝子が重複する全ゲノム重複から明白である。Kellis

et al. (2004) を参照。

6　「利己的な遺伝子」という言葉は、生物学者のリチャード・ドーキンスがそれをタイトルとした本のなかでつくった言葉であり、そこではすべての遺伝子に当てはめられている。一般には、ここで私がしているようにもっと狭義に、宿主の生物の生存を助けることなく自らの拡散を促進する遺伝子を指すのに使われる。

7　Lynch and Conery (2000)

8　Mizutani and Sato (2011) およびSchuler and Werck-Reichhart (2003)

9　彼は以前の研究、とくにOhno (1970) から着想を得た。

10　リボソームの働きと構造が発見された経緯に関する秀逸な説明は、Ramakrishnan (2019) を参照。

11　話を簡潔にするために、遺伝子のDNA配列に求められるほかの要件を割愛している。たとえば、ポリメラーゼそのもののためのDNA上での結合箇所、ポリメラーゼに転写を中止するよう合図するDNAワード、等々。ここで私が述べていることのほとんどは真核生物、すなわち私たちと同じように細胞に核が含まれ、ほとんどのデノボ遺伝子が発見されている生物に当てはまる。原核生物の遺伝子は配列の要件が異なる。たとえば、翻訳が始まるのに必要なリボソーム結合部位と呼ばれる転写産物上の特定の配列を必要とする。

12　O'Bleness et al. (2012)

13　Rogers and Gibbs (2014)

14　Yang et al. (2018)

15　Khalturin et al. (2009)。より厳密な用語は分類学的に限定的な遺伝子であり、限られた数の近縁種にのみ生じる遺伝子を指す。

16　Carvunis et al. (2012) およびKhalturin et al. (2009)

17　別の可能性は、そのような遺伝子は実際に古いが、DNA配列が原形をとどめないほど分化した進化の速い遺伝子である、ということだ。配列の類似性のみに頼る新しい遺伝子特定へのアプローチには異論がある。なぜなら、2つの選択肢を区別するのが難しい場合もあるからだ。Moyers and Zhang (2018)、Casola (2018) およびDomazet-Loso et al. (2017) を参照。そのため私はここで、種に固有のゲノム領域の転写のような、追加の基準を使っている研究に焦点を合わせている。

18　ゲノム比較はそのような発見に必要だが十分ではない。種のトランスクリプトーム、すなわちゲノムのDNAから転写されたRNA一式も比較する必要がある。

19　Levine et al. (2006) およびZhao et al. (2014)

20　Chen et al. (2010) を参照。この研究の新しい遺伝子がすべてゼロから発生したわけではないが、一部はそうだった。さらに、転写を減らす工学技術は一般に完璧ではない。この分野の専門用語で、転写をノックアウトするのではなく、ノックダウンする——減らす——のである。さらに注目すべきは、若い遺伝子の転写を減らすだけでも、致命的になりかねないことだ。

21　Halligan and Keightley (2006) を参照。

22　ランダムとは、その文字列がほかのどの遺伝子とも似ていなくて、その進化が変異の悪影響に制約されていないことを意味する。ヌクレオチドの文字がすべて等しくそのような配列のなかで生じる可能性があるという意味ではない。なぜなら、変異はすべてのヌクレオチドを同じ確率で生み出すわけではないからだ。

23　Yona et al. (2018) を参照。こうした実験は大腸菌で行なわれ、プロモーター遺伝子、すなわち転写の調節因子ではなくRNAポリメラーゼそのものによって認識されるDNA鎖をつくることを目的としていた。この単純化は、ランダムDNAは転写の合図を隠しもっている可能性が高いという、中心原理には影響しない。さらに、多くの真核生物で転写を引き起こすのを助けるDNAの合図は、大腸菌が使うものより短く、それはつまり、偶然だけでも生じやすいということだ。

24　Adams et al. (2000)

25　Zhao et al. (2014)

26　Kellis et al. (2003)

27　Carvunis et al. (2012)

28　Ladoukakis et al. (2011) およびMcLysaght and Guerzoni (2015)。最後の数字が示しているのは、ヌクレオチド33個より長いORFである。もっとずっと短いORFもありえる。

29　Reinhardt et al. (2013)、Cai et al. (2008)、Xiao et al. (2009) およびBaalsrud et al. (2018)。凍結防止タンパク質のことは前の章ですでに述べている。あらたに進化したものもあれば、既存のタンパク質から進化したものもある。

30　Tripathi et al. (1998)、Stepanov and Fox (2007) およびKnopp et al. (2019)

31　Carvunis et al. (2012) およびSchmitz et al. (2018)

32　Tompa (2012)。新しいタンパク質のほうが古いタンパク質より、多少なりとも不規則かどうかは論争の的である。Wilson et al. (2017)、Casola (2018) およびYu et al. (2016) を参照。

33　Andrews and Rothnagel (2014)

34　ヒトの配列進化の実例は、Ruiz-Orera et al. (2015) を参照。

35　Carvunis et al. (2012)

36　Carvunis et al. (2012) およびSchmitz et al. (2018)

37　ここで言及しているのはいわゆる長い非コードRNAであり、一般に、塩基対が200を超える長さのRNAと定義される。Iyer et al. (2015) およびEncode Project Consortium (2012) を参照。そのような転写の広がりは、多大な資源の無駄にはならない。なぜなら、そのようなDNAのほとんどが転写されることは、ほかのもっと重要なDNAよりもはるかにまれであり、結局、転写とエネルギー消費の合計はわずかだからである。Ruiz-Orera et al. (2015) およびNeme and Tautz (2016) を参照。

38　Meader et al. (2010) およびGraur et al. (2013) を参照。中立に進化するDNAの割合は真核生物の種によって大幅に異なるが、この割合は一般にかなり大きい。酵母菌の例について

Carvunis et al. (2012) を参照。DNAが中立に進化するかどうかを評価するには、通常、その進化の速度を、祖先の反復配列のような、発現もしなければ、ほかの知られている機能を果たしもしないゲノム領域と比較する。Wiberg et al. (2015) を参照。

39　ヒト、マウス、魚のように大きく異なる6つの種による情報にもとづく。Ruiz-Orera et al. (2015)を参照。ここで言及しているのも長い非コードRNAだが、実際には誤った名称である。なぜなら、そのようなRNAの大部分は実際にタンパク質をコードする可能性があるからだ。

40　Ruiz-Orera et al. (2018)

41　Kutter et al. (2012)。厳密に言うと、問題のマウスは亜種、すなわち*Mus musculus musculus*と*Mus musculus castaneus*である。ショウジョウバエによる関連の証拠はPalmieri et al. (2014) を参照。

42　Neme and Tautz (2016) を参照。

43　ほとんどの死んだ遺伝子は死んだままで、新しい遺伝子がゲノム内のほかの場所に生まれるが、ときに死んだ遺伝子が変異によって生き返る可能性がある。Bekpen et al. (2009) を参照。

44　このパターンに関するショウジョウバエの進化の例は、Palmieri et al. (2014) を参照。Schmitz et al. (2018) も参照。

45　Studer et al. (2016)

46　Martins et al. (2007)

47　実際、こうした遺伝子はミジンコ属内のほかの種にも存在しない。この情報は、ミジンコ（*Daphnia pulex*）のゲノムと近縁種のオオミジンコ（*Daphnia magna*）との関係にもとづいている。Colbourne et al. (2011) を参照。

48　Ruiz-Orera et al. (2015) を参照。

## 第6章

1　この段落に示した例のほかにもさまざまな例がShumaker et al. (2011) で見られる。デンタルフロスの例はWatanabe et al. (2007) より。道具をつくることのほうが、ただそれを使うことより難しい。さらに、道具利用の創意工夫は、個体によって発明または学習されるとは限らない。自然淘汰によって種のゲノムに書き込まれている場合もある。

2　道具のもっと厳密な――そして詳細な――定義はShumaker et al. (2011) の第1章を参照。さらに厳密な定義では判断の難しい場合がある。たとえば、チンパンジーは腸の寄生虫をやっつけるために薬草を食べるが、そのような植物の有効成分は道具なのか？　Huffman (2003) を参照。シャチはねらっているアザラシを氷盤から落とすために、強い波をかき立てるが、自分が生息している環境そのものは道具になりえるのか？

3　Shumaker et al. (2011) の第7章を参照。

4　Scally (2016)

5　Whiten et al. (1999)、Fujii et al. (2015) およびvan Schaik et al. (2003a)

6 ヒトの子どもの特徴であり、子どもが観察対象の目標と意図を想像できることを要件とするイミテーション（意図模倣）と、どちらかというとチンパンジーの特徴であり、観察対象がどうやって環境を変えるかをまねるエミュレーション（結果模倣）を、区別する研究者もいる。Tomasello (1999) を参照。

7 Reader and Laland (2003) の p. 27 を参照。

8 Whiten et al. (2005)

9 重要なちがいは、人類文化はきわめて累積的で、代々蓄積される知識に頼っているのに対し、動物の累積的文化が存在する場合、それはもっと単純であることだ。

10 Falótico et al. (2019) および Haslam et al. (2016)。西アフリカのチンパンジーはもっと前から木の実を石で割っている可能性がある。Mercader et al. (2007) を参照。

11 Shumaker et al. (2011) の p. xii に引用。

12 van Schaik et al. (2003b)

13 McGrew et al. (1997)

14 Boesch et al. (1994) を参照。オマキザルでは2年と報告されたことがある。Ottoni and Izar (2008) を参照。

15 Whiten et al. (2001)

16 Sargeant et al. (2007) および Mann et al. (2008)

17 Mann and Patterson (2013)

18 Bacher et al. (2010)、Mann and Patterson (2013) および Krützen et al. (2005) を参照。

19 Kawai (1965) を参照。この例をはじめ多重発見の例は Tomasello (1999) でも論じられている。

20 Tomasello (1999) および Kawai (1965)

21 Hunt and Gray (2003)

22 Kenward et al. (2011)。この例は前出のものとはちがう。なぜなら、アリジゴクの行動は遺伝子にコードされている可能性が高いからだ。とはいえ、同じ原理が当てはまる。既存の行動の流用が、個体による新しい行動の発見だけでなく、種におけるそのような行動の進化も促進する。

23 Thouless et al. (1989)

24 Tebbich et al. (2001)。この文脈で重要な疑問は、異なる動物集団間で、遺伝的相違が行動の相違を生むことがあるのかどうか、であり、厳密な研究がこの可能性に取り組んでいる。Tebbich et al. (2001) は、2つの研究集団——道具を使う手本と一緒に育てられるフィンチと、手本のないフィンチ——の遺伝的相違を、両集団に同じ血統のきょうだいを割り当てることによって、最小にしようとした。

25 Hunt and Gray (2004)

26 Taylor et al. (2007)

27 Wimpenny et al. (2009)

28　Haslam (2013)

29　Haslam (2013) および Huffman et al. (2008) を参照。

30　Bird and Emery (2009)

31　Tebbich et al. (2002)

32　北部の集団と南部の集団における道具使用傾向の遺伝的相違は、原因ではなさそうである。その理由のひとつは、カリフォルニアの集団のように振る舞うアラスカの集団もいることにある。Fujii et al. (2015) を参照。

33　Ottoni and Izar (2008)

34　Spagnoletti et al. (2012)

35　Koops et al. (2013) および Koops et al. (2014) を参照。

36　オランウータンにおける機会の役割は、とくに Koops et al. (2014) を参照してほしいが、Fox et al. (2004)、van Schaik et al. (2003b) および van Schaik et al. (2003a) も参考になる。「欠乏より機会」の仮説を支持する一般的な証拠は、とくに Sanz and Morgan (2013)、Koops et al. (2013) および Spagnoletti et al. (2012) を参照。もちろん例外も存在し、前出の乾燥した環境に生息するガラパゴスのキツツキフィンチの例がそれに当たるだろう。

## 第7章

1　Wynn (1992)、Cantrell and Smith (2013) および Dehaene (2011) の第2章を参照。ひとつ重要な疑問は、そのような実験の被験者は物体を数えているのか、それとも、物体の総表面積のような、たいてい物体の数と相関する連続量を見積もるのか、である。注意深く行なわれる研究は、そのような要因を制御する。そのために、たとえば物体の数が増えるにつれ、物体1個当たりの表面積を減らすのだ。被験者はただ物体数と相関するものを数量化するのではないことと、そのような相関は数の見積もりに影響することが明らかになっている。たとえば、Feigenson et al. (2002)、Cantrell and Smith (2013) および Ferrigno et al. (2017) を参照。

2　サビタイジングは瞬間的だと感じるが、反応時間は実際、物体の数とともに長くなる。Dehaene (2011) の第3章を参照。

3　この法則はあらゆる感覚様式に当てはまるわけではなく、当てはまるものでも、ありえる範囲の刺激の強さすべてに当てはまるわけではない。

4　成人は一般にいわゆるウェーバー比が0.2未満である、つまり20パーセント以上差がある物体の数をすぐに区別できるということだ。Pica et al. (2004) を参照。

5　Halberda et al. (2008) および Feigenson et al. (2013)

6　子どもが数を見積もる正確さを操作することも可能で、それによってその後の算数テストの成績が変わる。Wang et al. (2016) を参照。

7　Mazzocco et al. (2011)

8　'Clever Hans' Anonymous (1904) および 'A horse' Anonymous (1911) を参照。

9　Piantadosi and Cantlon (2017) および Strandburg-Peshkin et al. (2015) を参照。ヒヒは決定

の基準として混乱しそうな連続量、すなわち集団の全体量を使わない。厳密な実験では、個数判断の基準としてそのような連続量を排除することができる。Cantlon (2018) を参照。残念ながら、そのような実験をすべての動物に行なうことは不可能であり、自然界ではほとんど実現できない。

10 Nieder (2018a)

11 Benson-Amram et al. (2018)、Panteleeva et al. (2013)、Nieder (2018a)、Smirnova et al. (2000)、Rose (2018) およびAgrillo and Bisazza (2018)

12. 賢いミツバチとつけ加えるべきである。この課題をこなせるのは少数派なのだ。Skorupski et al. (2018) を参照。

13 私たちの知る限り、動物はゼロを記号で表わすことはできないが、漠然とゼロを理解する。Howard et al. (2018)、Nieder (2016) およびNieder (2018b) を参照。

14 Nieder (2016) に引用。

15 Nieder (2018a) を参照。

16 Skorupski et al. (2018) およびDehaene and Changeux (1993) を参照。

17 Nasr et al. (2019)。人工ニューラルネットワークの「数感覚」を研究する先行の取り組みについては、Dehaene and Changeux (1993)、Verguts and Fias (2004) およびStoianov and Zorzi (2012) を参照。

18 Butterworth et al. (2018) に引用。

19 d'Errico et al. (2018)

20 現在の非常に効率的な10進記数法が生まれたのは、さらにあとのことだ。Dehaene (2011) の第4章を参照。

21 Tattersall (2009)

22 数字が少ないことは、任意の大きい数を表現することへの主要な障害ではない。デジタル電子工学で使われる2進法は、詰まるところ、1と0というたった2つの数字を組み合わせるのだ。とはいえ、多くの言語――たとえばオーストラリアの言語の44パーセント――で数字より大きい数が組み立てられることはない。Bowern and Zentz (2012) を参照。

23 Epps et al. (2012) およびBowern and Zentz (2012)

24 Pica et al. (2004)

25 Dehaene and Cohen (2007)

26 Anderson (2010)

27 ヒトの場合、そのような記録は通常、てんかんのような疾患で神経外科の治療を受けなくてはならないボランティア患者で行なわれる。

28 ほかには、下側頭葉と前頭前野がある。頭頂間溝はとくによく研究されている。Amalric and Dehaene (2018) およびNieder and Dehaene (2009) を参照。

29 Nieder and Dehaene (2009) およびEger et al. (2003)

30 Amalric and Dehaene (2018)

31　サルでもヒトでも、こうした部位のニューロンは、たくさんの点の総表面積のような関連する数量より、個数そのものにとくに敏感だ。Cantlon (2018) およびFerrigno et al. (2017) を参照。それでも、表面積のような連続量は個数の判断に影響する。Cantrell and Smith (2013) を参照。

32　Kutter et al. (2018) およびNieder and Dehaene (2009)

33　Diester and Nieder (2007) およびNieder and Dehaene (2009)

34　これは数学のスキルが言語とは完全に無関係だということではない。数学者もコミュニケーションに言葉を必要とするし、西洋文化においては、数学者でない人たちの言語にも数への言及があふれている。さらに、数学によって活性化される脳部位は数学だけに専念するわけではない。大脳皮質のほかの多くの部位と同様、数学でない問題の解決や論理的推論など、複数の仕事に関与する。Amalric and Dehaene (2018) を参照。

35　数感覚の進化の起源については、Nuñez (2017) およびNieder (2017) を、言語の進化についてはHauser et al. (2002) およびPinker and Jackendoff (2005) を参照。

36　Amalric and Dehaene (2016)、Amalric and Dehaene (2018) を参照。

37　Puchner (2017)

38　Dehaene (2009) の第2章を参照。

39　Dehaene and Cohen (2011) はこの部位を「視覚性語形領域」と呼んでいる。より専門的な用語で、広く使われている。

40　Dehaene et al. (2010) およびDehaene and Cohen (2011) を参照。

41　この部位は文字や言葉だけでなく、ほかの対象にも反応する。ほかの多くの皮質部位にもはっきりした境界線はなく、ほかの部位とかなり重複している。Dehaene (2009) の第2章とVogel et al. (2014) を参照。隣接する部位は特定の類いの物体を認知するように進化したのかどうか自体が、議論されている興味深い疑問だ。Arcaro and Livingstone (2021) を参照。

42　ただし、ほかの物体の認識に関して、読字がコストを生むかどうかはまだはっきりしない。Dehaene (2009) の第5章を参照。

43　何かの物体をきわめて正確に認識するのに十分なのは、必ずしも個々のニューロンではなく、そのようなニューロンの集合体全体である。Rolls (2012)、Rolls (2000) およびDehaene (2009) の第3章を参照。

44　Rolls (2012) およびRolls (2000)

45　Dehaene (2009) の第3章

46　Changizi and Shimojo (2005) およびChangizi et al. (2006)

47　似たような形状頻度は建造物のCG画像にも起こり、やはり文字に見られる形状頻度と強く相関していて、こうした形状頻度は自然環境だけでなく、世界中のさまざまな部類の物体の特徴であることがわかる。

48　この不変性に対する重要な例外は、文字における鏡面対称である。文字とその鏡像は通常、書記体系において同じ役割を果たさないので、私たちの脳は 2 つを区別しなくてはなら

ないが、この区別はまさに不変性のせいで自然にはできない。したがって、この区別を学習することは、子どもが読字を学ぶときの特別な難題となる。Dehaene (2009) の第7章を参照。

49　ドゥアンヌの読字に対する皮質リサイクル説の応用については、Dehaene and Cohen (2011) を参照。

50　Dehaene (2009) の p. 150 と p. 139 を参照。

51　ヒトとチンパンジーの共通の祖先の手はチンパンジーに似ていたか、それともヒトに似ていたかは、いまだに論争の的である。Almécija et al. (2015) を参照。もしヒトの手に似ていたなら、必要な変更はさらに少なかっただろう。

52　Diogo et al. (2012) および Tocheri et al. (2008)

## 第8章

1　Root-Bernstein and Root-Bernstein (1999) p. 138 に引用。

2　Gamow (1966) の第4章および Root-Bernstein and Root-Bernstein (1999) の第8章を参照。

3　Kilgour (1963)

4　Gentner and Jeziorski (1989)、Root-Bernstein and Root-Bernstein (1999) および Pinker (2007) の第5章を参照。

5　人間の認識にとっての類推の重要性は、子どもが一連の物体の大きさのような抽象的概念を学ぶときに類推を使うという観察結果に強調される。Gentner and Hoyos (2017) および Gentner (2010) を参照。

6　Cameron (2008)

7　Lakoff and Johnson (1980)

8　Lakoff (1993)

9　Lakoff (1993) および Lakoff and Johnson (1980)

10　Lakoff (1993)

11　隠喩とその起源のつながりが完全に断裂する場合もある。たとえば、ほとんどの人は「a blockbuster movie（大ヒット映画）」という表現を隠喩だと認識しない。なぜなら、blockbuster は1つの街区（block）全体を破壊（bust）できる爆弾の名前だったことを——一世代前の人たちのようには——知らないからだ。ソースドメインとのつながりが消えるとき、隠喩のライフサイクルは終点に達する。blockbuster の例をはじめ、斬新な隠喩と常套的な隠喩の詳しい分析は Bowdle and Gentner (2005) を参照。

12　Hume (1740)

13　Talmy (1988) および Pinker (2007) の第4章

14　Casasanto and Boroditsky (2008)、Lakoff (1993) および Pinker (2007) の第4、5章

15　Casasanto and Boroditsky (2008) および Boroditsky (2000)

16　同じ著者によるほかの実験は、継続時間の推定が長さの推定に与える影響はもっとはるかに小さいことを示している。Casasanto and Boroditsky (2008)。言語は時間の推定が空間

的な量によってどの程度影響されるかを調節できる。Bylund and Athanasopoulos (2017) を参照。

17　Kandel et al. (2013) の第67章およびMoser et al. (2014)

18　Constantinescu et al. (2016)。もっと一般的に、概念空間は隠喩による思考を含めた抽象的思考にとって不可欠かもしれない。Gärdenfors (2000) を参照。

19　Aronov et al. (2017)

20　Anderson (2010)

## 第9章

1　私はここでとくに車輪つき輸送手段に言及していて、ほかの車輪の用途には触れていない。たとえば、古代エジプト人は車輪つき輸送手段を使うはるか前にろくろを使っていた。車輪の歴史の概要はBulliet (2016) に述べられている。

2　Law (1980)

3　Wagner (2019)、Wagner and Rosen (2014)、Simonton (1999a) およびCampbell (1960)

4　Larson et al. (2014) を参照。重要なちがいは、アリとシロアリの農業は生物進化の産物であるのに対し、人類の農業は文化進化の産物であることだ。しかしそのちがいは、多重発見の共通原則から逸脱しないはずだ。

5　ゴムの歴史を考察しているTully (2011) のp. 17を参照。当時、パラゴムノキの種子が1876年にブラジルから密輸されたときに開発された、東南アジアの巨大なゴムプランテーションが、世界のゴムの大半を供給していた。これらのプランテーションが日本の支配下に入ったとき、連合軍は自国の産業に十分なゴムを供給できないという大問題に陥った。その問題が解決されたのは、石油製品からつくられる合成ゴムが発見されたときだ。

6　Hosler et al. (1999)

7　Ogburn and Thomas (1922)

8　Merton (1961) およびOgburn and Thomas (1922)

9　Alfred (2009)

10　Lohr (2007) に引用。

11　Waller (2004) の第5章に壊血病の歴史の簡潔な要約が記されている。

12　Lamb (2001) p. 117

13　Rajakumar (2001)

14　少なくともひとつ同様の、ただしおそらく意図的ではなかった試験が、リンドの時代より前に行なわれた。1601年、ジェームズ・ランカスター艦長なる人物の指揮下で4隻の船がスマトラ島に遠征しているあいだに、ほとんどの水兵が壊血病にかかり、大勢が死亡したが、毎日レモン果汁の配給を受けていた彼自身の船に乗艦していた者は例外だった。彼は観察結果を海軍本部に報告したが、その治療法が広く採用されることはなかった。Waller (2004) のp. 117およびMosteller (1981) を参照。1601年を転機と考えるなら、柑橘類が抗壊血病薬

として広く採用されるまでに、2世紀以上が経過したのだ。

15　Waller (2004) の第5章を参照。それより前の数世紀と同様、個々の船乗りは正しい抗壊血病薬を予測していた。そのひとりがジェームズ・クック船長であり、彼の1768年の南洋遠征は壊血病に悩まされなかった。彼が定期的に新鮮な果物と野菜を船に積み込んだからだ。

16　Waller (2004) p. 125に引用。

17　関連する背景の資料と参考文献はCowan (1999) を参照。吸収式とさらなる冷蔵庫の設計は、アルベルト・アインシュタインとレオ・シラルドが共同開発して特許を取得したが、そのような著名な物理学者2人の支持でさえ、商業的成功を確保できなかった。Dannen (1997) を参照。吸収式と圧縮式の冷蔵庫の効率については、Bansal and Martin (2000) を参照。

18　Bell (2014)

19　心臓ペースメーカーの歴史に関する有益な情報源には、Aquilina (2006)、Nelson (1993)、Mulpuru et al. (2017)、Ward et al. (2013) などがある。

20　Altman (2002)

21　Ward et al. (2013) p. 247に引用。

22　Altman (2002) およびButler (2010)

23　Morton (2013)、Mooney (2011) およびHausman and Kellogg (2015)

24　Morton (2013)

25　Simonton (1988) p. 84を参照。

26　そのような論文を指す眠り姫という言葉はVan Raan (2004) までさかのぼる。論文の「心拍」すなわち引用回数についてはLi and Shi (2016) を参照。

27　Ke et al. (2015)。公表された文献から眠り姫を特定するために、書誌計量学的分析を使ったのはこの論文が最初ではないが、その定量的アプローチはとくに説得力がある。Redner (2005)、Du and Wu (2018)、El Aichouchi and Gorry (2018)、Yeung and Ho (2018)、Ohba and Nakao (2012)、Van Calster (2012)、Garfield (1990)、Garfield (1989b) および Garfield (1989a) も参照。

28　そのパターンはあるものの、眠り姫係数が非常に大きい論文はまれである。Ke et al. (2015) を参照。

29　ダーウィンは当時パンゲン説と呼ばれたプロセスが原因だと考えたが、それはまちがいだと判明した。

30　Galton (2009)。メンデルが自分の研究を地元の博物学者向けの無名の雑誌に発表したことも助けにならなかった。Mendel (1866) を参照。

31　Kottler (1979)

32　Garfield (1989b) and Balla et al. (2009)。元の論文はHokin and Hokin (1953)。これは早すぎる発見と呼ばれたものの例でもある。研究分野がその発見に追いつく必要があるので、既存の知識に取り込まれてしまう場合があるのだ。

33　この例はOhba and Nakao (2012) で論じられていて、著者はUrayama (1971) による論文がもともと日本語で発表された事実は、無視された原因ではないと主張している。

34　厳密には、これらは以前には認められなかった論文を引用し、それとの共引用のパターンも示す最近の論文である。

35　Ke et al. (2015)

36　Koestler (1964)

37　Kardos and Demain (2011)。最先端のサルファ剤には深刻な副作用があり、一部の感染症には効果がなかった。Davenport (2012) を参照。

38　Hardy (1967) を参照。2つの世界大戦を経験した平和主義者だったハーディは、とくに数学と科学が戦争に取り込まれる可能性があることについて心配していた。

39　Burr and Andrew (1992) に引用。

40　Guterl (1994) およびSchumayer and Hutchinson (2011) を参照。

41　こうした実例についてはFlexner (1939) を参照。

42　Ke et al. (2015) のTable S4、Van Calster (2012) およびBhanoo (2015)

43　Brockman (2017) pp. 475-7を参照。

## 第10章

1　Merton (1961) p. 357を参照。

2　Schwab (2012)

3　Ukuwela et al. (2013)

4　Denoeud et al. (2014)

5　Conway Morris (2003)

6　Gallagher (2015)

7　Losos (2017) およびBlount et al. (2018)。しかしながら、そのような単一の進化を構成する形質は、それほど珍しくないかもしれない。カモノハシは奇妙な動物だが、そのくちばしはアヒルのそれに似ているし、水かきつきの足はカワウソのそれに似ているし、被毛はラッコのそれに似ている。ほかの生物の体の特徴との類似点は、Losos (2017) p. 328に列挙されている。さらに、生物の新しい特徴が何回も発見されているかを判断するのは容易とは限らない。翼がまったく異なる体の構造から生まれたとしても、昆虫の飛行はコウモリの飛行と収斂するのか？　そしてコウモリの飛行と翼竜の飛行——どちらの生物の翼も起源は腕だが、腕の異なる部分——はどうだろう？　Losos (2017) 第3章を参照。

8　Lewis (1994)

9　進化の時間尺度での最近であり、すなわち、数百万年以内ということだ。

10　Pritchard (1989) を参照。ここで私はレーダーの興味深い歴史のさまざまな局面には触れていない。たとえば、戦後にイギリスのレーダー業界で優先権を巡る争いが起き、アメリカも並行してレーダー開発に取り組んだ。

11 'How was Hangul invented,' Anonymous (2013) およびthe National Institute of Korean Language at http://www.korean.go.kr/eng_hangeul/.を参照。

12 Hartl and Clark (2007) の第5章およびBarton et al. (2007) の第14章。

13 詳しく言うと、ヘモグロビンは4つのアミノ酸鎖で構成されている。αと呼ばれる同一のもの2つと、βと呼ばれる同一のもの2つで、2つは別々の遺伝子にコードされるが遺伝子それぞれにはコピーが2つある。鎌状赤血球の変異は、β鎖をコードする遺伝子に生じる。

14 Poolman and Galvani (2007)

15 Lynch and Walsh (1998)

16 Dean and Scharnhorst (1990)

17 McKay (1999)。バッハが愛したチェロ組曲も、パブロ・カザルスが20世紀初頭に演奏するようになるまで、技術的な練習曲と考えられていた。Siblin (2010) を参照。

18 https://neglectedbooks.comおよびhttps://www.nyrb.comを参照。

19 Marche (2015)

20 Thompson (2017) p. 48

21 同上pp. 231-3

22 Stross (2007) の第6章

23 エジソンには競争相手がいた。たとえば、白熱電球よりはるかに明るい電気アーク照明を宣伝する会社だ。エジソンはその争いには勝ったが、負けた競争もあった。たとえば、直流電流を巡る争いがそれで、彼はより安全と考えていたが、交流電流より発電のコストが高かった。Stross (2007) の第6章と第8章を参照。

24 白熱電球もまた、親がたくさんいる発明のひとつである。エジソンは初めて開発したわけではないが、消費者市場向けに開発したのであり、この貢献が持続したのは、自分の電球が成功する電化環境をつくり出したからだろう。

25 Caro (1982)

26 Albert (2019) p. 103

27 進化には先見の明があるという主張をする科学者もたまにいるが、そのような主張はつねに最終的には誤りを証明されている。たとえば、Cairns et al. (1988) による定方向変異の仮説と、Hendrickson et al. (2002) によるその解明を参照。Lenski and Mittler (1993) およびWagner (2012) も参照。

28 Simonton (1988) p. 93、Simonton (1994)、Simonton (1999b)、Sinatra et al. (2016) およびStern (1978)

29 6つの引用についてはCsikszentmihalyi (1996) 第5章を参照。

30 創造性と動機づけについてはCsikszentmihalyi (1996) およびAmabile (1998) を参照。

31 Csikszentmihalyi (1996) p. 2

32 同上p. 108

33 Ward (1986) pp. 25-6

# 文献目録


Adams, M.D., Celniker, S.E., Holt, R.A. et al. 2000. The genome sequence of *Drosophila melanogaster*. *Science* **287**, 2185.

Agrawal, A.A. and Konno, K. 2009. Latex: A model for understanding mechanisms, ecology, and evolution of plant defense against herbivory. *Annual Review of Ecology Evolution and Systematics* **40**, 311.

Agrillo, C. and Bisazza, A. 2018. Understanding the origin of number sense: A review of fish studies. *Philosophical Transactions of the Royal Society B: Biological Sciences* **373**, 20160511.

Albert, D. 2019. *Are We There Yet? The American Automobile Past, Present, and Driverless.* W.W. Norton & Company, New York, NY.

Alfred, R. 21 October 2009. Oct. 21, 1879: Edison gets the bright light right. *Wired Magazine.*

Almécija, S., Smaers, J.B. and Jungers, W.L. 2015. The evolution of human and ape hand proportions. *Nature Communications* **6**, 7717.

Altman, L.K. 18 January 2002. Arne H.W. Larsson, 86; had first internal pacemaker. *The New York Times.*

Amabile, T.M. 1 September 1998. How to kill creativity. *Harvard Business Review* **76**, 77-78.

Amalric, M. and Dehaene, S. 2016. Origins of the brain networks for advanced mathematics in expert mathematicians. *Proceedings of the National Academy of Sciences of the United States of America* **113**, 4909.

Amalric, M. and Dehaene, S. 2018. Cortical circuits for mathematical knowledge: Evidence for a major subdivision within the brain's semantic networks. *Philosophical Transactions of the Royal Society B: Biological Sciences* **373**, 20160515.

Anderson, M.L. 2010. Neural reuse: A fundamental organizational principle of the brain. *Behavioral and Brain Sciences* **33**, 245.

Andrews, S. J. and Rothnagel, J.A. 2014. Emerging evidence for functional peptides encoded by short open reading frames. *Nature Reviews Genetics* **15**, 193.

Anonymous. 2 October 1904. 'Clever Hans' again. *The New York Times.*

Anonymous. 23 July 1911. A horse - and the wise men. *The New York Times.*

Anonymous. 8 October 2013. How was Hangul invented? *Economist.*

Anonymous. 2020. Miniature worlds. *Nature Ecology & Evolution* **4**, 767.

Aquilina, O. 2006. A brief history of cardiac pacing. *Images in Paediatric Cardiology* **8**, 17.

Arakaki, M., Christin, P.A., Nyffeler, R. et al. 2011. Contemporaneous and recent radiations of the world's major succulent plant lineages. *Proceedings of the National Academy of Sciences of the United States of America* **108**, 8379.

Arcaro, M.J. and Livingstone, M.S. 2021. On the relationship between maps and domains in inferotemporal cortex. *Nature Reviews Neuroscience* **22**, 573.

Archer, C.T., Kim, J.F., Jeong, H. et al. 2011. The genome sequence of *E. coli* W (ATCC 9637): Comparative genome analysis and an improved genome-scale reconstruction of *E. coli*. *BMC Genomics* **12**.

Arnold, F.H. 2018. Directed evolution: Bringing new chemistry to life. *Angewandte Chemie International Edition* **57**, 4143.

Aronov, D., Nevers, R. and Tank, D.W. 2017. Mapping of a non-spatial dimension by the hippocampal-entorhinal circuit. *Nature* **543**, 719.

Baalsrud, H.T., Tørresen, O.K., Solbakken, M.H. et al. 2018. *De novo* gene evolution of antifreeze glycoproteins in codfishes revealed by whole genome sequence data. *Molecular Biology and Evolution* **35**, 593.

Bacher, K., Allen, S., Lindholm, A.K. et al. 2010. Genes or culture: Are mitochondrial genes associated with tool use in bottlenose dolphins (*Tursiops sp.*)? *Behavior Genetics* **40**, 706.

Baier, F. and Tokuriki, N. 2014. Connectivity between catalytic landscapes of the metallo-beta-lactamase superfamily. *Journal of Molecular Biology* **426**, 2442.

Balla, T., Szentpetery, Z. and Kim, Y.J. 2009. Phosphoinositide signaling: New tools and insights. *Physiology* **24**, 231.

Bansal, P. and Martin, A. 2000. Comparative study of vapour compression, thermoelectric and absorption refrigerators. *International Journal of Energy Research* **24**, 93.

Bar-On, Y.M., Phillips, R. and Milo, R. 2018. The biomass distribution on Earth. *Proceedings of the National Academy of Sciences of the United States of America* **115**, 6506.

Barton, N.H., Briggs, D.E.G., Eisen, J.A. et al. 2007. *Evolution*. Cold Spring Harbor Laboratory Press, Cold Spring Harbor, NY.（ニコラス・H・バートンほか『進化――分子・個体・生態系』宮田隆・星山大介監訳、メディカル・サイエンス・インターナショナル）

Barve, A. and Wagner, A. 2013. A latent capacity for evolutionary innovation through exaptation in metabolic systems. *Nature* **500**, 203.

Bedard, D.L., Haberl, M.L., May, R.J. et al. 1987. Evidence for novel mechanisms of polychlorinated biphenyl metabolism in *Alcaligenes eutrophus* H850. *Applied and Environmental Microbiology* **53**, 1103.

Bekpen, C., Marques-Bonet, T., Alkan, C. et al. 2009. Death and resurrection of the human IRGM gene. *PLOS Genetics* **5**, e1000403.

Bell, A. 28 February 2014. How the refrigerator got its hum. *The Guardian.*

Bell, E.A., Boehnke, P., Harrison, T.M. et al. 2015. Potentially biogenic carbon preserved in a 4.1 billion-year-old zircon. *Proceedings of the National Academy of Sciences of the United States of America* **112**, 14518.

Bell, M.A. and Aguirre, W.E. 2013. Contemporary evolution, allelic recycling, and adaptive radiation of the threespine stickleback. *Evolutionary Ecology Research* **15**, 377.

Bell, M.A., Aguirre, W.E. and Buck, N.J. 2004. Twelve years of contemporary armor evolution in a threespine stickleback population. *Evolution* **58**, 814.

Bell, M.A., Travis, M.P. and Blouw, D.M. 2006. Inferring natural selection in a fossil threespine stickleback. *Paleobiology* **32**, 562.

Benson-Amram, S., Gilfillan, G. and McComb, K. 2018. Numerical assessment in the wild: Insights from social carnivores. *Philosophical Transactions of the Royal Society B: Biological Sciences* **373**.

Berg, I.A., Kockelkorn, D., Buckel, W. et al. 2007. A 3-hydroxypropionate/4-hydroxybutyrate autotrophic carbon dioxide assimilation pathway in Archaea. *Science* **318**, 1782.

Bhanoo, S.N. 25 May 2015. Even Einstein's research can take time to matter. *The New York Times.*

Bhullar, K., Waglechner, N., Pawlowski, A. et al. 2012. Antibiotic resistance is prevalent in an isolated cave microbiome. *PLOS One* **7**.

Bird, C.D. and Emery, N.J. 2009. Rooks use stones to raise the water level to reach a floating worm. *Current Biology* **19**, 1410.

Blain, J.C. and Szostak, J.W. 2014. Progress toward synthetic cells. In *Annual Review of Biochemistry, Vol. 83* (ed. R.D. Kornberg), p. 615.

Blair, J.M.A., Webber, M.A., Baylay, A.J. et al. 2015. Molecular mechanisms of antibiotic resistance. *Nature Reviews Microbiology* **13**, 42.

Blount, Z.D. 2015. The natural history of model organisms: The unexhausted potential of *E. coli*. *eLife* **4**, e05826.

Blount, Z.D., Borland, C.Z. and Lenski, R.E. 2008. Historical contingency and the evolution of a key innovation in an experimental population of *Escherichia coli*. *Proceedings of the National Academy of Sciences of the United States of America* **105**, 7899.

Blount, Z.D., Lenski, R.E. and Losos, J.B. 2018. Contingency and determinism in evolution: Replaying life's tape. *Science* **362**, eaam5979.

Blüh, O. 1952. The value of inspiration. A study on Julius Robert Mayer and Josef Popper-Lynkeus. *Isis* **43**, 211.

Boesch, C., Marchesi, P., Marchesi, N. et al. 1994. Is nut cracking in wild chimpanzees a cultural behavior? *Journal of Human Evolution* **26**, 325.

Boraas, M.E., Seale, D.B. and Boxhorn, J.E. 1998. Phagotrophy by a flagellate selects for colonial prey: A possible origin of multicellularity. *Evolutionary Ecology* **12**, 153.

Bornman, L.J., Chris, H. and Botha, C. 1973. *Welwitschia mirabilis*: Observations on movement of water and assimilates under föhn and fog conditions. *Madoqua* **2**, 25.

Boroditsky, L. 2000. Metaphoric structuring: Understanding time through spatial metaphors. *Cognition* **75**, 1.

Bourke, A.F. 2014. Hamilton's rule and the causes of social evolution. *Philosophical Transactions of the Royal Society B: Biological Sciences* **369**, 20130362.

Bowdle, B.F. and Gentner, D. 2005. The career of metaphor. *Psychological Review* **112**, 193.

Bowern, C. and Zentz, J. 2012. Diversity in the numeral systems of Australian languages. *Anthropological Linguistics* **54**, 133.

Boyle, A.W., Silvin, C.J., Hassett, J.P. et al. 1992. Bacterial PCB biodegradation. *Biodegradation* **3**, 285.

Brawand, D., Wagner, C.E., Li, Y.I. et al. 2014. The genomic substrate for adaptive radiation in African cichlid fish. *Nature* **513**, 375.

Bremer, K. 2002. Gondwanan evolution of the grass alliance of families (Poales). *Evolution* **56**, 1374.

Brocklehurst, N., Panciroli, E., Benevento, G.L. et al. 2021. Mammaliaform extinctions as a driver of the morphological radiation of Cenozoic mammals. *Current Biology* **31**, 2955.

Brockman, J. 2017. *Know This. Today's Most Interesting and Important Scientific Ideas, Discoveries, and Developments.* Harper, New York, NY.

Brown, M.G. and Balkwill, D.L. 2009. Antibiotic resistance in bacteria isolated from the deep terrestrial subsurface. *Microbial Ecology* **57**, 484.

Bulliet, R.W. 2016. *The Wheel: Inventions and Reinventions.* Columbia University Press, New York, NY.

Burr, A.B. and Andrew, G.E. 1992. *The Unreasonable Effectiveness of Number Theory.* American Mathematical Society, Washington DC.

Bush, K. and Jacoby, G.A. 2010. Updated functional classification of $\beta$-lactamases. *Antimicrobial Agents and Chemotherapy* **54**, 969.

Bushman, F. 2002. *Lateral DNA Transfer: Mechanisms and Consequences.* Cold Spring Harbor University Press, Cold Spring Harbor, NY.

Butler, K. 18 June 2010. What broke my father's heart. *New York Times Magazine.*

Butterworth, B., Gallistel, C.R. and Vallortigara, G. 2018. Introduction: The origins of numerical abilities. *Philosophical Transactions of the Royal Society B: Biological Sciences* **373**, 20160507.

Bylund, E. and Athanasopoulos, P. 2017. The Whorfian time warp: Representing duration

through the language hourglass. *Journal of Experimental Psychology: General* **146**, 911.

Cai, J., Zhao, R., Jiang, H. et al. 2008. *De novo* origination of a new protein-coding gene in Saccharomyces cerevisiae. *Genetics* **179**, 487.

Cairns, J., Overbaugh, J. and Miller, S. 1988. The origin of mutants. *Nature* **335**, 142.

Cameron, L. 2008. Metaphor and talk. In *The Cambridge Handbook of Metaphor and Thought* (ed. R.W. Gibbs Jr.), p. 197. Cambridge University Press, Cambridge, UK.

Campbell, D.T. 1960. Blind variation and selective retention in creative thought as in other knowledge processes. *Psychological Review* **67**, 380.

Cantlon, J.F. 2018. How evolution constrains human numerical concepts. *Child Development Perspectives* **12**, 65.

Cantrell, L. and Smith, L.B. 2013. Open questions and a proposal: A critical review of the evidence on infant numerical abilities. *Cognition* **128**, 331.

Caro, R.A. 1982. *The Path to Power: The Years of Lyndon Johnson I.* Knopf, New York, NY.

Carroll, L. 1871. *Through the Looking-Glass: And What Alice Found There.* Macmillan, United Kingdom.（ルイス・キャロル『鏡の国のアリス』河合祥一郎訳、角川文庫）

Carvunis, A.-R., Rolland, T., Wapinski, I. et al. 2012. Proto-genes and *de novo* gene birth. *Nature* **487**, 370.

Casasanto, D. and Boroditsky, L. 2008. Time in the mind: Using space to think about time. *Cognition* **106**, 579.

Casola, C. 2018. From *de novo* to 'de nono': The majority of novel protein-coding genes identified with phylostratigraphy are old genes or recent duplicates. *Genome Biology and Evolution* **10**, 2906.

Catling, D.C., Glein, C.R., Zahnle, K.J. et al. 2005. Why $O_2$ is required by complex life on habitable planets and the concept of planetary 'oxygenation time'. *Astrobiology* **5**, 415.

Chang, K. 2 December 2008. A new picture of the early Earth. *The New York Times.*

Chang, Y.I. and Su, C.Y. 2003. Flocculation behavior of *Sphingobium chlorophenolicum* in degrading pentachlorophenol at different life stages. *Biotechnology and Bioengineering* **82**, 843.

Changizi, M.A. and Shimojo, S. 2005. Character complexity and redundancy in writing systems over human history. *Proceedings of the Royal Society B: Biological Sciences* **272**, 267.

Changizi, M.A., Zhang, Q., Ye, H. et al. 2006. The structures of letters and symbols throughout human history are selected to match those found in objects in natural scenes. *The American Naturalist* **167**, E117.

Chen, B.M., Liao, H.X., Chen, W.B. et al. 2017. Role of allelopathy in plant invasion and control of invasive plants. *Allelopathy Journal* **41**, 155.

Chen, S.D., Zhang, Y.E. and Long, M.Y. 2010. New genes in *Drosophila* quickly become

essential. *Science* **330**, 1682.

Chernykh, E.N. 2008. Formation of the Eurasian 'steppe belt' of stockbreeding cultures: Viewed through the prism of archaeometallurgy and radiocarbon dating. *Archeology Ethnology & Anthropology of Eurasia* **35**, 36.

Christin, P.A., Besnard, G., Samaritani, E. et al. 2008. Oligocene $CO_2$ decline promoted C-4 photosynthesis in grasses. *Current Biology* **18**, 37.

Claramunt, S. and Cracraft, J. 2015. A new time tree reveals Earth history's imprint on the evolution of modern birds. *Science Advances* **1**, e1501005.

Clemente, J.C., Pehrsson, E.C., Blaser, M.J. et al. 2015. The microbiome of uncontacted Amerindians. *Science Advances* **1**, e1500183.

Colbourne, J.K., Pfrender, M.E., Gilbert, D. et al. 2011. The ecoresponsive genome of *Daphnia pulex*. *Science* **331**, 555.

Cole, D.B., Mills, D.B., Erwin, D.H. et al. 2020. On the co-evolution of surface oxygen levels and animals. *Geobiology* **18**, 260.

Colosimo, P.F., Hosemann, K.E., Balabhadra, S. et al. 2005. Widespread parallel evolution in sticklebacks by repeated fixation of ectodysplasin alleles. *Science* **307**, 1928.

Constantinescu, A.O., O'Reilly, J.X. and Behrens, T.E. 2016. Organizing conceptual knowledge in humans with a gridlike code. *Science* **352**, 1464.

Conway Morris, S. 2003. *Life's Solution. Inevitable Humans in a Lonely Universe.* Cambridge University Press, New York, NY.（サイモン・コンウェイ＝モリス『進化の運命――孤独な宇宙の必然としての人間』遠藤一佳・更科功訳、講談社）

Cook, D.L., Gerber, L.N. and Tapscott, S.J. 1998. Modeling stochastic gene expression: Implications for haploinsufficiency. *Proceedings of the National Academy of Sciences of the United States of America* **95**, 15641.

Copley, S.D. 2017. Shining a light on enzyme promiscuity. *Current Opinion in Structural Biology* **47**, 167.

Copley, S.D., Rokicki, J., Turner, P. et al. 2012. The whole genome sequence of *Sphingobium chlorophenolicum L-1*: Insights into the evolution of the pentachlorophenol degradation pathway. *Genome Biology and Evolution* **4**, 184.

Coughenour, M.B. 1985. Graminoid responses to grazing by large herbivores - adaptations, exaptations, and interacting processes. *Annals of the Missouri Botanical Garden* **72**, 852.

Cowan, R.S. 1999. How the refrigerator got its hum. In *The Social Shaping of Technology* (eds. D. MacKenzie and J. Wajcman), p. 202. Open University, Buckingham.

Crofts, T.S., Gasparrini, A.J. and Dantas, G. 2017. Next-generation approaches to understand and combat the antibiotic resistome. *Nature Reviews Microbiology* **15**, 422.

Csikszentmihalyi, M. 1996. *Creativity: The Psychology of Discovery and Invention.*

HarperCollins, New York, NY.（M・チクセントミハイ『クリエイティヴィティ――フロー体験と創造性の心理学』浅川希洋志監訳、須藤祐二・石村郁夫訳、世界思想社）

D'Ari, R. and Casadesus, J. 1998. Underground metabolism. *Bioessays* **20**, 181.

D'Costa, V.M., King, C.E., Kalan, L. et al. 2011. Antibiotic resistance is ancient. *Nature* **477**, 457.

D'Errico, F., Doyon, L., Colage, I. et al. 2018. From number sense to number symbols. An archaeological perspective. *Philosophical Transactions of the Royal Society B: Biological Sciences* **373**, 20160518.

Daane, J.M., Dornburg, A., Smits, P. et al. 2019. Historical contingency shapes adaptive radiation in Antarctic fishes. *Nature Ecology & Evolution* **3**, 1102.

Dai, M.H. and Copley, S.D. 2004. Genome shuffling improves degradation of the anthropogenic pesticide pentachlorophenol by *Sphingobium chlorophenolicum* ATCC 39723. *Applied and Environmental Microbiology* **70**, 2391.

Dannen, G. 1997. The Einstein-Szilard refrigerators. *Scientific American* **276**, 90.

Dantas, G., Sommer, M.O.A., Oluwasegun, R.D. et al. 2008. Bacteria subsisting on antibiotics. *Science* **320**, 100.

Darwin, C. 1872. *The Origin of Species by Means of Natural Selection; or The Preservation of Favored Races in the Struggle for Life* (6th ed., reprinted by A.L. Burt, New York). John Murray London, England.（ダーウィン『種の起源』渡辺政隆訳、光文社古典新訳文庫など）

Davenport, D. 2012. The war against bacteria: How were sulphonamide drugs used by Britain during World War II? *Medical Humanities* **38**, 55.

Davies, J. and Davies, D. 2010. Origins and evolution of antibiotic resistance. *Microbiology and Molecular Biology Reviews* **74**, 417.

Deamer, D.W. 1998. Membrane compartments in prebiotic evolution. In *The Molecular Origins of Life: Assembling Pieces of the Puzzle* (ed. A. Brack), p. 189. Cambridge University Press, Cambridge, UK.

Dean, B.P. and Scharnhorst, G. 1990. The contemporary reception of 'Walden'. In *Studies in the American Renaissance 1990* (ed. J. Myerson), p. 293. University of Virginia Press, Charlottesville.

Dehaene, S. 2009. *Reading in the Brain. The New Science of How We Read.* Penguin, New York, NY.

Dehaene, S. 2011. *The Number Sense. How The Mind Creates Mathematics.* Oxford University Press, New York, NY.（スタニスラス・ドゥアンヌ『数覚とは何か？――心が数を創り、操る仕組み』長谷川眞理子・小林哲生訳、早川書房）

Dehaene, S. and Changeux, J.P. 1993. Development of elementary numerical abilities - a neuronal model. *Journal of Cognitive Neuroscience* **5**, 390.

Dehaene, S. and Cohen, L. 2007. Cultural recycling of cortical maps. *Neuron* **56**, 384.

Dehaene, S. and Cohen, L. 2011. The unique role of the visual word form area in reading. *Trends in Cognitive Sciences* **15**, 254.

Dehaene, S., Pegado, F., Braga, L.W. et al. 2010. How learning to read changes the cortical networks for vision and language. *Science* **330**, 1359.

Denef, V.J., Park, J., Tsoi, T.V. et al. 2004. Biphenyl and benzoate metabolism in a genomic context: Outlining genome-wide metabolic networks in *Burkholderia xenovorans* LB400. *Applied and Environmental Microbiology* **70**, 4961.

Denoeud, F., Carretero-Paulet, L., Dereeper, A. et al. 2014. The coffee genome provides insight into the convergent evolution of caffeine biosynthesis. *Science* **345**, 1181.

Desmond, E. and Gribaldo, S. 2009. Phylogenomics of sterol synthesis: Insights into the origin, evolution, and diversity of a key eukaryotic feature. *Genome Biology and Evolution* **1**, 364.

Dhar, R., Sägesser, R., Weikert, C. et al. 2013. Yeast adapts to a changing stressful environment by evolving cross-protection and anticipatory gene regulation. *Molecular Biology and Evolution* **30**, 573.

Dhar, R., Sagesser, R., Weikert, C. et al. 2011. Adaptation of *Saccharomyces cerevisiae* to saline stress through laboratory evolution. *Journal of Evolutionary Biology* **24**, 1135.

Diester, I. and Nieder, A. 2007. Semantic associations between signs and numerical categories in the prefrontal cortex. *PLOS Biology* **5**, 2684.

Dillon, G. and Millay, E.S.V. 1936. *Flowers of Evil; from the French of Charles Baudelaire.* Harper & Brothers, New York, NY.（ボオドレール『悪の華』鈴木信太郎訳、岩波文庫など）

Dinan, L. 2001. Phytoecdysteroids: Biological aspects. *Phytochemistry* **57**, 325.

Diogo, R., Richmond, B.G. and Wood, B. 2012. Evolution and homologies of primate and modern human hand and forearm muscles, with notes on thumb movements and tool use. *Journal of Human Evolution* **63**, 64.

Dodd, M.S., Papineau, D., Grenne, T. et al. 2017. Evidence for early life in Earth's oldest hydrothermal vent precipitates. *Nature* **543**, 60.

Domazet-Loso, T., Carvunis, A.R., Alba, M.M. et al. 2017. No evidence for phylostratigraphic bias impacting inferences on patterns of gene emergence and evolution. *Molecular Biology and Evolution* **34**, 843.

Du, D.J., Wang-Kan, X., Neuberger, A. et al. 2018. Multidrug efflux pumps: Structure, function and regulation. *Nature Reviews Microbiology* **16**, 523.

Du, J. and Wu, Y.S. 2018. A parameter-free index for identifying under-cited sleeping beauties in science. *Scientometrics* **116**, 959.

Duarte, N.C., Becker, S.A., Jamshidi, N. et al. 2007. Global reconstruction of the human

metabolic network based on genomic and bibliomic data. *Proceedings of the National Academy of Sciences* **104**, 1777.

Edwards, E.J. and Smith, S.A. 2010. Phylogenetic analyses reveal the shady history of C-4 grasses. *Proceedings of the National Academy of Sciences of the United States of America* **107**, 2532.

Eger, E., Sterzer, P., Russ, M.O. et al. 2003. A supramodal number representation in human intraparietal cortex. *Neuron* **37**, 719.

El Aichouchi, A. and Gorry, P. 2018. Delayed recognition of Judah Folkman's hypothesis on tumor angiogenesis: When a Prince awakens a Sleeping Beauty by self-citation. *Scientometrics* **116**, 385.

ENCODE Project Consortium. 2012. An integrated encyclopedia of DNA elements in the human genome. *Nature* **489**, 57.

Epps, P., Bowern, C., Hansen, C.A. et al. 2012. On numeral complexity in hunter-gatherer languages. *Linguistic Typology* **16**, 41.

Erickson, G.M., Rauhut, O.W., Zhou, Z. et al. 2009. Was dinosaurian physiology inherited by birds? Reconciling slow growth in Archaeopteryx. *PLOS One* **4**, e7390.

Erwin, D.H. 1992. A preliminary classification of evolutionary radiations. *Historical Biology* **6**, 133.

Erwin, D.H., Laflamme, M., Tweedt, S.M. et al. 2011. The Cambrian conundrum: Early divergence and later ecological success in the early history of animals. *Science* **334**, 1091.

Erwin, D.H. and Valentine, J.W. 2013. *The Cambrian Explosion. The Construction of Animal Biodiversity.* Roberts and Company, Greenwood Village, CO.

Estes, S. and Arnold, S.J. 2007. Resolving the paradox of stasis: Models with stabilizing selection explain evolutionary divergence on all timescales. *The American Naturalist* **169**, 227.

Falótico, T., Proffitt, T., Ottoni, E.B. et al. 2019. Three thousand years of wild capuchin stone tool use. *Nature Ecology & Evolution* **3**, 1034.

Farrell, B.D., Dussourd, D.E. and Mitter, C. 1991. Escalation of plant defense - do latex and resin canals spur plant diversification? *The American Naturalist* **138**, 881.

Feduccia, A. 2003. 'Big bang' for tertiary birds? *Trends in Ecology & Evolution* **18**, 172.

Feigenson, L., Carey, S. and Spelke, E. 2002. Infants' discrimination of number vs. continuous extent. *Cognitive Psychology* **44**, 33.

Feigenson, L., Libertus, M.E. and Halberda, J. 2013. Links between the intuitive sense of number and formal mathematics ability. *Child Development Perspectives* **7**, 74.

Feist, A.M., Henry, C.S., Reed, J.L. et al. 2007. A genome-scale metabolic reconstruction for *Escherichia coli* K-12 MG1655 that accounts for 1260 ORFs and thermodynamic information.

*Molecular Systems Biology* **3**.
Felsenstein, J. 2004. *Inferring Phylogenies.* Sinauer Associates, Sunderland, Massachusetts.
Fenchel, T. and Finlay, B.J. 1995. *Ecology and Evolution in Anoxic Worlds.* Oxford University Press, Oxford, UK.
Ferrigno, S., Jara-Ettinger, J., Piantadosi, S.T. et al. 2017. Universal and uniquely human factors in spontaneous number perception. *Nature Communications* **8**.
Field, D.J., Bercovici, A., Berv, J.S. et al. 2018. Early evolution of modern birds structured by global forest collapse at the end-Cretaceous mass extinction. *Current Biology* **28**, 1825.
Finch, B. 2015. The true story of Kudzu, the vine that never truly ate the South. *Smithsonian Magazine.*
Flexner, A. 1939 The usefulness of useless knowledge. *Harpers* **179**, 544.
Fox, D. 2016. What sparked the Cambrian explosion? *Nature* **530**, 268.
Fox, E.A., van Schaik, C.P., Sitompul, A. et al. 2004. Intra- and interpopulational differences in orangutan (*Pongo pygmaeus*) activity and diet: Implications for the invention of tool use. *American Journal of Physical Anthropology* **125**, 162.
Frank, D.A., McNaughton, S.J. and Tracy, B.F. 1998. The ecology of the Earth's grazing ecosystems. *Bioscience* **48**, 513.
Frazier, I. 2005. Destroying Baghdad. *New Yorker* **25**.
Fujii, J.A., Ralls, K. and Tinker, M.T. 2015. Ecological drivers of variation in tool-use frequency across sea otter populations. *Behavioral Ecology* **26**, 519.
Futuyma, D.J. 1998. *Evolutionary Biology.* Sinauer, Sunderland, Massachusetts.（ダグラス・J・フツイマ『進化生物学』岸由二ほか訳、蒼樹書房）
Gallagher, P. 2 July 2015. Forget little green men - aliens will look like humans, says Cambridge University evolution expert. *The Independent.*
Galton, D. 2009. Did Darwin read Mendel? *QJM: An International Journal of Medicine* **102**, 587.
Gamow, G. 1966. *Thirty Years That Shook Physics. The Story of Quantum Theory.* Doubleday, Garden City, NY.（ジョージ・ガモフ『現代の物理学――量子論物語』中村誠太郎訳、河出書房新社）
Gancedo, C. and Flores, C.L. 2008. Moonlighting proteins in yeasts. *Microbiology and Molecular Biology Reviews* **72**, 197.
Gärdenfors, P. 2000. *Conceptual Spaces. The Geometry of Thought.* MIT Press, Cambridge, MA.
Garfield, E. 1989a. Delayed recognition in scientific discovery - citation frequency analysis and the search for case histories. *Current Contents* **23**, 3.
Garfield, E. 1989b. More delayed recognition. Part 1. Examples from the genetics of color-blindness, the entropy of short-term-memory, phosphoinositides, and polymer rheology.

*Current Contents* **38**, 3.

Garfield, E. 1990. More delayed recognition. Part 2. From inhibin to scanning electron microscopy. *Current Contents* **9**, 3.

Geist, D.J., Snell, H., Snell, H. et al. 2014. A paleogeographic model of the Galápagos Islands and biogeographical and evolutionary implications. In *The Galápagos: A Natural Laboratory for the Earth Sciences* (eds. K.S. Harpp, E. Mittelstaedt, N. d'Ozouville and D.W. Graham), p. 145. American Geophysical Union, Washington DC.

Genner, M.J., Seehausen, O., Lunt, D.H. et al. 2007. Age of cichlids: New dates for ancient lake fish radiations. *Molecular Biology and Evolution* **24**, 1269.

Gentner, D. 2010. Bootstrapping the mind: Analogical processes and symbol systems. *Cognitive Science* **34**, 752.

Gentner, D. and Hoyos, C. 2017. Analogy and abstraction. *Topics in Cognitive Science* **9**, 672.

Gentner, D. and Jeziorski, M. 1989. Historical shifts in the use of analogy in science. In *Psychology of Science: Contributions to Metascience* (eds. B.E. Gholson, W.R. Shadish Jr, R.A. Neimeyer and A.C. Houts). Cambridge University Press, New York, NY.

Gerhart, J. and Kirschner, M. 1998. *Cells, Embryos, and Evolution. Toward a Cellular and Developmental Understanding of Phenotypic Variation and Evolutionary Adaptability.* Blackwell, Boston, MA.

Gibbs, M.A. and Hosea, N.A. 2003. Factors affecting the clinical development of cytochrome P450 3A substrates. *Clinical Pharmacokinetics* **42**, 969.

Gibson, G. 2005. The synthesis and evolution of a supermodel. *Science* **307**, 1890.

Giles, N. 1983. The possible role of environmental calcium levels during the evolution of phenotypic diversity in Outer Hebridean populations of the three-spined stickleback, *Gasterosteus aculeatus*. *Journal of Zoology* **199**, 535.

Gould, S. and Vrba, E. 1982. Exaptation - a missing term in the science of form. *Paleobiology* **8**, 4.

Gould, S.J. 1990. *Wonderful Life: The Burgess Shale and the Nature of History.* W.W. Norton & Company, New York, NY.（スティーヴン・ジェイ・グールド『ワンダフル・ライフ――バージェス頁岩と生物進化の物語』渡辺政隆訳、ハヤカワ文庫NF）

Gould, S.J. and Eldredge, N. 1977. Punctuated equilibria: Tempo and mode of evolution reconsidered. *Paleobiology* **3**, 115.

Gramling, C. 2014. Low oxygen stifled animals' emergence, study says. *Science* **346**, 537.

Graur, D., Zheng, Y., Price, N. et al. 2013. On the immortality of television sets: 'Function' in the human genome according to the evolution-free gospel of ENCODE. *Genome Biology and Evolution* **5**, 578.

Graves Jr, J., Hertweck, K., Phillips, M. et al. 2017. Genomics of parallel experimental

evolution in *Drosophila. Molecular Biology and Evolution* **34**, 831.

Grebenok, R.J., Galbraith, D.W., Benveniste, I. et al. 1996. Ecdysone 20-monooxygenase, a cytochrome P450 enzyme from spinach, *Spinacia oleracea. Phytochemistry* **42**, 927.

Grimaldi, D. and Agosti, D. 2000. A formicine in New Jersey Cretaceous amber (Hymenoptera: Formicidae) and early evolution of the ants. *Proceedings of the National Academy of Sciences of the United States of America* **97**, 13678.

Grossnickle, D.M., Smith, S.M. and Wilson, G.P. 2019. Untangling the multiple ecological radiations of early mammals. *Trends in Ecology & Evolution* **34**, 936.

Grunwald, M. 1 January 2002. Monsanto hid decades of pollution. *The Washington Post.*

Guterl, F. 1994. Suddenly, number theory makes sense to industry. *Math Horizons* **2**, 6.

Halberda, J., Mazzocco, M.M.M. and Feigenson, L. 2008. Individual differences in non-verbal number acuity correlate with maths achievement. *Nature* **455**, 665.

Hall, B.G. 1982. Chromosomal mutation for citrate utilization by *Escherichia coli* K-12. *Journal of Bacteriology* **151**, 269.

Hall, D.A., Zhu, H., Zhu, X.W. et al. 2004. Regulation of gene expression by a metabolic enzyme. *Science* **306**, 482.

Halligan, D.L. and Keightley, P.D. 2006. Ubiquitous selective constraints in the *Drosophila* genome revealed by a genome-wide interspecies comparison. *Genome Research* **16**, 875.

Hansen, T.F. and Houle, D. 2004. Evolvability, stabilizing selection, and the problem of stasis. In *Phenotypic Integration: Studying the Ecology and Evolution of Complex Phenotypes* (eds. M. Pigliucci and K. Preston), p. 130. Oxford University Press, Oxford, UK.

Hardy, G.H. 1967. *A Mathematician's Apology.* Cambridge University Press, Cambridge, UK.（G・H・ハーディ『一数学者の弁明』柳生孝昭訳、みすず書房）

Hartl, D.L. and Clark, A.G. 2007. *Principles of Population Genetics.* Sinauer Associates, Sunderland, MA.

Hartleb, D., Jarre, F. and Lercher, M.J. 2016. Improved metabolic models for *E. coli* and *Mycoplasma genitalium* from GlobalFit, an algorithm that simultaneously matches growth and nongrowth data sets. *PLOS Computational Biology* **12**, e1005036.

Haslam, M. 2013. 'Captivity bias' in animal tool use and its implications for the evolution of hominin technology. *Philosophical Transactions of the Royal Society B: Biological Sciences* **368**.

Haslam, M., Luncz, L.V., Staff, R.A. et al. 2016. Pre-Columbian monkey tools. *Current Biology* **26**, R521.

Hauser, M.D., Chomsky, N. and Fitch, W.T. 2002. The faculty of language: What is it, who has it, and how did it evolve? *Science* **298**, 1569.

Hausman, C. and Kellogg, R. 2015. Welfare and distributional implications of shale gas (Working Paper No. 21115). National Bureau of Economic Research.

Heard, S.B. and Hauser, D.L. 1995. Key evolutionary innovations and their ecological mechanisms. *Historical Biology* **10**, 151.

Hendrickson, H., Slechta, E.S., Bergthorsson, U. et al. 2002. Amplification-mutagenesis: Evidence that "directed" adaptive mutation and general hypermutability result from growth with a selected gene amplification. *Proceedings of the National Academy of Sciences* **99**, 2164.

Hiratsuka, T., Furihata, K., Ishikawa, J. et al. 2008. An alternative menaquinone biosynthetic pathway operating in microorganisms. *Science* **321**, 1670.

Hlouchova, K., Rudolph, J., Pietari, J.M.H. et al. 2012. Pentachlorophenol hydroxylase, a poorly functioning enzyme required for degradation of pentachlorophenol by *Sphingobium chlorophenolicum*. *Biochemistry* **51**, 3848.

Ho, S.Y. and Duchêne, S. 2014. Molecular-clock methods for estimating evolutionary rates and timescales. *Molecular Ecology* **23**, 5947.

Hokin, M.R. and Hokin, L.E. 1953. Enzyme secretion and the incorporation of P-32 into phospholipides of pancreas slices. *Journal of Biological Chemistry* **203**, 967.

Hosler, D., Burkett, S.L. and Tarkanian, M.J. 1999. Prehistoric polymers: Rubber processing in ancient Mesoamerica. *Science* **284**, 1988.

Howard, S.R., Avarguès-Weber, A., Garcia, J.E. et al. 2018. Numerical ordering of zero in honey bees. *Science* **360**, 1124.

Hoyle, F. 1950. *The Nature of the Universe*. Basil Blackwell, Oxford, UK.（フレッド・ホイル『宇宙の本質』鈴木敬信訳、法政大学出版局）

Huang, H., Pandya, C., Liu, C. et al. 2015. Panoramic view of a superfamily of phosphatases through substrate profiling. *Proceedings of the National Academy of Sciences of the United States of America* **112**, E1974.

Huang, R.Q., O'Donnell, A.J., Barboline, J.J. et al. 2016. Convergent evolution of caffeine in plants by co-option of exapted ancestral enzymes. *Proceedings of the National Academy of Sciences of the United States of America* **113**, 10613.

Huffman, M.A. 2003. Animal self-medication and ethno-medicine: Exploration and exploitation of the medicinal properties of plants. *Proceedings of the Nutrition Society* **62**, 371.

Huffman, M.A., Nahallage, C.A.D. and Leca, J.B. 2008. Cultured monkeys: Social learning cast in stones. *Current Directions in Psychological Science* **17**, 410.

Hughes, C. and Eastwood, R. 2006. Island radiation on a continental scale: Exceptional rates of plant diversification after uplift of the Andes. *Proceedings of the National Academy of Sciences of the United States of America* **103**, 10334.

Hume, D. 1740. *An Abstract of a Book lately Published; entituled, A Treatise of Human Nature &c. Wherein the Chief Argument of that Book is farther Illustrated and Explained*. C. Borbet, London.

Hunt, G. 2007. The relative importance of directional change, random walks, and stasis in the evolution of fossil lineages. *Proceedings of the National Academy of Sciences of the United States of America* **104**, 18404.

Hunt, G., Bell, M.A. and Travis, M.P. 2008. Evolution toward a new adaptive optimum: Phenotypic evolution in a fossil stickleback lineage. *Evolution* **62**, 700.

Hunt, G., Hopkins, M.J. and Lidgard, S. 2015. Simple versus complex models of trait evolution and stasis as a response to environmental change. *Proceedings of the National Academy of Sciences* **112**, 4885.

Hunt, G. and Rabosky, D.L. 2014. Phenotypic evolution in fossil species: Pattern and process. *Annual Review of Earth and Planetary Sciences* **42**, 421.

Hunt, G.R. and Gray, R.D. 2003. Diversification and cumulative evolution in New Caledonian crow tool manufacture. *Proceedings of the Royal Society B: Biological Sciences* **270**, 867.

Hunt, G.R. and Gray, R.D. 2004. The crafting of hook tools by wild New Caledonian crows. *Proceedings of the Royal Society B: Biological Sciences* **271**, S88.

Hunter, J.P. and Jernvall, J. 1995. The hypocone as a key innovation in mammalian evolution. *Proceedings of the National Academy of Sciences of the United States of America* **92**, 10718.

Inderjit. 2012. Exotic plant invasion in the context of plant defense against herbivores. *Plant Physiology* **158**, 1107.

Iyer, M.K., Niknafs, Y.S., Malik, R. et al. 2015. The landscape of long noncoding RNAs in the human transcriptome. *Nature Genetics* **47**, 199.

Jablonski, D. 2017. Approaches to macroevolution: 1. General concepts and origin of variation. *Evolutionary Biology* **44**, 427.

Jacob, F. 1977. Evolution and tinkering. *Science* **196**, 1161.

Ji, Q., Luo, Z.X., Yuan, C.X. et al. 2006. A swimming mammaliaform from the Middle Jurassic and ecomorphological diversification of early mammals. *Science* **311**, 1123.

Ji, Q., Luo, Z.X., Yuan, C.X. et al. 2002. The earliest known eutherian mammal. *Nature* **416**, 816.

Judson, O.P. 2017. The energy expansions of evolution. *Nature Ecology & Evolution* **1**, 1-9.

Kandel, E.R., Schwartz, J.H., Jessell, T.M. et al. 2013. *Principles of Neural Science.* McGraw Hill, New York, NY.（Eric R. Kandel、John D. Koester、Sarah H. Mack、Steven A. Siegelbaum『カンデル神経科学　第 2 版』宮下保司監修、岡野栄之・神谷之康・合田裕紀子・加藤総夫・藤田一郎・伊佐正・定藤規弘・大隅典子・井ノ口馨・笠井清登監訳、メディカル・サイエンス・インターナショナル）

Kanehisa, M., Furumichi, M., Tanabe, M. et al. 2016. KEGG: New perspectives on genomes, pathways, diseases and drugs. *Nucleic Acids Research* **45**, D353.

Kardos, N. and Demain, A.L. 2011. Penicillin: The medicine with the greatest impact on therapeutic outcomes. *Applied Microbiology and Biotechnology* **92**, 677.

Karve, S. and Wagner, A. 2022a. Multiple novel traits without immediate benefits originate in bacteria evolving on single antibiotics. *Molecular Biology and Evolution* **39**, msab341.

Karve, S. and Wagner, A. 2022b. Environmental complexity is more important than mutation in driving the evolution of latent novel traits in *E. coli*. *Nature Communications* (in press).

Kawai, J. 1965. Newly-acquired pre-cultural behavior of the natural troop of Japanese monkeys on Koshima islet. *Primates* **6**, 1.

Ke, Q., Ferrara, E., Radicchi, F. et al. 2015. Defining and identifying Sleeping Beauties in science. *Proceedings of the National Academy of Sciences of the United States of America* **112**, 7426.

Kellis, M., Birren, B.W. and Lander, E.S. 2004. Proof and evolutionary analysis of ancient genome duplication in the yeast *Saccharomyces cerevisiae*. *Nature* **428**, 617.

Kellis, M., Patterson, N., Endrizzi, M. et al. 2003. Sequencing and comparison of yeast species to identify genes and regulatory elements. *Nature* **423**, 241.

Kenward, B., Schloegl, C., Rutz, C. et al. 2011. On the evolutionary and ontogenetic origins of tool-oriented behaviour in New Caledonian crows (*Corvus moneduloides*). *Biological Journal of the Linnean Society* **102**, 870.

Khalturin, K., Hemmrich, G., Fraune, S. et al. 2009. More than just orphans: Are taxonomically-restricted genes important in evolution? *Trends in Genetics* **25**, 404.

Khersonsky, O. and Tawfik, D.S. 2010. Enzyme promiscuity: A mechanistic and evolutionary perspective. *Annual Review of Biochemistry* **79**, 471.

Kilgour, F.G. 1963. Vitruvius and the early history of wave theory. *Technology and Culture* **4**, 282.

Kim, K.M., Qin, T., Jiang, Y.-Y. et al. 2012. Protein domain structure uncovers the origin of aerobic metabolism and the rise of planetary oxygen. *Structure* **20**, 67.

Kimura, F., Sato, M. and Kato-Noguchi, H. 2015. Allelopathy of pine litter: Delivery of allelopathic substances into forest floor. *Journal of Plant Biology* **58**, 61.

Knoll, A.H. 2011. The multiple origins of complex multicellularity. In *Annual Review of Earth and Planetary Sciences, Vol. 39* (eds. R. Jeanloz and K.H. Freeman), p. 217.

Knopp, M., Gudmundsdottir, J.S., Nilsson, T. et al. 2019. *De novo* emergence of peptides that confer antibiotic resistance. *MBio* **10**, e00837.

Kocher, T.D. 2004. Adaptive evolution and explosive speciation: The cichlid fish model. *Nature Reviews Genetics* **5**, 288.

Koehn, E.M., Fleischmann, T., Conrad, J.A. et al. 2009. An unusual mechanism of thymidylate biosynthesis in organisms containing the thyX gene. *Nature* **458**, 919.

Koestler, A. 1964. *The Act of Creation. A study of the conscious and unconscious processes of humor, scientific discovery and art.* Macmillan, New York, NY.

Koops, K., McGrew, W.C. and Matsuzawa, T. 2013. Ecology of culture: Do environmental factors influence foraging tool use in wild chimpanzees, *Pan troglodytes verus*? *Animal Behaviour* **85**, 175.

Koops, K., Visalberghi, E. and van Schaik, C.P. 2014. The ecology of primate material culture. *Biology Letters* **10**, 20140508.

Koschwanez, J.H., Foster, K.R. and Murray, A.W. 2013. Improved use of a public good selects for the evolution of undifferentiated multicellularity. *eLife* **2**, e00367.

Kottler, M.J. 1979. Hugo de Vries and the rediscovery of Mendel's laws. *Annals of Science* **36**, 517.

Kröger, B. and Penny, A. 2020. Skeletal marine animal biodiversity is built by families with long macroevolutionary lag times. *Nature Ecology & Evolution* **4**, 1410.

Krützen, M., Mann, J., Heithaus, M.R. et al. 2005. Cultural transmission of tool use in bottlenose dolphins. *Proceedings of the National Academy of Sciences of the United States of America* **102**, 8939.

Kutter, C., Watt, S., Stefflova, K. et al. 2012. Rapid turnover of long noncoding RNAs and the evolution of gene expression. *PLOS Genetics* **8**.

Kutter, E.F., Bostroem, J., Elger, C.E. et al. 2018. Single neurons in the human brain encode numbers. *Neuron* **100**, 753.

Ladoukakis, E., Pereira, V., Magny, E.G. et al. 2011. Hundreds of putatively functional small open reading frames in *Drosophila*. *Genome Biology* **12**, R118.

Lakoff, G. 1993. The contemporary theory of metaphor. In *Metaphor and Thought* (ed. A. Ortony). Cambridge University Press, New York, NY.

Lakoff, G. and Johnson, M. 1980. *Metaphors We Live By*. University of Chicago Press, Chicago, IL.（G・レイコフ、M・ジョンソン『レトリックと人生』渡部昇一・楠瀬淳三・下谷和幸訳、大修館書店）

Lamb, J. 2001. *Preserving the Self in the South Seas, 1680-1840*. The University of Chicago Press, Chicago, IL.

Lane, N. and Martin, W. 2010. The energetics of genome complexity. *Nature* **467**, 929.

Lang, G.I., Rice, D.P., Hickman, M.J. et al. 2013. Pervasive genetic hitchhiking and clonal interference in forty evolving yeast populations. *Nature* **500**, 571.

Larson, G., Piperno, D.R., Allaby, R.G. et al. 2014. Current perspectives and the future of domestication studies. *Proceedings of the National Academy of Sciences of the United States of America* **111**, 6139.

Larsson, H.C.E., Hone, D.W., Dececchi, T.A. et al. 2010. The winged non-avian dinosaur *Microraptor* fed on mammals: Implications for the Jehol Biota ecosystem. *Journal of Vertebrate Paleontology* **30**, 114A.

Law, R. 1980. Wheeled transport in pre-colonial West Africa. *Africa* **50**, 249.

Leigh, M.B., Prouzova, P., Mackova, M. et al. 2006. Polychlorinated biphenyl (PCB)-degrading bacteria associated with trees in a PCB-contaminated site. *Applied and Environmental Microbiology* **72**, 2331.

Lenski, R.E. 2017. Experimental evolution and the dynamics of adaptation and genome evolution in microbial populations. *ISME Journal* **11**, 2181.

Lenski, R.E. and Mittler, J.E. 1993. The directed mutation controversy and neo-Darwinism. *Science* **259**, 188.

Leon, D., D'Alton, S., Quandt, E.M. et al. 2018. Innovation in an *E. coli* evolution experiment is contingent on maintaining adaptive potential until competition subsides. *PLOS Genetics* **14**, e1007348.

Levine, M.T., Jones, C.D., Kern, A.D. et al. 2006. Novel genes derived from noncoding DNA in *Drosophila melanogaster* are frequently X-linked and exhibit testis-biased expression. *Proceedings of the National Academy of Sciences of the United States of America* **103**, 9935.

Lewis, M.J.T. 1994. The origins of the wheelbarrow. *Technology and Culture* **35**, 453.

Li, J. and Shi, D. 2016. Sleeping beauties in genius work: When were they awakened? *Journal of the Association for Information Science and Technology* **67**, 432.

Libby, E., Hébert-Dufresne, L., Hosseini, S.-R. et al. 2019. Syntrophy emerges spontaneously in complex metabolic systems. *PLOS Computational Biology* **15**, e1007169.

Liem, K.F. 1973. Evolutionary strategies and morphological innovations - cichlid pharyngeal jaws. *Systematic Zoology* **22**, 425.

Lohr, S. 20 March 2007. John W. Backus, 82, Fortran developer, dies. *The New York Times.*

Losos, J.B. 2017. *Improbable Destinies. How Predictable is Evolution?* Riverhead Books, New York, NY.（ジョナサン・B・ロソス『生命の歴史は繰り返すのか？――進化の偶然と必然のナゾに実験で挑む』的場知之訳、化学同人）

Losos, J.B. and Mahler, D.L. 2010. Adaptive radiation: The interaction of ecological opportunity, adaptation, and speciation. In *Evolution Since Darwin: The First 150 Years* (eds. M.A. Bell, D.J. Futuyma, W.F. Eanes and J.S. Levinton), p. 381. Sinauer Associates, Sunderland, MA.

Luo, Z.-X. and Wible, J.R. 2005. A Late Jurassic digging mammal and early mammalian diversification. *Science* **308**, 103.

Luo, Z.-X., Yuan, C.-X., Meng, Q.-J. et al. 2011. A Jurassic eutherian mammal and divergence of marsupials and placentals. *Nature* **476**, 442.

Luo, Z.X. 2007. Transformation and diversification in early mammal evolution. *Nature* **450**, 1011.

Lynch, M. 2007. *The Origins of Genome Architecture.* Sinauer, Sunderland, MA.

Lynch, M. and Conery, J.S. 2000. The evolutionary fate and consequences of duplicate genes. *Science* **290**, 1151.

Lynch, M. and Marinov, G.K. 2015. The bioenergetic costs of a gene. *Proceedings of the National Academy of Sciences of the United States of America* **112**, 15690.

Lynch, M. and Walsh, B. 1998. *Genetics and Analysis of Quantitative Traits.* Sinauer, Sunderland, MA.

Lyons, N.A. and Kolter, R. 2015. On the evolution of bacterial multicellularity. *Current Opinion in Microbiology* **24**, 21.

Maan, M.E. and Sefc, K.M. 2013. Colour variation in cichlid fish: Developmental mechanisms, selective pressures and evolutionary consequences. *Seminars in Cell & Developmental Biology* **24**, 516.

MacFadden, B.J. 2005. Fossil horses - Evidence for evolution. *Science* **307**, 1728.

Mann, J. and Patterson, E.M. 2013. Tool use by aquatic animals. *Philosophical Transactions of the Royal Society B: Biological Sciences* **368**, 20120424.

Mann, J., Sargeant, B.L., Watson-Capps, J.J. et al. 2008. Why do Dolphins carry sponges? *PLOS One* **3**.

Marche, S. 25 July 2015. Failure is our muse. *The New York Times.*

Martin, S. and Drijfhout, F. 2009. A review of ant cuticular hydrocarbons. *Journal of Chemical Ecology* **35**, 1151.

Martins, J., Teles, L.O. and Vasconcelos, V. 2007. Assays with *Daphnia magna* and *Danio rerio* as alert systems in aquatic toxicology. *Environment International* **33**, 414.

Mazzocco, M.M.M., Feigenson, L. and Halberda, J. 2011. Impaired acuity of the approximate number system underlies mathematical learning disability (dyscalculia). *Child Development* **82**, 1224.

McGee, M.D., Borstein, S.R., Neches, R.Y. et al. 2015. A pharyngeal jaw evolutionary innovation facilitated extinction in Lake Victoria cichlids. *Science* **350**, 1077.

McGrew, W.C., Ham, R.M., White, L.J.T. et al. 1997. Why don't chimpanzees in Gabon crack nuts? *International Journal of Primatology* **18**, 353.

McKay, C. 1999. The Bach reception in the 18th and 19th centuries. http://www.music.mcgill.ca/~cmckay/

McKinnon, J.S. and Rundle, H.D. 2002. Speciation in nature: The threespine stickleback model systems. *Trends in Ecology & Evolution* **17**, 480.

McLysaght, A. and Guerzoni, D. 2015. New genes from non-coding sequence: The role of *de novo* protein-coding genes in eukaryotic evolutionary innovation. *Philosophical Transactions of the Royal Society B: Biological Sciences* **370**, 20140332.

Meader, S., Ponting, C.P. and Lunter, G. 2010. Massive turnover of functional sequence in

human and other mammalian genomes. *Genome Research* **20**, 1335.

Meier, J.I., Marques, D.A., Mwaiko, S. et al. 2017. Ancient hybridization fuels rapid cichlid fish adaptive radiations. *Nature Communications* **8**, 1-11.

Meijnen, J.P., de Winde, J.H. and Ruijssenaars, H.J. 2008. Engineering *Pseudomonas putida* S12 for efficient utilization of D-xylose and L-arabinose. *Applied and Environmental Microbiology* **74**, 5031.

Mendel, G. 1866. Versuche über Pflanzen-Hybriden. *Verhandlungen des Naturforschenden Vereins Brünn* **4**, 3.

Meng, J., Hu, Y.M., Wang, Y.Q. et al. 2006. A mesozoic gliding mammal from northeastern China. *Nature* **444**, 889.

Mercader, J., Barton, H., Gillespie, J. et al. 2007. 4,300-year-old chimpanzee sites and the origins of percussive stone technology. *Proceedings of the National Academy of Sciences* **104**, 3043.

Merton, R.K. 1961. Singletons and multiples in scientific discovery: A chapter in the sociology of science. *Proceedings of the American Philosophical Society* **105**, 470.

Miller, S. 1953. A production of amino acids under possible primitive Earth conditions. *Science* **117**, 528.

Miller, S.L. 1998. The endogenous synthesis of organic compounds. In *The Molecular Origins of Life: Assembling Pieces of the Puzzle* (ed. A. Brack), p. 59. Cambridge University Press, Cambridge, UK.

Mills, D.B. and Canfield, D.E. 2014. Oxygen and animal evolution: Did a rise of atmospheric oxygen "trigger" the origin of animals? *Bioessays* **36**, 1145.

Mithofer, A. and Boland, W. 2012. Plant defense against herbivores: Chemical aspects. *Annual Review of Plant Biology* **63**, 431.

Mitter, C., Farrell, B. and Wiegmann, B. 1988. The phylogenetic study of adaptive zones - has phytophagy promoted insect diversification? *The American Naturalist* **132**, 107.

Mizutani, M. and Sato, F. 2011. Unusual P450 reactions in plant secondary metabolism. *Archives of Biochemistry and Biophysics* **507**, 194.

Mooney, C. 2011. The truth about fracking. *Scientific American* **305**, 80.

Moreau, C.S., Bell, C.D., Vila, R. et al. 2006. Phylogeny of the ants: Diversification in the age of angiosperms. *Science* **312**, 101.

Morris, B.E., Henneberger, R., Huber, H. et al. 2013. Microbial syntrophy: Interaction for the common good. *FEMS Microbiology Reviews* **37**, 384.

Morton, M.Q. 2013. Unlocking the Earth: A short history of hydraulic fracturing. *GEO Expro* **10**.

Moser, E.I., Moser, M.-B. and Roudi, Y. 2014. Network mechanisms of grid cells. *Philosophical*

*Transactions of the Royal Society B: Biological Sciences* **369**, 20120511.

Mosteller, F. 1981. Innovation and evaluation. *Science* **211**, 881.

Moyers, B.A. and Zhang, J.Z. 2018. Toward reducing phylostratigraphic errors and biases. *Genome Biology and Evolution* **10**, 2037.

Muller, T.A., Werlen, C., Spain, J. et al. 2003. Evolution of a chlorobenzene degradative pathway among bacteria in a contaminated groundwater mediated by a genomic island in Ralstonia. *Environmental Microbiology* **5**, 163.

Mulpuru, S.K., Madhavan, M., McLeod, C.J. et al. 2017. Cardiac pacemakers: Function, troubleshooting, and management: part 1 of a 2-part series. *Journal of the American College of Cardiology* **69**, 189.

Murakami, S., Nakashima, R., Yamashita, E. et al. 2002. Crystal structure of bacterial multidrug efflux transporter AcrB. *Nature* **419**, 587.

Murray, C.J., Ikuta, K.S., Sharara, F. et al. 2022. Global burden of bacterial antimicrobial resistance in 2019: A systematic analysis. *The Lancet* **399**, 629.

Nam, H., Lewis, N.E., Lerman, J.A. et al. 2012. Network context and selection in the evolution to enzyme specificity. *Science* **337**, 1101.

Nasr, K., Viswanathan, P. and Nieder, A. 2019. Number detectors spontaneously emerge in a deep neural network designed for visual object recognition. *Science Advances* **5**, eaav7903.

Near, T.J., Dornburg, A., Kuhn, K.L. et al. 2012. Ancient climate change, antifreeze, and the evolutionary diversification of Antarctic fishes. *Proceedings of the National Academy of Sciences of the United States of America* **109**, 3434.

Nelson, G. 1993. A brief history of cardiac pacing. *Texas Heart Institute Journal* **20**, 12.

Neme, R. and Tautz, D. 2016. Fast turnover of genome transcription across evolutionary time exposes entire non-coding DNA to *de novo* gene emergence. *eLife* **5**, e09977.

Neslen, A. 10 August 2017. Monsanto sold banned chemicals for years despite known health risks, archives reveal. *The Guardian.*

Nieder, A. 2016. Representing something out of nothing: The dawning of zero. *Trends in Cognitive Sciences* **20**, 830.

Nieder, A. 2017. Number faculty is rooted in our biological heritage. *Trends in Cognitive Sciences* **21**, 403.

Nieder, A. 2018a. Evolution of cognitive and neural solutions enabling numerosity judgements: Lessons from primates and corvids. *Philosophical Transactions of the Royal Society B: Biological Sciences* **373**.

Nieder, A. 2018b. Honey bees zero in on the empty set. *Science* **360**, 1069.

Nieder, A. and Dehaene, S. 2009. Representation of Number in the Brain. *Annual Review of Neuroscience* **32**, 185.

Nishiwaki, M. 1950. On the body weight of whales. http://www.icrwhale.org/pdf/SC004184-209.pdf

Nohynek, L.J., Suhonen, E.L., Nurmiaho-Lassila, E.L. et al. 1996. Description of four pentachlorophenol-degrading bacterial strains as *Sphingomonas chlorophenolica* sp nov. *Systematic and Applied Microbiology* **18**, 527.

Norell, M.A., Clark, J.M., Chiappe, L.M. et al. 1995. A nesting dinosaur. *Nature* **378**, 774.

Notebaart, R.A., Szappanos, B., Kintses, B. et al. 2014. Network-level architecture and the evolutionary potential of underground metabolism. *Proceedings of the National Academy of Sciences of the United States of America* **111**, 11762.

Nuñez, R.E. 2017. Is there really an evolved capacity for number? *Trends in Cognitive Sciences* **21**, 409.

Nutman, A.P., Bennett, V.C., Friend, C.R.L. et al. 2016. Rapid emergence of life shown by discovery of 3,700-million-year-old microbial structures. *Nature* **537**, 535.

O'Bleness, M., Searles, V.B., Varki, A. et al. 2012. Evolution of genetic and genomic features unique to the human lineage. *Nature Reviews Genetics* **13**, 853.

O'Maille, P.E., Malone, A., Dellas, N. et al. 2008. Quantitative exploration of the catalytic landscape separating divergent plant sesquiterpene synthases. *Nature Chemical Biology* **4**, 617.

Ogburn, W.F. and Thomas, D. 1922. Are inventions inevitable? A note on social evolution. *Political Science Quarterly* **37**, 83.

Ohba, N. and Nakao, K. 2012. Sleeping beauties in ophthalmology. *Scientometrics* **93**, 253.

Ohno, S. 1970. *Evolution by Gene Duplication.* Springer, New York, NY.（S・オオノ『遺伝子重複による進化』山岸秀夫・梁永弘訳、岩波書店）

Olszewski, K.L., Mather, M.W., Morrisey, J.M. et al. 2010. Branched tricarboxylic acid metabolism in *Plasmodium falciparum. Nature* **466**, 774.

Ossowski, S., Schneeberger, K., Lucas-Lledó, J.I. et al. 2010. The rate and molecular spectrum of spontaneous mutations in *Arabidopsis thaliana. Science* **327**, 92.

Ottoni, E.B. and Izar, P. 2008. Capuchin monkey tool use: Overview and implications. *Evolutionary Anthropology* **17**, 171.

Palmieri, N., Kosiol, C. and Schlotterer, C. 2014. The life cycle of *Drosophila* orphan genes. *eLife* **3**, e01311.

Panteleeva, S., Reznikova, Z. and Vygonyailova, O. 2013. Quantity judgments in the context of risk/reward decision making in striped field mice: First 'count', then hunt. *Frontiers in Psychology* **4**, 53.

Paterson, J.R., Garcia-Bellido, D.C., Lee, M.S.Y. et al. 2011. Acute vision in the giant Cambrian predator *Anomalocaris* and the origin of compound eyes. *Nature* **480**, 237.

Pecoits, E., Smith, M.L., Catling, D.C. et al. 2015. Atmospheric hydrogen peroxide and Eoarchean iron formations. *Geobiology* **13**, 1.

Phillips, M.A., Long, A.D., Greenspan, Z.S. et al. 2016. Genome-wide analysis of long-term evolutionary domestication in *Drosophila melanogaster. Scientific Reports* **6**, 39281.

Piantadosi, S.T. and Cantlon, J.F. 2017. True numerical cognition in the wild. *Psychological Science* **28**, 462.

Piatigorsky, J. 1998. Gene sharing in lens and cornea: Facts and implications. *Progress in Retinal and Eye Research* **17**, 145.

Piatigorsky, J. and Wistow, G.J. 1989. Enzyme crystallins: Gene sharing as an evolutionary strategy. *Cell* **57**, 197.

Pica, P., Lemer, C., Izard, W. et al. 2004. Exact and approximate arithmetic in an Amazonian indigene group. *Science* **306**, 499.

Pickrell, J. 2019. How the earliest mammals thrived alongside dinosaurs. *Nature* **574**, 468.

Pinker, S. 2007. *The Stuff of Thought: Language as a Window into Human Nature.* Penguin, London, UK.（スティーブン・ピンカー『思考する言語――「ことばの意味」から人間性に迫る（上・中・下）』幾島幸子・桜内篤子訳、NHKブックス）

Pinker, S. and Jackendoff, R. 2005. The faculty of language: What's special about it? *Cognition* **95**, 201.

Pinzone, P., Potts, D., Pettibone, G. et al. 2018. Do novel weapons that degrade mycorrhizal mutualisms promote species invasion? *Plant Ecology* **219**, 539.

Piperno, D.R. and Sues, H.D. 2005. Dinosaurs dined on grass. *Science* **310**, 1126.

Poolman, E.M. and Galvani, A.P. 2007. Evaluating candidate agents of selective pressure for cystic fibrosis. *Journal of the Royal Society Interface* **4**, 91.

Porter, S. 2011. The rise of predators. *Geology* **39**, 607.

Powner, M.W., Gerland, B. and Sutherland, J.D. 2009. Synthesis of activated pyrimidine ribonucleotides in prebiotically plausible conditions. *Nature* **459**, 239.

Prasad, V., Stromberg, C.A.E., Alimohammadian, H. et al. 2005. Dinosaur coprolites and the early evolution of grasses and grazers. *Science* **310**, 1177.

Pritchard, D. 1989. *The Radar War: Germany's Pioneering Achievement, 1904-45.* Patrick Stephens Limited, Sparkford, UK.

Puchner, M. 2017. *The Written World: The Power of Stories to Shape People, History, Civilization.* Random House, New York, NY.（マーティン・プフナー『物語創世――聖書から〈ハリー・ポッター〉まで、文学の偉大なる力』塩原通緒・田沢恭子訳、早川書房）

Purnomo, A.S., Mori, T., Kamei, I. et al. 2011. Basic studies and applications on bioremediation of DDT: A review. *International Biodeterioration & Biodegradation* **65**, 921.

Quinn, D.M. 1987. Acetylcholinesterase: Enzyme structure, reaction dynamics, and virtual

transition states. *Chemical Reviews* **87**, 955.

Raguso, R.A. 2008. Wake up and smell the roses: The ecology and evolution of floral scent. *Annual Review of Ecology, Evolution, and Systematics* **39**, 549.

Rajakumar, K. 2001. Infantile scurvy: A historical perspective. *Pediatrics* **108**, e76.

Ramakrishnan, V. 2019. *Gene Machine.* Basic Books, New York, NY.

Ratcliff, W.C., Denison, R.F., Borrello, M. et al. 2012. Experimental evolution of multicellularity. *Proceedings of the National Academy of Sciences of the United States of America* **109**, 1595.

Ratcliff, W.C., Fankhauser, J.D., Rogers, D.W. et al. 2015. Origins of multicellular evolvability in snowflake yeast. *Nature Communications* **6**, 1.

Ratcliff, W.C., Herron, M.D., Howell, K. et al. 2013. Experimental evolution of an alternating uni- and multicellular life cycle in *Chlamydomonas reinhardtii. Nature Communications* **4**, 1.

Reader, S.M. and Laland, K.N. 2003. *Animal Innovation.* Oxford University Press, Oxford, UK.

Redner, S. 2005. Citation statistics from 110 years of *Physical Review. Physics Today* **58**, 49.

Regnier, F.E. and Law, J.H. 1968. Insect pheromones. *Journal of Lipid Research* **9**, 541.

Reinhard, C.T., Planavsky, N.J., Olson, S.L. et al. 2016. Earth's oxygen cycle and the evolution of animal life. *Proceedings of the National Academy of Sciences of the United States of America* **113**, 8933.

Reinhardt, J.A., Wanjiru, B.M., Brant, A.T. et al. 2013. *De novo* ORFs in *Drosophila* are important to organismal fitness and evolved rapidly from previously non-coding sequences. *PLOS Genetics* **9**.

Rendic, S. and DiCarlo, F.J. 1997. Human cytochrome P450 enzymes: A status report summarizing their reactions, substrates, inducers, and inhibitors. *Drug Metabolism Reviews* **29**, 413.

Richardson, D.M. and Pyšek, P. 2006. Plant invasions: Merging the concepts of species invasiveness and community invasibility. *Progress in Physical Geography* **30**, 409.

Richardson, D.M., Williams, P.A. and Hobbs, R.J. 1994. Pine invasions in the southern hemisphere - determinants of spread and invadability. *Journal of Biogeography* **21**, 511.

Robinson, D.A., Kearns, A.M., Holmes, A. et al. 2005. Re-emergence of early pandemic *Staphylococcus aureus* as a community-acquired meticillin-resistant clone. *The Lancet* **365**, 1256.

Rodrigues, J.F.M. and Wagner, A. 2009. Evolutionary plasticity and innovations in complex metabolic reaction networks. *PLOS Computational Biology* **5**.

Rogers, J. and Gibbs, R.A. 2014. Comparative primate genomics: Emerging patterns of genome content and dynamics. *Nature Reviews Genetics* **15**, 347.

Rolls, E.T. 2000. Functions of the primate temporal lobe cortical visual areas in invariant visual object and face recognition. *Neuron* **27**, 205.

Rolls, E.T. 2012. Invariant visual object and face recognition: Neural and computational bases, and a model, VisNet. *Frontiers in Computational Neuroscience* **6**, 35.

Root-Bernstein, R.S. and Root-Bernstein, M. 1999. *Sparks of Genius: The 13 Thinking Tools of the World's Most Creative People.* Houghton Mifflin, Boston, MA.（ロバート・ルートバーンスタイン、ミシェル・ルートバーンスタイン『天才のひらめき――世界で最も創造的な人びとによる13の思考ツール』不破章雄・萩野茂雄監訳、早稲田大学出版部）

Rose, G.J. 2018. The numerical abilities of anurans and their neural correlates: Insights from neuroethological studies of acoustic communication. *Philosophical Transactions of the Royal Society B: Biological Sciences* **373**.

Rosing, M.T. 1999. C-13-depleted carbon microparticles in >3700-Ma sea-floor sedimentary rocks from west Greenland. *Science* **283**, 674.

Ruiz-Orera, J., Hernandez-Rodriguez, J., Chiva, C. et al. 2015. Origins of *de novo* genes in human and chimpanzee. *PLOS Genetics* **11**.

Ruiz-Orera, J., Verdaguer-Grau, P., Villanueva-Canas, J.L. et al. 2018. Translation of neutrally evolving peptides provides a basis for *de novo* gene evolution. *Nature Ecology & Evolution* **2**, 890.

Sage, R.F. 2004. The evolution of C-4 photosynthesis. *New Phytologist* **161**, 341.

Sahoo, S.K., Planavsky, N.J., Jiang, G. et al. 2016. Oceanic oxygenation events in the anoxic Ediacaran ocean. *Geobiology* **14**, 457.

Samal, A., Rodrigues, J.F.M., Jost, J. et al. 2010. Genotype networks in metabolic reaction spaces. *BMC Systems Biology* **4**, 1.

Sanz, C.M. and Morgan, D.B. 2013. Ecological and social correlates of chimpanzee tool use. *Philosophical Transactions of the Royal Society B: Biological Sciences* **368**.

Sargeant, B.L., Wirsing, A.J., Heithaus, M.R. et al. 2007. Can environmental heterogeneity explain individual foraging variation in wild bottlenose dolphins (Tursiops sp.)? *Behavioral Ecology and Sociobiology* **61**, 679.

Scally, A. 2016. The mutation rate in human evolution and demographic inference. *Current Opinion in Genetics & Development* **41**, 36.

Schirrmeister, B.E., Antonelli, A. and Bagheri, H.C. 2011. The origin of multicellularity in cyanobacteria. *BMC Evolutionary Biology* **11**, 1.

Schirrmeister, B.E., de Vos, J.M., Antonelli, A. et al. 2013. Evolution of multicellularity coincided with increased diversification of cyanobacteria and the Great Oxidation Event. *Proceedings of the National Academy of Sciences of the United States of America* **110**, 1791.

Schmitt-Kopplin, P., Gabelica, Z., Gougeon, R.D. et al. 2010. High molecular diversity of extraterrestrial organic matter in Murchison meteorite revealed 40 years after its fall. *Proceedings of the National Academy of Sciences of the United States of America* **107**, 2763.

Schmitz, J.F., Ullrich, K.K. and Bornberg-Bauer, E. 2018. Incipient *de novo* genes can evolve from frozen accidents that escaped rapid transcript turnover. *Nature Ecology & Evolution* **2**, 1626.

Scholz, S.S., Reichelt, M., Mekonnen, D.W. et al. 2015. Insect herbivory-elicited GABA accumulation in plants is a wound-induced, direct, systemic, and jasmonate-independent defense response. *Frontiers in Plant Science* **6**.

Schuler, M.A. and Werck-Reichhart, D. 2003. Functional genomics of P450s. *Annual Review of Plant Biology* **54**, 629.

Schumayer, D. and Hutchinson, D.A. 2011. Colloquium: Physics of the Riemann hypothesis. *Reviews of Modern Physics* **83**, 307.

Schwab, I.R. 2012. *Evolution's Witness. How Eyes Evolved.* Oxford University Press, New York, NY.

Seehausen, O. 2006. African cichlid fish: A model system in adaptive radiation research. *Proceedings of the Royal Society B: Biological Sciences* **273**, 1987.

Segre, D., Vitkup, D. and Church, G. 2002. Analysis of optimality in natural and perturbed metabolic networks. *Proceedings of the National Academy of Sciences of the United States of America* **99**, 15112.

Sender, R., Fuchs, S. and Milo, R. 2016. Revised estimates for the number of human and bacteria cells in the body. *PLOS Biology* **14**, e1002533.

Shumaker, R.W., Walkup, K.R. and Beck, B.B. 2011. *Animal Tool Behavior. The use and manufacture of tools by animals.* The Johns Hopkins University Press, Baltimore, MD.

Siblin, E. 2010. *The Cello Suites: JS Bach, Pablo Casals, and the search for a Baroque masterpiece.* House of Anansi, Toronto, Canada.

Simonton, D.K. 1988. *Scientific Genius.* Cambridge University Press, New York, NY.

Simonton, D.K. 1994. *Greatness: Who makes history and why.* The Guilford Press, New York, NY.

Simonton, D.K. 1999a. Creativity as blind variation and selective retention: Is the creative process Darwinian? *Psychological Inquiry* **10**, 309.

Simonton, D.K. 1999b. *Origins of Genius: Darwinian perspectives on creativity.* Oxford University Press, New York, NY.

Sinatra, R., Wang, D., Deville, P. et al. 2016. Quantifying the evolution of individual scientific impact. *Science* **354**, aaf5239.

Skorupski, P., Maboudi, H., Dona, H.S.G. et al. 2018. Counting insects. *Philosophical Transactions of the Royal Society B: Biological Sciences* **373**, 20160513.

Sleep, N.H., Zahnle, K. and Neuhoff, P.S. 2001. Initiation of clement surface conditions on the earliest Earth. *Proceedings of the National Academy of Sciences of the United States of America*

**98**, 3666.
Smirnova, A.A., Lazareva, O.F. and Zorina, Z.A. 2000. Use of number by crows: Investigation by matching and oddity learning. *Journal of the Experimental Analysis of Behavior* **73**, 163.
Soo, V.W.C., Hanson-Manful, P. and Patrick, W.M. 2011. Artificial gene amplification reveals an abundance of promiscuous resistance determinants in *Escherichia coli*. *Proceedings of the National Academy of Sciences of the United States of America* **108**, 1484.
Spagnoletti, N., Visalberghi, E., Verderane, M.P. et al. 2012. Stone tool use in wild bearded capuchin monkeys, *Cebus libidinosus*. Is it a strategy to overcome food scarcity? *Animal Behaviour* **83**, 1285.
Sperling, E.A., Wolock, C.J., Morgan, A.S. et al. 2015. Statistical analysis of iron geochemical data suggests limited late Proterozoic oxygenation. *Nature* **523**, 451.
Sprouffske, K., Aguílar-Rodríguez, J., Sniegowski, P. et al. 2018. High mutation rates limit evolutionary adaptation in *Escherichia coli*. *PLOS Genetics* **14**, e1007324.
Srivastava, M., Begovic, E., Chapman, J. et al. 2008. The *Trichoplax* genome and the nature of placozoans. *Nature* **454**, 955.
Stal, L.J. 2015. Nitrogen fixation in cyanobacteria. In *Encyclopedia of Life Sciences (Online)*. John Wiley & Sons, Chichester.
Stanley, S.M. 2014. Evolutionary radiation of shallow-water *Lucinidae* (Bivalvia with endosymbionts) as a result of the rise of seagrasses and mangroves. *Geology* **42**, 803.
Stepanov, V.G. and Fox, G.E. 2007. Stress-driven in vivo selection of a functional mini-gene from a randomized DNA library expressing combinatorial peptides in *Escherichia coli*. *Molecular Biology and Evolution* **24**, 1480.
Steppuhn, A., Gase, K., Krock, B. et al. 2004. Nicotine's defensive function in nature. *PLOS Biology* **2**, e217.
Stern, N. 1978. Age and achievement in mathematics: A case study in the sociology of science. *Social Studies of Science* **8**, 127.
Stoianov, I. and Zorzi, M. 2012. Emergence of a 'visual number sense' in hierarchical generative models. *Nature Neuroscience* **15**, 194.
Stokstad, E. 2007. Species conservation: Can the bald eagle still soar after it is delisted? *Science* **316**, 1689.
Strandburg-Peshkin, A., Farine, D.R., Couzin, I.D. et al. 2015. Shared decision-making drives collective movement in wild baboons. *Science* **348**, 1358.
Stromberg, C.A.E. 2005. Decoupled taxonomic radiation and ecological expansion of open-habitat grasses in the Cenozoic of North America. *Proceedings of the National Academy of Sciences of the United States of America* **102**, 11980.
Stross, R. 2007. *The Wizard of Menlo Park. How Thomas Alva Edison Invented the Modern*

*World.* Three Rivers Press, New York, NY.

Stroud, J.T. and Losos, J.B. 2016. Ecological opportunity and adaptive radiation. *Annual Review of Ecology, Evolution, and Systematics* **47**, 507.

Studer, R.A., Rodriguez-Mias, R.A., Haas, K.M. et al. 2016. Evolution of protein phosphorylation across 18 fungal species. *Science* **354**, 229.

Supuran, C.T. and Capasso, C. 2017. An overview of the bacterial carbonic anhydrases. *Metabolites* **7**, 56.

Szostak, J.W. 2017. The origin of life on Earth and the design of alternative life forms. *Molecular Frontiers Journal* **1**, 121.

Talmy, L. 1988. Force dynamics in language and cognition. *Cognitive Science* **12**, 49.

Tattersall, I. 2009. Becoming modern *Homo sapiens. Evolution: Education and Outreach* **2**, 584.

Taylor, A.H., Hunt, G.R., Holzhaider, J.C. et al. 2007. Spontaneous metatool use by New Caledonian crows. *Current Biology* **17**, 1504.

Taylor, P. and Radic, Z. 1994. The cholinesterases: From genes to proteins. *Annual Review of Pharmacology and Toxicology* **34**, 281.

Tebbich, S., Taborsky, M., Fessl, B. et al. 2001. Do woodpecker finches acquire tool-use by social learning? *Proceedings of the Royal Society B: Biological Sciences* **268**, 2189.

Tebbich, S., Taborsky, M., Fessl, B. et al. 2002. The ecology of tool-use in the woodpecker finch (*Cactospiza pallida*). *Ecology Letters* **5**, 656.

Tenaillon, O., Rodriguez-Verdugo, A., Gaut, R.L. et al. 2012. The molecular diversity of adaptive convergence. *Science* **335**, 457.

Thatcher, B., Doherty, A., Orvisky, E. et al. 1998. Gustin from human parotid saliva is carbonic anhydrase VI. *Biochemical and Biophysical Research Communications* **250**, 635.

Thatje, S., Hillenbrand, C.D., Mackensen, A. et al. 2008. Life hung by a thread: Endurance of antarctic fauna in glacial periods. *Ecology* **89**, 682.

Theuri, M. 2013. Water hyacinth: Can its aggressive invasion be controlled? *Environmental Development* **7**, 139.

Thompson, D. 2017. *Hit Makers. The Science of Popularity in an Age of Distraction.* Penguin Press, New York, NY.（デレク・トンプソン『ヒットの設計図――ポケモンGOからトランプ現象まで』高橋由紀子訳、早川書房）

Thouless, C.R., Fanshawe, J.H. and Bertram, B.C.R. 1989. Egyptian vultures *Neophron percnopterus* and ostrich *Struthio camelus* eggs: The origins of stone throwing behavior. *Ibis* **131**, 9.

Tocheri, M.W., Orr, C.M., Jacofsky, M.C. et al. 2008. The evolutionary history of the hominin hand since the last common ancestor of *Pan* and *Homo*. *Journal of Anatomy* **212**, 544.

Toll-Riera, M., San Millan, A., Wagner, A. et al. 2016. The genomic basis of evolutionary

innovation in *Pseudomonas aeruginosa. PLOS Genetics* **12**, e1006005.

Tomasello, M. 1999. The human adaptation for culture. *Annual Review of Anthropology* **28**, 509.

Tompa, P. 2012. Intrinsically disordered proteins: A 10-year recap. *Trends in Biochemical Sciences* **37**, 509.

Toth, M., Smith, C., Frase, H. et al. 2010. An antibiotic-resistance enzyme from a deep-sea bacterium. *Journal of the American Chemical Society* **132**, 816.

Tripathi, S., Kloss, P.S. and Mankin, A.S. 1998. Ketolide resistance conferred by short peptides. *Journal of Biological Chemistry* **273**, 20073.

True, J.R. and Carroll, S.B. 2002. Gene co-option in physiological and morphological evolution. *Annual Review of Cell and Developmental Biology* **18**, 53.

Tully, J. 2011. *The Devil's Milk. A Social History of Rubber.* Monthly Review Press, New York, NY.

Turnbull, S. 2003. *Genghis Khan and the Mongol Conquests 1190-1400.* Osprey Publishing, Oxford, UK.

Tyndall, J. 1863. XXXI. Remarks on an article entitled 'Energy' in 'Good words'. *The London, Edinburgh, and Dublin Philosophical Magazine and Journal of Science* **25**, 220.

Uauy, R., Gattas, V. and Yanez, E. 1995. Sweet lupins in human nutrition. In *Plants in Human Nutrition* (ed. A.P. Simopoulos), p. 75. Karger Publishers, Basel, Switzerland.

Ukuwela, K.D.B., de Silva, A., Mumpuni et al. 2013. Molecular evidence that the deadliest sea snake *Enhydrina schistosa* (Elapidae: Hydrophiinae) consists of two convergent species. *Molecular Phylogenetics and Evolution* **66**, 262.

Urayama, A. 1971. Unilateral acute uveitis with retinal periarteritis and detachment. *Rinsho Ganka* (*Japanese Journal of Clinical Ophthalmolology*) **25**, 607.

Van Calster, B. 2012. It takes time: A remarkable example of delayed recognition. *Journal of the American Society for Information Science and Technology* **63**, 2341.

van der Heide, T., Govers, L.L., de Fouw, J. et al. 2012. A three-stage symbiosis forms the foundation of seagrass ecosystems. *Science* **336**, 1432.

Van Raan, A.F. 2004. Sleeping beauties in science. *Scientometrics* **59**, 467.

van Schaik, C.P., Ancrenaz, M., Borgen, G. et al. 2003a. Orangutan cultures and the evolution of material culture. *Science* **299**, 102.

van Schaik, C.P., Fox, E.A. and Fechtman, L.T. 2003b. Individual variation in the rate of use of tree-hole tools among wild orang-utans: Implications for hominin evolution. *Journal of Human Evolution* **44**, 11.

Verguts, T. and Fias, W. 2004. Representation of number in animals and humans: A neural model. *Journal of Cognitive Neuroscience* **16**, 1493.

Vogel, A.C., Petersen, S.E. and Schlaggar, B.L. 2014. The VWFA: It's not just for words

anymore. *Frontiers in Human Neuroscience* **8**, 88.
Voje, K.L., Starrfelt, J. and Liow, L.H. 2018. Model adequacy and microevolutionary explanations for stasis in the fossil record. *The American Naturalist* **191**, 509.
Wagner, A. 2012. The role of randomness in Darwinian Evolution. *Philosophy of Science* **79**, 95.
Wagner, A. 2019. *Life Finds a Way: What Evolution Teaches Us About Creativity.* Basic Books, New York, NY.
Wagner, A. and Rosen, W. 2014. Spaces of the possible: Universal Darwinism and the wall between technological and biological innovation. *Journal of the Royal Society Interface* **11**, 20131190.
Wagner, A. 2022. Competition for nutrients increases invasion resistance during assembly of microbial communities. *Molecular Ecology* **31**, 4188.
Waller, J. 2004. *Leaps in the Dark: The making of scientific reputations.* Oxford University Press, Oxford.
Wang, J.J., Odic, D., Halberda, J. et al. 2016. Changing the precision of preschoolers' approximate number system representations changes their symbolic math performance. *Journal of Experimental Child Psychology* **147**, 82.
Wang, M., Jiang, Y.-Y., Kim, K.M. et al. 2011. A universal molecular clock of protein folds and its power in tracing the early history of aerobic metabolism and planet oxygenation. *Molecular Biology and Evolution* **28**, 567.
Ward, A. 1986. *John Keats. The Making of a Poet.* Farrar, Straus and Giroux, New York, NY.
Ward, C., Henderson, S. and Metcalfe, N.H. 2013. A short history on pacemakers. *International Journal of Cardiology* **169**, 244.
Watanabe, K., Urasopon, N. and Malaivijitnond, S. 2007. Longtailed macaques use human hair as dental floss. *American Journal of Primatology* **69**, 940.
Weaver, L.H., Grutter, M.G., Remington, S.J. et al. 1985. Comparison of goose-type, chicken-type, and phage-type lysozymes illustrates the changes that occur in both amino acid sequence and 3-dimensional structure during evolution. *Journal of Molecular Evolution* **21**, 97.
Weikert, C. and Wagner, A. 2012. Phenotypic constraints and phenotypic hitchhiking in a promiscuous enzyme. *The Open Evolution Journal* **6**, 14.
Weng, J.-K. and Noel, J. 2012. The remarkable pliability and promiscuity of specialized metabolism. In *Cold Spring Harbor Symposia on Quantitative Biology,* p. 309. Cold Spring Harbor Laboratory Press.
Weng, J.K., Philippe, R.N. and Noel, J.P. 2012. The rise of chemodiversity in plants. *Science* **336**, 1667.
Werneburg, I., Laurin, M., Koyabu, D. et al. 2016. Evolution of organogenesis and the origin of

altriciality in mammals. *Evolution & Development* **18**, 229.

Westfall, C.S., Zubieta, C., Herrmann, J. et al. 2012. Structural basis for prereceptor modulation of plant hormones by GH3 Proteins. *Science* **336**, 1708.

Whiten, A., Goodall, J., McGrew, W.C. et al. 1999. Cultures in chimpanzees. *Nature* **399**, 682.

Whiten, A., Goodall, J., McGrew, W.C. et al. 2001. Charting cultural variation in chimpanzees. *Behaviour* **138**, 1481.

Whiten, A., Horner, V. and de Waal, F.B.M. 2005. Conformity to cultural norms of tool use in chimpanzees. *Nature* **437**, 737.

Whittaker, R.J. and Fernandez-Palacios, J.M. 2007. *Island Biogeography: Ecology, Evolution, and Conservation.* Oxford University Press, Oxford, UK.

Whittington, H.B. 1975. Enigmatic animal *Opabinia regalis*, middle Cambrian, Burgess shale, Britisch Columbia. *Philosophical Transactions of the Royal Society of London Series B-Biological Sciences* **271**, 1.

Wiberg, R.A.W., Halligan, D.L., Ness, R.W. et al. 2015. Assessing recent selection and functionality at long noncoding RNA loci in the mouse genome. *Genome Biology and Evolution* **7**, 2432.

Wilson, B.A., Foy, S.G., Neme, R. et al. 2017. Young genes are highly disordered as predicted by the preadaptation hypothesis of *de novo* gene birth. *Nature Ecology & Evolution* **1**.

Wimpenny, J.H., Weir, A.A.S., Clayton, L. et al. 2009. Cognitive processes associated with sequential tool use in New Caledonian crows. *PLOS One* **4**.

Wistow, G.J. and Piatigorsky, J. 1988. Lens crystallins - the evolution and expression of proteins for a highly specialized tissue. *Annual Review of Biochemistry* **57**, 479.

Wood, R. and Erwin, D.H. 2018. Innovation not recovery: Dynamic redox promotes metazoan radiations. *Biological Reviews* **93**, 863.

Wood, R., Liu, A.G., Bowyer, F. et al. 2019. Integrated records of environmental change and evolution challenge the Cambrian explosion. *Nature Ecology & Evolution* **3**, 528.

Wood, R.A., Poulton, S.W., Prave, A.R. et al. 2015. Dynamic redox conditions control late Ediacaran metazoan ecosystems in the Nama Group, Namibia. *Precambrian Research* **261**, 252.

Wynn, K. 1992. Addition and subtraction by human infants. *Nature* **358**, 749.

Xiao, W., Liu, H., Li, Y. et al. 2009. A rice gene of *de novo* origin negatively regulates pathogen-induced defense response. *PLOS One* **4**, e4603.

Xu, J., Chmela, V., Green, N.J. et al. 2020. Selective prebiotic formation of RNA pyrimidine and DNA purine nucleosides. *Nature* **582**, 60.

Xu, X. and Norell, M.A. 2004. A new troodontid dinosaur from China with avian-like sleeping posture. *Nature* **431**, 838.

Xu, X., Zhou, Z.H., Dudley, R. et al. 2014. An integrative approach to understanding bird origins. *Science* **346**, 1341.

Yamaguchi, N., Ichijo, T., Sakotani, A. et al. 2012. Global dispersion of bacterial cells on Asian dust. *Scientific Reports* **2**.

Yang, H., Jaime, M., Polihronakis, M. et al. 2018. Re-annotation of eight *Drosophila* genomes. *Life Science Alliance* **1**, e201800156.

Yeung, A.W.K. and Ho, Y.S. 2018. Identification and analysis of classic articles and sleeping beauties in neurosciences. *Current Science* **114**, 2039.

Yona, A.H., Alm, E.J. and Gore, J. 2018. Random sequences rapidly evolve into *de novo* promoters. *Nature Communications* **9**, 1530.

Yu, J.-F., Cao, Z., Yang, Y. et al. 2016. Natural protein sequences are more intrinsically disordered than random sequences. *Cellular and Molecular Life Sciences* **73**, 2949.

Zachar, I. and Szathmary, E. 2017. Breath-giving cooperation: Critical review of origin of mitochondria hypotheses. Major unanswered questions point to the importance of early ecology. *Biology Direct* **12**, 1.

Zhang, S.C., Wang, X.M., Wang, H.J. et al. 2016. Sufficient oxygen for animal respiration 1,400 million years ago. *Proceedings of the National Academy of Sciences of the United States of America* **113**, 1731.

Zhao, L., Saelao, P., Jones, C.D. et al. 2014. Origin and spread of *de novo* genes in *Drosophila melanogaster* populations. *Science* **343**, 769.

眠(ねむ)れる進化(しんか)
世界は革新(イノベーション)に満ちている

2024年9月20日　初版印刷
2024年9月25日　初版発行

＊

著　者　アンドレアス・ワグナー
訳　者　大田直子(おおたなおこ)
発行者　早川　浩

＊

印刷所　精文堂印刷株式会社
製本所　大口製本印刷株式会社

＊

発行所　株式会社　早川書房
東京都千代田区神田多町2－2
電話　03-3252-3111
振替　00160-3-47799
https://www.hayakawa-online.co.jp
定価はカバーに表示してあります
ISBN978-4-15-210364-2　C0040
Printed and bound in Japan
乱丁・落丁本は小社制作部宛お送り下さい。
送料小社負担にてお取りかえいたします。

ハヤカワ・ノンフィクション

# 進化論の進化史

——アリストテレスからＤＮＡまで

ON THE ORIGIN OF EVOLUTION

ジョン・グリビン＆
メアリー・グリビン
水谷　淳訳
４６判並製

**進化論を生んだのは**
**ダーウィンではなかった!?**

自然選択による進化の理論は、ダーウィンが何もないところから生み出したものではない。アリストテレス、荘子、ダ・ヴィンチ、ウォレス——古代ギリシャ時代からさまざまな形で存在していた「進化」概念の系譜をたどり失われた鎖（ミッシング・リンク）をつなぎ直す、進化論の進化史